"十四五"职业教育国家规划教材

职业教育
数字媒体应用人才培养系列教材

边做边学
CorelDRAW X8
图形设计案例教程

全彩微课版

周建国 / 主编

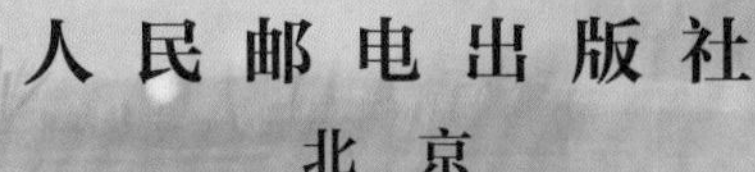

人民邮电出版社
北京

图书在版编目（CIP）数据

边做边学 : CorelDRAW X8图形设计案例教程 : 全彩微课版 / 周建国主编. -- 北京 : 人民邮电出版社, 2022.1
职业教育数字媒体应用人才培养系列教材
ISBN 978-7-115-56599-0

Ⅰ. ①边… Ⅱ. ①周… Ⅲ. ①图形软件－教材 Ⅳ. ①TP391.413

中国版本图书馆CIP数据核字(2021)第100736号

内 容 提 要

本书全面、系统地介绍了CorelDRAW X8的基本操作方法和图形图像处理技术，并对其在平面设计领域的应用进行了深入的介绍，包括初识CorelDRAW X8、实物绘制、插画设计、书籍封面设计、画册设计、宣传单设计、海报设计、广告设计、包装设计、综合设计实训等内容。

本书以课堂实训案例为主线，通过学习案例操作，学生可以深入理解案例的设计理念。书中有关软件相关功能的解析，可使学生快速掌握软件功能；课堂实战演练和课后综合演练，可以拓展学生的实际应用能力。在本书的最后一章，精心安排了专业设计公司的综合设计实训，力求提高学生的艺术设计能力和创新能力。

本书可作为职业院校数字艺术类专业“平面设计”课程的教材，也可供相关人员学习参考。

◆ 主　　编　周建国
责任编辑　王亚娜
责任印制　王　郁　彭志环

◆ 人民邮电出版社出版发行　　北京市丰台区成寿寺路11号
邮编　100164　　电子邮件　315@ptpress.com.cn
网址　https://www.ptpress.com.cn
涿州市般润文化传播有限公司印刷

◆ 开本：787×1092　1/16
印张：14　　2022年1月第1版
字数：345千字　　2024年8月河北第5次印刷

定价：69.80元

读者服务热线：(010)81055256　印装质量热线：(010)81055316
反盗版热线：(010)81055315
广告经营许可证：京东市监广登字20170147号

PREFACE 前言

本书全面贯彻党的二十大精神，以社会主义核心价值观为引领，传承中华优秀传统文化，坚定文化自信，使内容更好体现时代性、把握规律性、富于创造性。我们对本书的内容和体系做了精心的设计。本书具有以下特点。

（1）立德树人，融入思政

本书精心设计，依据专业课程的特点在案例中融入中华传统文化元素，如制作重阳节海报，制作以国内博物馆为主题的文化海报，制作中式田园风格的家装画册内页，编辑唐诗、宋词文本等，将“为学”和“为人”相结合。

（2）精选案例，产教融合

全书根据 CorelDRAW 在设计领域的应用方向来布置分章，案例和行业结合紧密，使学生不仅能快速熟悉软件功能，还能深刻理解案例设计理念，为将来从事设计行业奠定坚实的基础。

（3）创新形式，配备微课

为实现线下线上同步学习的创新教学模式，书中的重点、难点都配有微课视频，学生可以利用计算机和移动终端扫码学习。

为方便教师教学，除了提供全书所有案例的素材及效果文件，本书还配备了 PPT 课件、教学教案、教学大纲等丰富的教学资源，任课教师可登录人邮教育社区（www.ryjiaoyu.com）免费下载使用。本书的参考学时为 50 学时，各章的参考学时参见下面的学时分配表。

章号	课程内容	讲授学时
第 1 章	初识 CorelDRAW X8	2
第 2 章	实物绘制	4
第 3 章	插画设计	6
第 4 章	书籍封面设计	6
第 5 章	画册设计	6
第 6 章	宣传单设计	4
第 7 章	海报设计	4
第 8 章	广告设计	4
第 9 章	包装设计	6
第 10 章	综合设计实训	8
学 时 总 计		50

由于编者水平有限，书中难免存在疏漏和不妥之处，敬请广大读者批评指正。

编　者

2023 年 5 月

教学辅助资源

素材类型	数量	素材类型	数量
教学大纲	1份	课堂案例	16个
电子教案	1套	综合演练	9个
PPT课件	10章	微课视频	71个

全书案例列表

章	案例
第2章 实物绘制	绘制卡通汽车
	绘制空中客机
	综合演练——绘制雪糕
第3章 插画设计	绘制时尚人物插画
	绘制T恤图案插画
	综合演练——绘制家电App引导页插画
	综合演练——绘制旅游插画
第4章 书籍封面设计	制作美食图书封面
	制作旅游图书封面
	综合演练——制作花卉图书封面
第5章 画册设计	制作时尚家装画册封面
	制作时尚家装画册内页1
	综合演练——制作时尚家装画册内页2

章	案例
第6章 宣传单设计	制作招聘宣传单
	制作美食宣传单折页
	综合演练——制作化妆品宣传单
第7章 海报设计	制作演唱会海报
	制作文化海报
	综合演练——制作招聘海报
第8章 广告设计	制作App首页女装广告
	制作女鞋电商广告
	综合演练——制作家电电商广告
第9章 包装设计	制作核桃奶包装
	制作冰淇淋包装
	综合演练——制作化妆品包装
第10章 综合设计实训	书籍封面设计——制作创意家居图书封面
	电商设计——制作家居电商网站产品详情页

CONTENTS 目录

目录 CONTENTS

C O N T E N T S 目录

01 第1章 初识 CorelDRAW X8

CorelDRAW 是目前流行的矢量图形设计软件之一，是由专业化图形设计与桌面出版软件开发商——加拿大的 Corel（科亿尔）公司于 1989 年推出的。本章通过对文件操作案例的讲解，使读者对 CorelDRAW X8 有初步的认识和了解，并掌握 CorelDRAW X8 的基础知识和基本操作方法，为以后的学习打下坚实的基础。

知识目标

- 了解软件的工作界面
- 掌握设置文件的命令

能力目标

- 掌握工作界面的基本操作
- 熟练掌握设置文件的基本方法

素质目标

- 培养高效获取信息的能力
- 培养能够正确理解问题的理解能力
- 培养自主学习能力

1.1 界面操作

1.1.1 【操作目的】

通过打开文件，熟悉菜单栏的操作方法；通过选取图像、移动图像和缩放图像，掌握工具箱中工具的使用方法。

1.1.2 【操作步骤】

（1）打开 CorelDRAW X8，选择“文件 > 打开”命令，弹出“打开绘图”对话框。选择云盘中的“Ch01 > 01”文件，如图 1-1 所示。单击“打开”按钮，打开文件，如图 1-2 所示，显示 CorelDRAW X8 的软件界面。

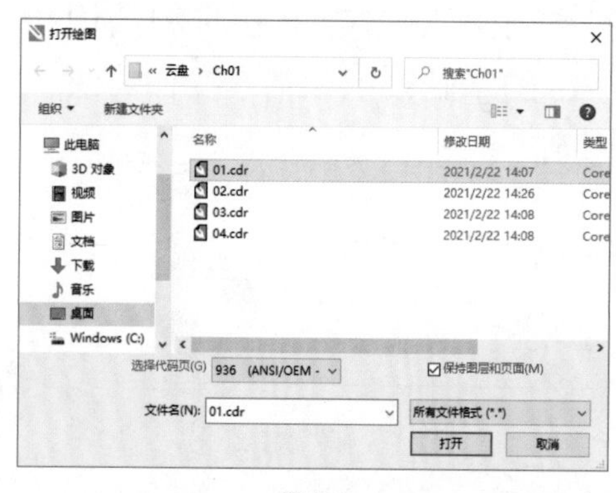

图 1-1

图 1-2

（2）选择窗口左侧工具箱中的“选择”工具，单击选取页面中的糖果图像，如图 1-3 所示。拖曳图像到页面的左上角，移动糖果图像，如图 1-4 所示。

（3）将鼠标指针放置在糖果图像对角线的控制手柄上，拖曳对角线上的控制手柄，缩小糖果图像，如图 1-5 所示。

（4）选择“文件 > 另存为”命令，弹出“另存为”对话框，设置保存文件的名称、路径和类型，单击“保存”按钮保存文件。

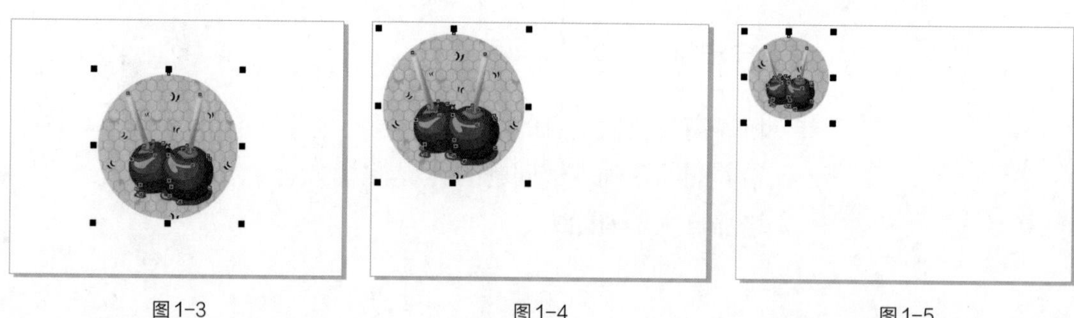

图 1-3　　图 1-4　　图 1-5

1.1.3 【相关工具】

1. 菜单栏

CorelDRAW X8 的菜单栏包含“文件”“编辑”“视图”“布局”“对象”“效果”“位图”“文本”“表格”“工具”“窗口”和“帮助”12 个大类菜单，如图 1-6 所示。

文件(F) 编辑(E) 视图(V) 布局(L) 对象(C) 效果(C) 位图(B) 文本(X) 表格(T) 工具(O) 窗口(W) 帮助(H)

图 1-6

单击每一个菜单都将弹出下拉菜单。如单击“编辑”菜单，将弹出图 1-7 所示的“编辑”下拉菜单。

下拉菜单最左边为图标，它和工具栏中具有相同功能的工具一致，便于用户记忆和使用。

下拉菜单最右边显示的组合键则为操作快捷键，便于用户提高工作效率。

某些命令后带有▸标记，表示该命令还有子菜单，将鼠标指针停放在命令上即可弹出子菜单。

某些命令后带有...标记，表示单击该命令即可弹出对话框，允许对其进行进一步设置。

此外，“编辑”下拉菜单中有些命令呈灰色，表示该命令当前不可使用，需进行一些相关的操作后方可使用。

图 1-7

2. 工具栏

在菜单栏的下方通常是工具栏，但实际上，工具栏摆放的位置可由用户决定。其实不单是工具栏如此，在 CorelDRAW X8 中，只要在各栏前端出现控制柄‖的，均可按用户自己的习惯进行拖曳摆放。CorelDRAW X8 的“标准”工具栏如图 1-8 所示。

图 1-8

这里存放了常用的命令按钮，如“新建”“打开”“保存”“打印”“剪切”“复制”“粘贴”“撤销”“重做”“搜索内容”“导入”“导出”“发布为 PDF”“缩放级别”“全屏预览”“显示标尺”“显示网格”“显示辅助线”“贴齐”“选项”“应用程序启动器”。使用这些命令按钮，用户可以便捷地完成一些基本的操作。

此外，CorelDRAW X8 还提供了一些其他的工具栏，用户可以在菜单栏中选择它们。例如，选择“窗口 > 工具栏 > 文本”命令，则可显示“文本”工具栏。“文本”工具栏如图 1-9 所示。

图 1-9

选择“窗口 > 工具栏 > 变换”命令，则显示“变换”工具栏，如图 1-10 所示。

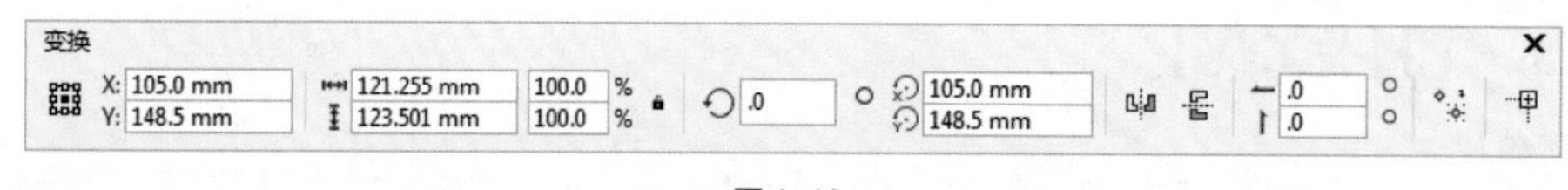

图 1-10

3. 工具箱

CorelDRAW X8 的工具箱中放置着在绘制图形时最常用到的一些工具。这些工具是每一个软件使用者必须掌握的。CorelDRAW X8 的工具箱如图 1-11 所示。

在工具箱中，依次分类排列着“选择”工具、“形状”工具、“裁剪”工具、“缩放”工具、“手绘”工具、“艺术笔”工具、“矩形”工具、“椭圆形”工具、“多边形”工具、“文本”工具、“平行度量”工具、“直线连接器”工具、“阴影”工具、“透明度”工具、“颜色滴管”工具、“交互式填充”工具和“智能填充”工具等。

其中，有些工具按钮带有小三角标记◢，表示还有拓展工具栏，将鼠标指针放在工具按钮上，按住鼠标左键即可展开相关工具栏。例如，将鼠标指针放在“阴影”工具上，按住鼠标左键将展开图 1-12 所示的工具栏。此外，也可将其拖曳出来，变成固定工具栏，如图 1-13 所示。

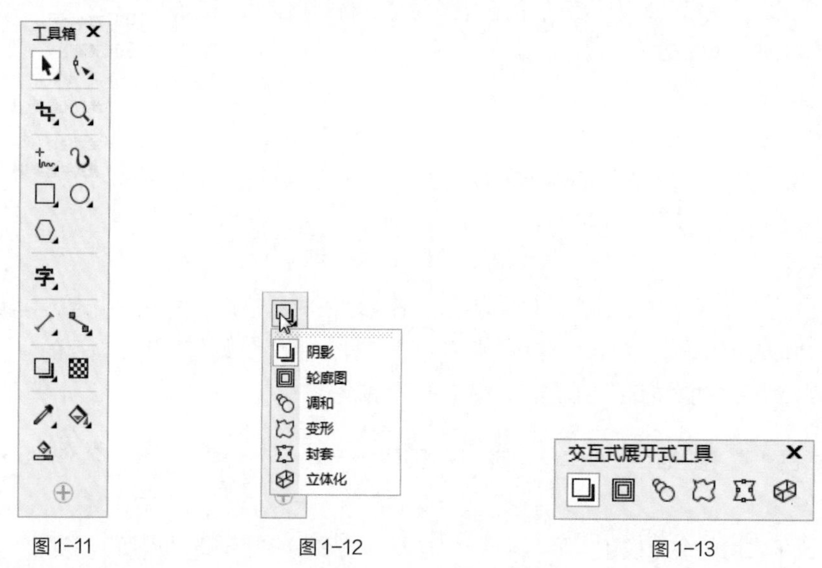

图 1-11　图 1-12　图 1-13

4. 泊坞窗

CorelDRAW X8 的泊坞窗是十分有特色的窗口。当打开这类窗口时，它会停靠在绘图窗口的边缘，因此被称为“泊坞窗”。选择“窗口 > 泊坞窗 > 对象属性”命令，或按 Alt+Enter 组合键，即可弹出图 1-14 右侧所示的“对象属性”泊坞窗。

还可将泊坞窗拖曳出来，放在任意位置，并可通过单击窗口右上角的按钮或按钮将窗口折叠或展开，如图 1-15 所示。因此，泊坞窗又被称为“卷帘工具”。

CorelDRAW X8 泊坞窗的列表位于“窗口 > 泊坞窗”子菜单中，可以选择“泊坞窗”子菜单中的命令，以打开相应的泊坞窗。用户可以打开一个或多个泊坞窗，当几个泊坞窗都打开时，除了活动的泊坞窗，其余的泊坞窗将沿着泊坞窗的边沿以标签形式显示，效果如图 1-16 所示。

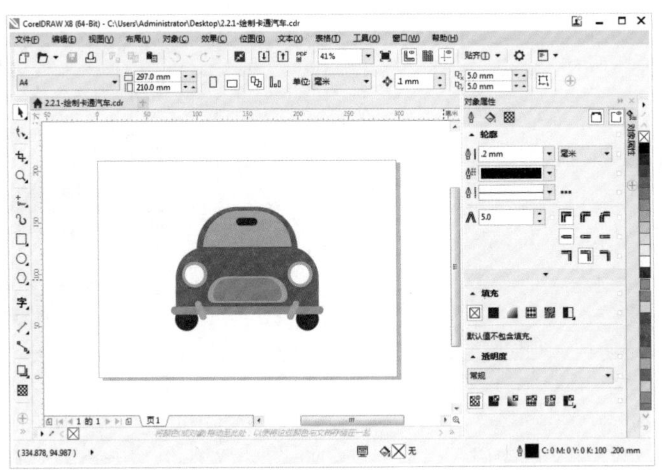

图 1-14

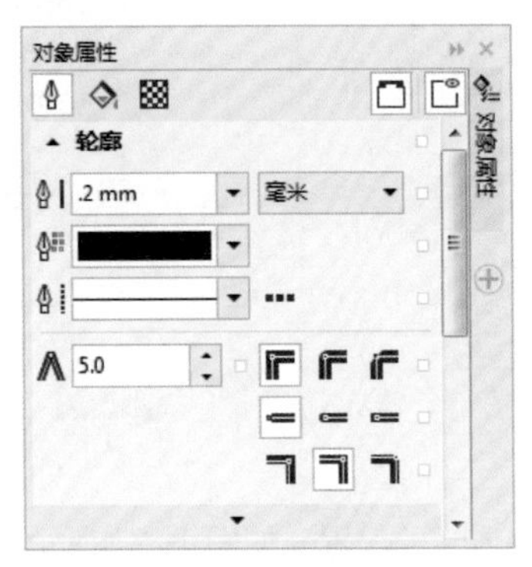

图 1-15

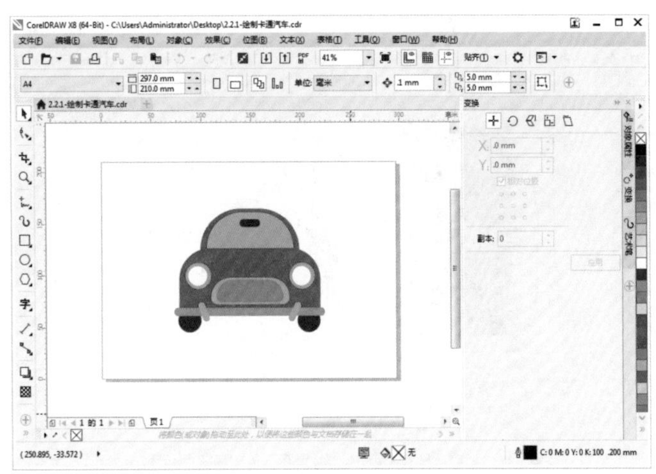

图 1-16

1.2 文件设置

1.2.1 【操作目的】

通过打开文件，熟练掌握“打开”命令；通过复制图像到新建的文件中，熟练掌握“新建”命令；通过关闭新建的文件，熟练掌握“保存”和“关闭”命令。

1.2.2 【操作步骤】

（1）打开 CorelDRAW X8，选择“文件 > 打开”命令，弹出“打开绘图”对话框，如图 1-17 所示。选择云盘中的“Ch01 > 02”文件，单击“打开”按钮，打开文件，如图 1-18 所示。

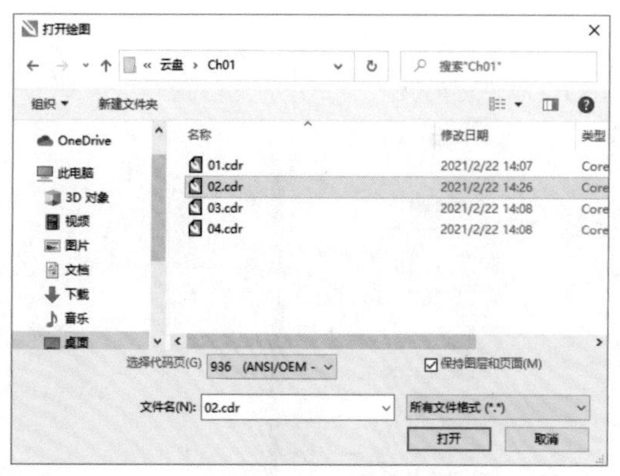

图 1-17

图 1-18

（2）按 Ctrl+A 组合键全选图形，如图 1-19 所示。按 Ctrl+C 组合键复制图形。选择“文件 > 新建”命令，新建一个页面，如图 1-20 所示。

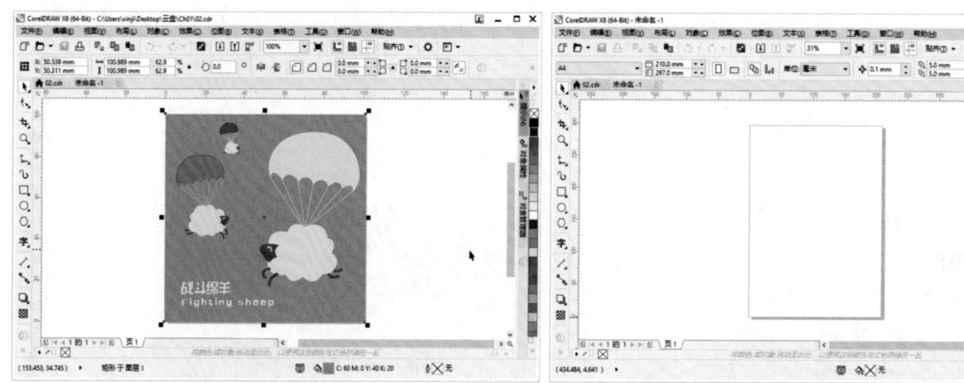

图 1-19　　图 1-20

（3）按 Ctrl+V 组合键粘贴图形到新建的页面中，并将其拖曳到适当的位置，如图 1-21 所示。单击绘图窗口右上角的按钮☒，弹出提示对话框，如图 1-22 所示，单击“是”按钮，弹出“保存绘图”对话框，选项的设置如图 1-23 所示，单击“保存”按钮保存文件同时关闭软件。

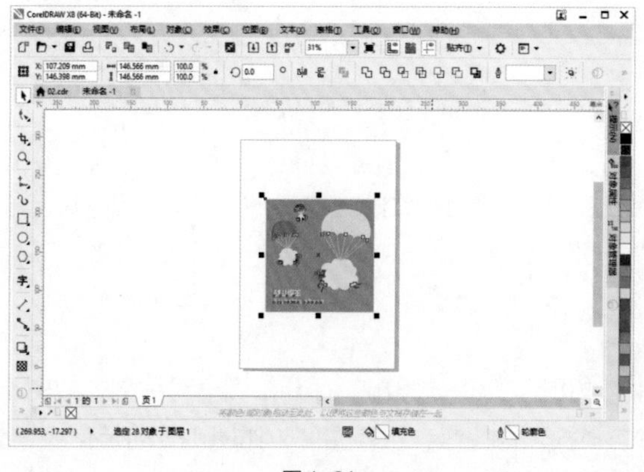

图 1-21

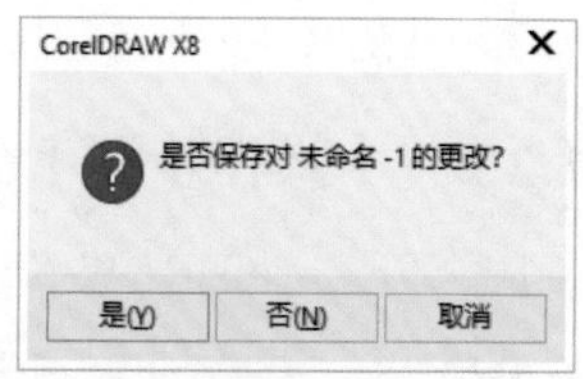

图 1-22

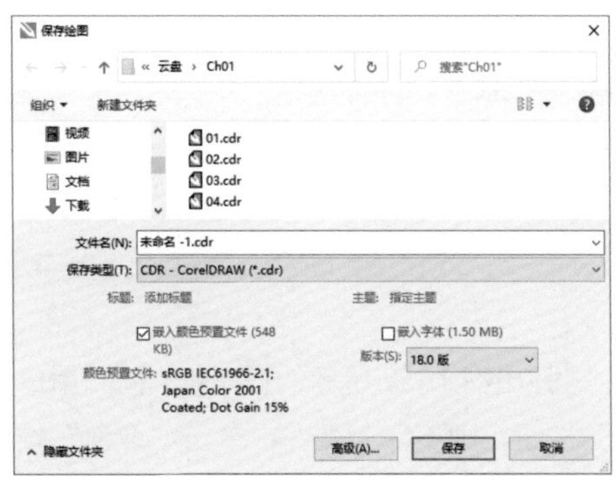

图 1-23

1.2.3 【相关工具】

1. 新建和打开文件

新建和打开文件是使用 CorelDRAW X8 进行设计的第一步。下面介绍新建和打开文件的各种方法。

（1）使用 CorelDRAW X8 启动时的欢迎窗口新建和打开文件。启动时的欢迎窗口如图 1-24 所示。单击“新建文档”图标，可以建立一个新的文档；单击“从模板新建”图标，可以使用系统默认的模板创建文件；单击“打开其他 ...”图标，弹出图 1-25 所示的“打开绘图”对话框，可以从中选择要打开的图形文件；单击“打开最近用过的文档”下方的文件名，可以打开最近编辑过的图形文件，在右侧的“最近使用过的文件预览”框中显示选中文件的效果图，在“文件信息”框中显示文件名称、文件创建时间和位置、文件大小等信息。

图 1-24

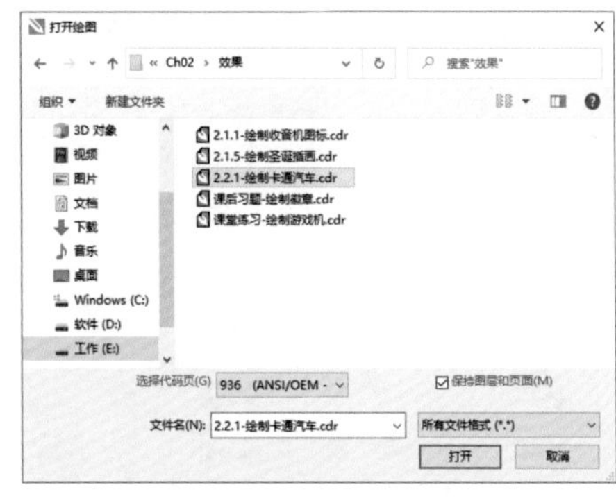

图 1-25

（2）使用菜单命令或快捷键新建和打开文件。选择“文件 > 新建”命令，或按 Ctrl+N 组合键，可新建文件。选择“文件 > 从模板新建”或“打开”命令，或按 Ctrl+O 组合键，可打开文件。

（3）使用标准工具栏新建和打开文件。使用 CorelDRAW X8 标准工具栏中的“新建”按钮和“打开”按钮可以新建和打开文件。

2. 保存和关闭文件

当完成某一作品时，就要对其进行保存并关闭文件。下面介绍保存和关闭文件的各种方法。

（1）使用菜单命令或快捷键保存文件。选择“文件 > 保存”命令，或按 Ctrl+S 组合键，可保存文件。选择“文件 > 另存为”命令，或按 Ctrl+Shift+S 组合键，可更名保存文件。

（2）如果是第一次保存文件，将弹出图 1-26 所示的“保存绘图”对话框。在对话框中，可以设置“文件名”“保存类型”“版本”等保存选项。

（3）使用标准工具栏保存文件。使用 CorelDRAW X8 标准工具栏中的“保存”按钮可以保存文件。

（4）选择“文件 > 关闭”命令，或按 Alt+F4 组合键，或单击绘图窗口右上角的“关闭”按钮，可关闭文件。

此时，如果文件没有保存，将弹出图 1-27 所示的提示框，询问用户是否保存文件。如果单击“是”按钮，则保存文件；单击“否”按钮，则不保存文件；单击“取消”按钮，则取消关闭文件的操作。

图 1-26

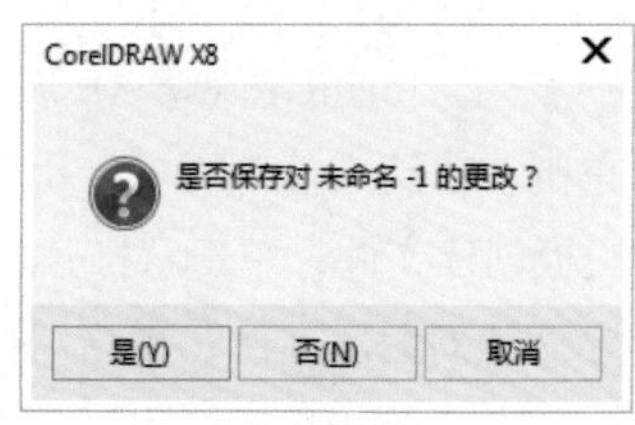

图 1-27

3. 导出文件

使用“导出”命令，可将 CorelDRAW X8 中的文件以各种不同的文件格式导出，供其他应用程序使用。

（1）使用菜单命令或快捷键导出文件。选择“文件 > 导出”命令，或按 Ctrl+E 组合键，弹出“导出”对话框，如图 1-28 所示，在对话框中可以设置“文件名”“保存类型”等选项。

图 1-28

（2）使用标准工具栏导出文件。单击 CorelDRAW X8 标准工具栏中的“导出”按钮，也可以将文件导出。

02 第2章 实物绘制

经过艺术化处理、效果逼真的实物绘制作品可以应用到书籍设计、杂志设计、海报设计、宣传单设计、广告设计、包装设计、网页设计等多个设计领域。本章以绘制实物对象为例，讲解实物绘制的方法和技巧。

知识目标

- 了解实物的设计思路
- 熟练掌握实物的绘制方法和技巧

能力目标

- 掌握卡通汽车的绘制方法
- 掌握游戏机的绘制方法
- 掌握空中客机的绘制方法
- 掌握闹钟的绘制方法
- 掌握雪糕的绘制方法

素质目标

- 培养能够整合信息的能力
- 培养善于思考、勤于练习的学习能力
- 培养科学解决问题的能力

2.1 绘制卡通汽车

2.1.1 【案例分析】

装饰图并不强调很高的艺术性，但非常讲究协调和美化效果。本案例是为某儿童读物绘制一幅卡通汽车图，要求设计简洁大方、形象可爱。

2.1.2 【设计理念】

绘制时，使用常见的图形形状组成比较简单的卡通车形象，大胆采用亮丽的颜色，使图形极具特色，散发出童真、活泼的气息。整体造型设计形象生动，富有创意，既符合儿童的抽象思维及审美，又能达到装饰的效果，最终效果如图 2-1 所示（参看云盘中的“Ch02 > 效果 > 绘制卡通汽车.cdr”）。

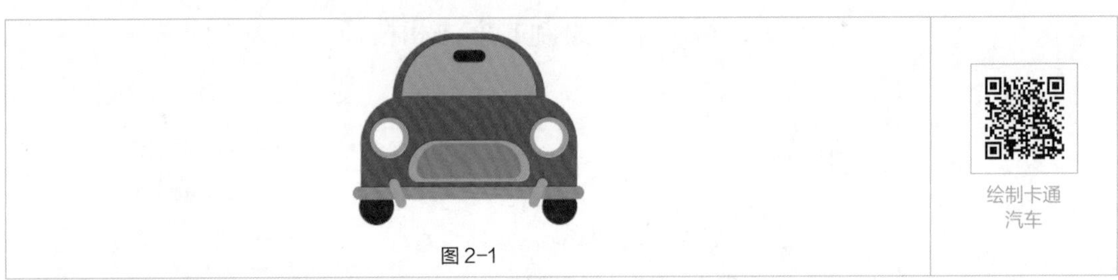

图 2-1

2.1.3 【操作步骤】

（1）打开 CorelDRAW X8，按 Ctrl+N 组合键，新建一个 A4 页面。选择“矩形”工具，在属性栏中的设置如图 2-2 所示，在页面中绘制一个圆角矩形，效果如图 2-3 所示。

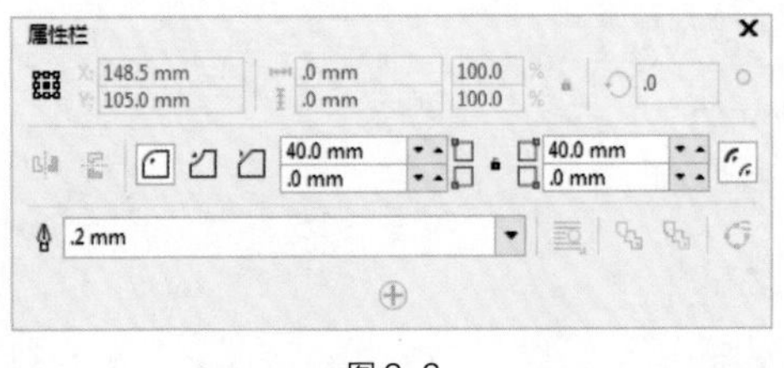

图 2-2

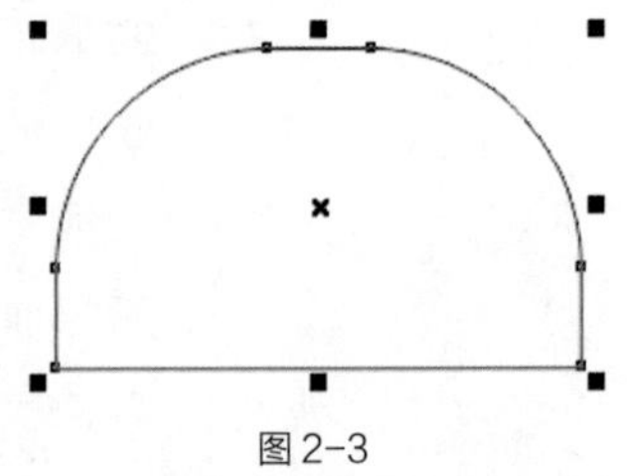
图 2-3

（2）保持图形的选取状态。设置图形颜色的 CMYK 值为 0、90、100、0，填充图形，并去除图形的轮廓线，效果如图 2-4 所示。选择“选择”工具，按住 Shift 键的同时，向内拖曳圆角矩形右上角的控制手柄到适当的位置，再单击鼠标右键，复制一个圆角矩形。设置图形颜色的 CMYK 值为 60、0、20、0，填充图形，效果如图 2-5 所示。

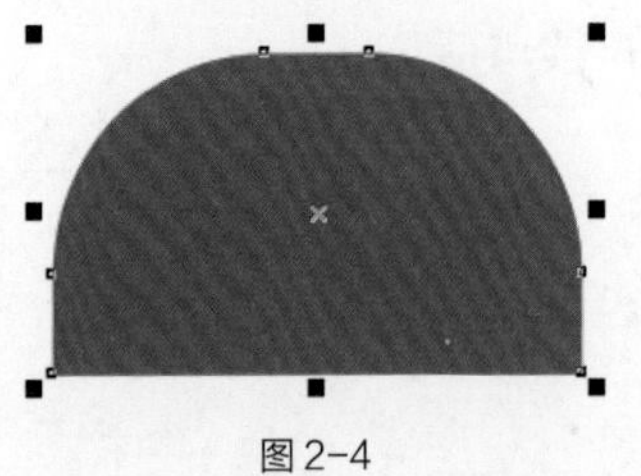
图 2-4

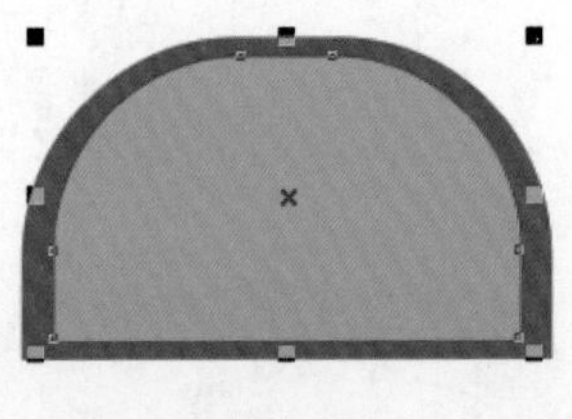
图 2-5

（3）选择“矩形”工具□，绘制一个矩形，在属性栏中将“转角半径”选项均设为 30 mm，按 Enter 键，圆角矩形效果如图 2-6 所示。在“CMYK 调色板”中的“90% 黑”色块上单击鼠标左键，填充图形，并去除图形的轮廓线，效果如图 2-7 所示。

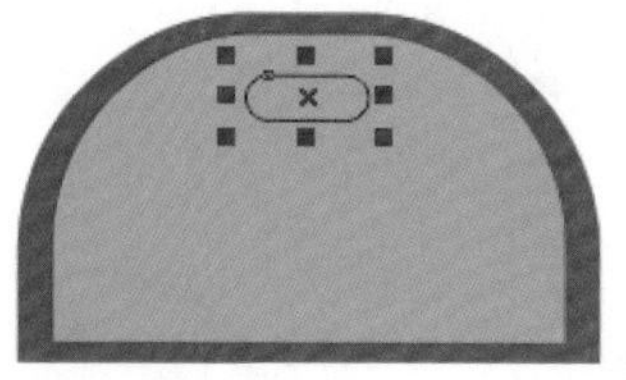

图 2-6

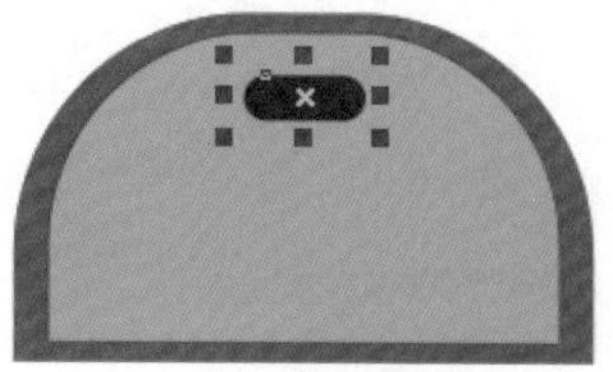

图 2-7

（4）选择“矩形”工具□，在属性栏中的设置如图 2-8 所示，在适当的位置绘制一个圆角矩形，效果如图 2-9 所示。设置图形颜色的 CMYK 值为 0、90、100、0，填充图形，并去除图形的轮廓线，效果如图 2-10 所示。

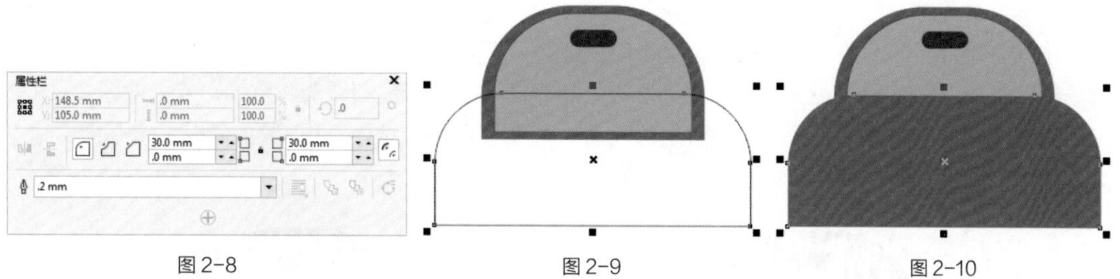

图 2-8　　图 2-9　　图 2-10

（5）选择“矩形”工具□，在属性栏中的设置如图 2-11 所示，在适当的位置绘制一个圆角矩形，效果如图 2-12 所示。设置图形颜色的 CMYK 值为 60、0、20、0，填充图形，并去除图形的轮廓线，效果如图 2-13 所示。

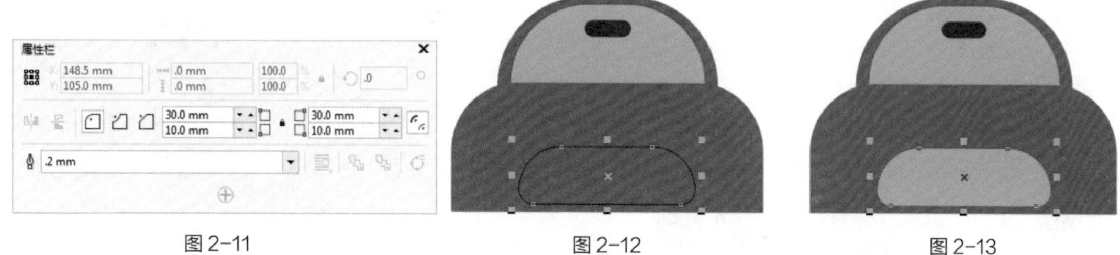

图 2-11　　图 2-12　　图 2-13

（6）保持图形的选取状态。按 Alt+F9 组合键，弹出“变换”泊坞窗，选项的设置如图 2-14 所示，单击“应用”按钮 应用 。设置图形颜色的 CMYK 值为 80、0、20、20，填充图形，效果如图 2-15 所示。

图 2-14

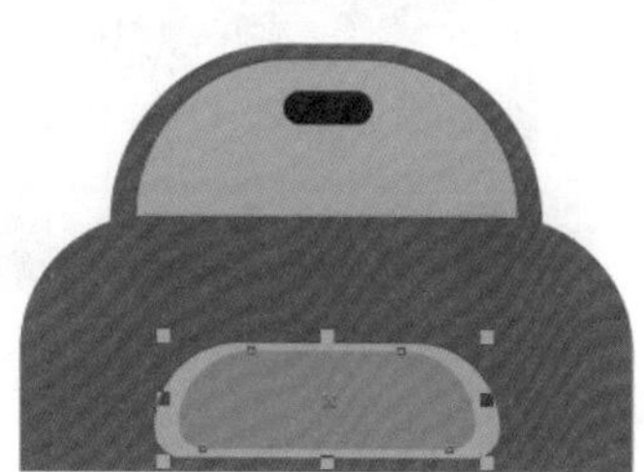

图 2-15

（7）选择“椭圆形”工具○，在按住 Ctrl 键的同时，在适当的位置绘制一个圆形。设置图形颜色的 CMYK 值为 60、0、20、0，填充图形，并去除图形的轮廓线，效果如图 2-16 所示。

（8）选择“选择”工具▶，在按住 Shift 键的同时，向内拖曳圆形右上角的控制手柄到适当的位置，再单击鼠标右键，复制一个圆形。填充图形为白色，效果如图 2-17 所示。

（9）选择“选择”工具▶，用圈选的方法选取需要的图形，按数字键盘上的 + 键，复制图形。在按住 Shift 键的同时，水平向右拖曳复制的图形到适当的位置，效果如图 2-18 所示。

图 2-16

图 2-17

图 2-18

（10）选择“椭圆形”工具○，在按住 Ctrl 键的同时，在适当的位置绘制一个圆形。在“CMYK 调色板”中的“90% 黑”色块上单击鼠标左键，填充图形，并去除图形的轮廓线，效果如图 2-19 所示。选择“选择”工具▶，按数字键盘上的 + 键，复制图形。在按住 Shift 键的同时，水平向右拖曳复制的图形到适当的位置，效果如图 2-20 所示。

图 2-19

图 2-20

（11）选择“矩形”工具□，绘制一个矩形，在属性栏中将“转角半径”选项均设为 10 mm，按 Enter 键，圆角矩形效果如图 2-21 所示。设置图形颜色的 CMYK 值为 60、0、20、0，填充图形，并去除图形的轮廓线，效果如图 2-22 所示。

图 2-21

图 2-22

（12）选择“矩形”工具□，在适当的位置绘制一个矩形，设置图形颜色的 CMYK 值为 80、0、20、20，填充图形，并去除图形的轮廓线，效果如图 2-23 所示。

（13）保持图形的选取状态。在“变换”泊坞窗中单击“倾斜”按钮，切换到相应的面板，勾选“使用锚点”复选框，其他选项的设置如图 2-24 所示，单击“应用”按钮，倾斜图形，效果如图 2-25 所示。

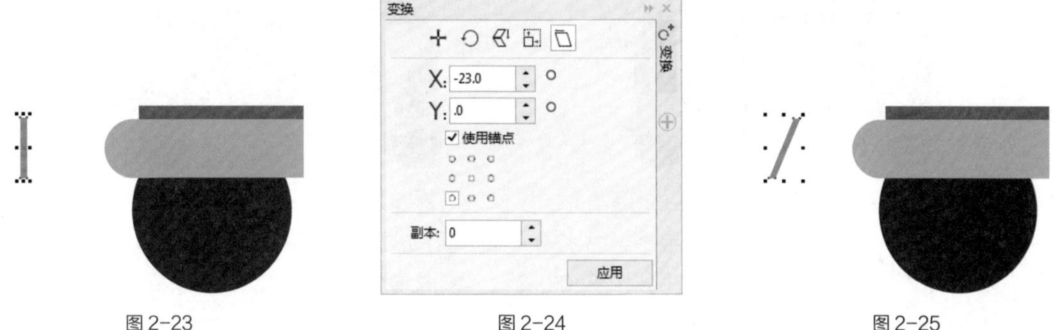

图 2-23 图 2-24 图 2-25

（14）保持图形的选取状态。在“变换”泊坞窗中单击“位置”按钮，切换到相应的面板，选项的设置如图 2-26 所示，单击“应用”按钮，移动并复制图形，效果如图 2-27 所示。

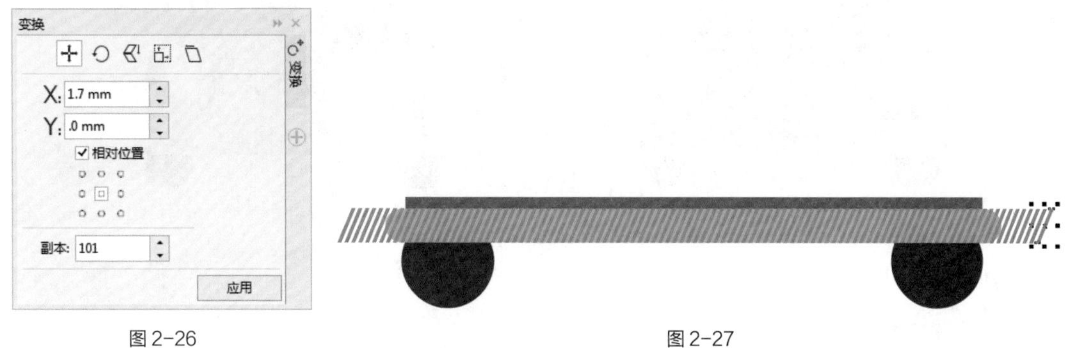

图 2-26 图 2-27

（15）选择“选择”工具，按住 Shift 键的同时，将复制的图形同时选取，按 Ctrl+G 组合键，将其群组。按 Ctrl+PageDown 组合键，将群组图形向后移动一层，效果如图 2-28 所示。

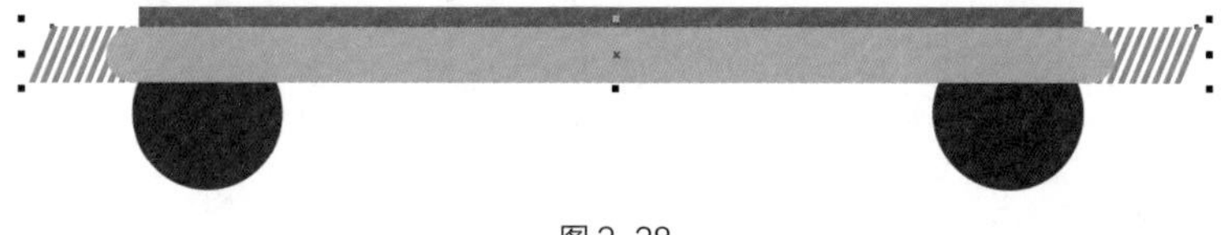

图 2-28

（16）选择“对象 > PowerClip > 置于图文框内部”命令，鼠标指针变为黑色箭头形状，在圆角矩形上单击鼠标左键，如图 2-29 所示，将群组图形置入圆角矩形中，效果如图 2-30 所示。

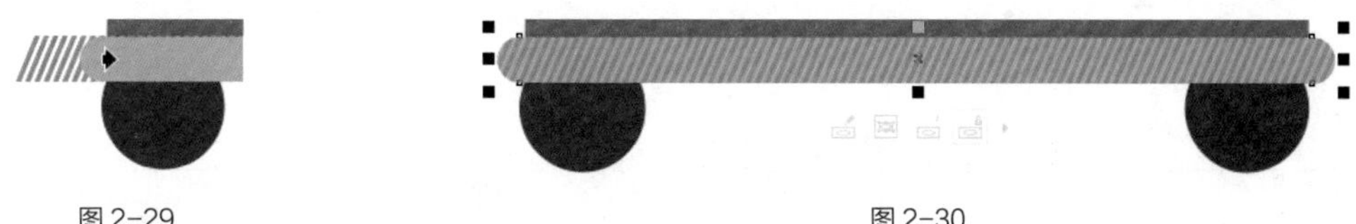

图 2-29 图 2-30

（17）选择“3 点矩形”工具，绘制一个矩形，在属性栏中将“转角半径”选项均设为 10 mm，按 Enter 键，圆角矩形效果如图 2-31 所示。设置图形颜色的 CMYK 值为 60、0、20、0，填充图形，并去除图形的轮廓线，效果如图 2-32 所示。

图 2-31

图 2-32

（18）选择“选择”工具，按数字键盘上的 + 键，复制图形。在按住 Shift 键的同时，水平向右拖曳复制的图形到适当的位置，效果如图 2-33 所示。单击属性栏中的“水平镜像”按钮，水平翻转图形，效果如图 2-34 所示。卡通汽车绘制完成。

图 2-33

图 2-34

2.1.4 【相关工具】

1. “矩形”工具

◎ 绘制矩形

单击工具箱中的“矩形”工具，在绘图页面中按住鼠标左键不放，拖曳鼠标指针移到需要的位置，松开鼠标左键完成矩形的绘制，如图 2-35 所示。矩形的属性栏如图 2-36 所示。

按 Esc 键，取消矩形的编辑状态，矩形效果如图 2-37 所示。选择“选择”工具，在矩形上单击可以选择刚绘制好的矩形。

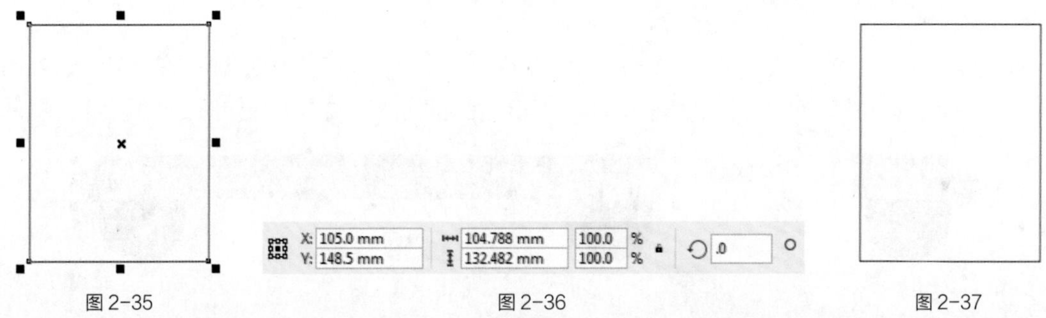

图 2-35　图 2-36　图 2-37

按 F6 键，快速选择“矩形”工具，可在绘图页面中适当的位置绘制矩形。按住 Ctrl 键，可在绘图页面中绘制正方形；按住 Shift 键，可在绘图页面中以当前点为中心绘制矩形；按住 Shift+Ctrl

组合键，可在绘图页面中以当前点为中心绘制正方形。

提示

双击工具箱中的“矩形”工具，可以绘制出一个和绘图页面大小一样的矩形。

◎ 绘制圆角矩形

在绘图页面中绘制一个矩形，如图2-38所示。在绘制矩形的属性栏中，如果将“转角半径”后的小锁图标选定，则改变“转角半径”时，4个角的边角圆滑度数值将相同。在属性栏中的“转角半径”选项中进行设置，如图2-39所示。按Enter键，圆角矩形效果如图2-40所示。

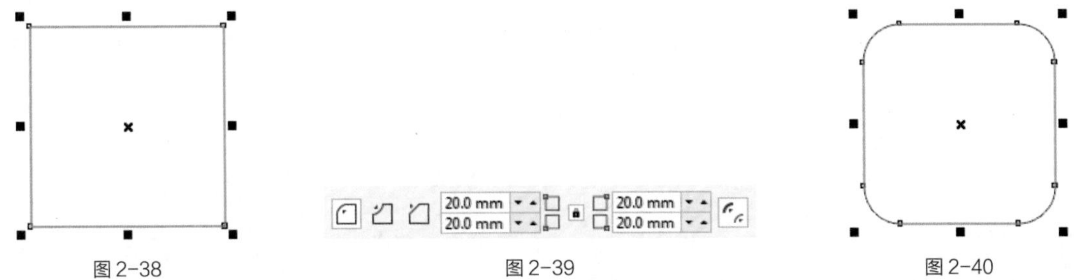

图2-38　　图2-39　　图2-40

如果不选定小锁图标，则可以单独改变一个角的圆滑度数值。在绘制矩形的属性栏中，分别在属性栏中的“转角半径”选项中进行设置，如图2-41所示。按Enter键，效果如图2-42所示。如果要将圆角矩形还原为直角矩形，可以将边角圆滑度设定为0。

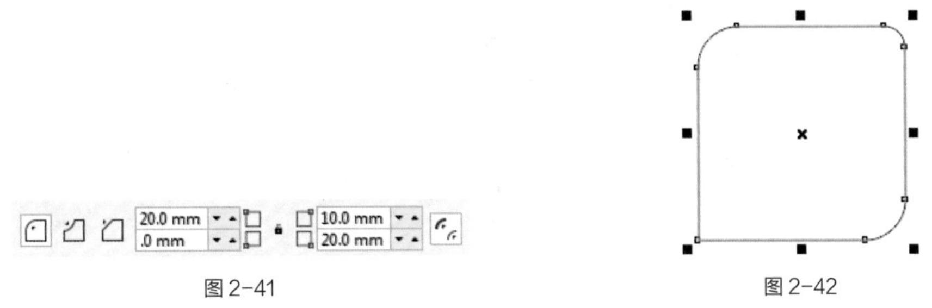

图2-41　　图2-42

◎ 使用“矩形”工具绘制扇形角图形

在绘图页面中绘制一个矩形，如图2-43所示。在绘制矩形的属性栏中，单击“扇形角”按钮，将“转角半径”框中的选项均设置为20 mm，如图2-44所示。按Enter键，效果如图2-45所示。

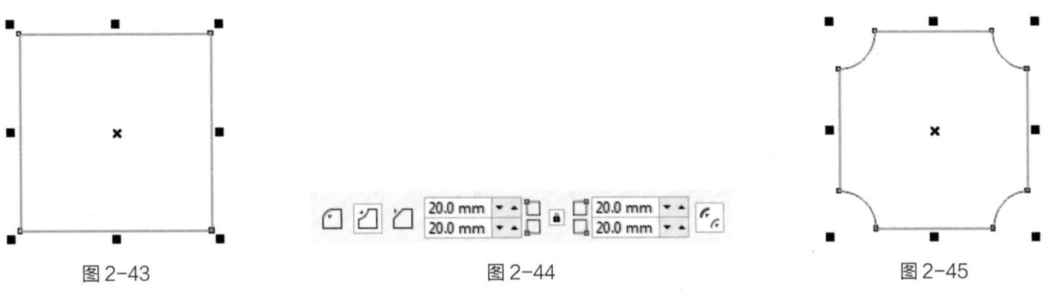

图2-43　　图2-44　　图2-45

扇形角图形“转角半径”的设置与圆角矩形相同，这里就不再赘述。

◎ 使用“矩形”工具绘制倒棱角图形

在绘图页面中绘制一个矩形，如图 2-46 所示。在绘制矩形的属性栏中，单击“倒棱角”按钮，将“转角半径”框中的选项均设置为 20 mm，如图 2-47 所示。按 Enter 键，效果如图 2-48 所示。

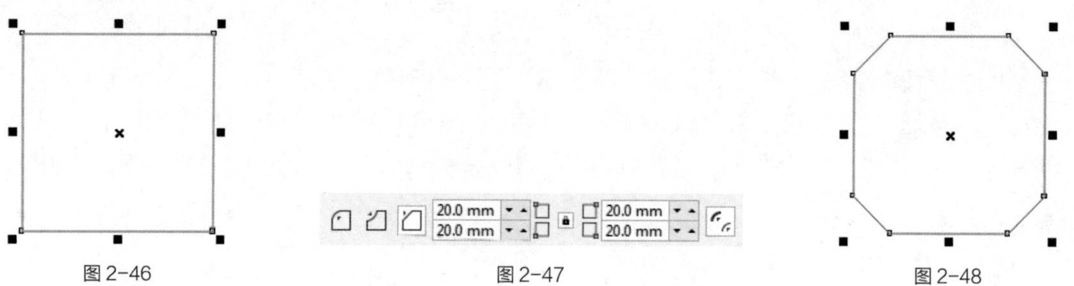

图 2-46 图 2-47 图 2-48

倒棱角图形“转角半径”的设置与圆角矩形相同，这里不再赘述。

◎ 拖曳矩形的节点来绘制圆角矩形

绘制一个矩形，如图 2-49 所示。选择“形状”工具，单击矩形左上角的节点。按住鼠标左键拖曳节点，可以改变边角的圆角程度，如图 2-50 所示。松开鼠标左键，效果如图 2-51 所示。按 Esc 键取消矩形的编辑状态，圆角矩形的效果如图 2-52 所示。

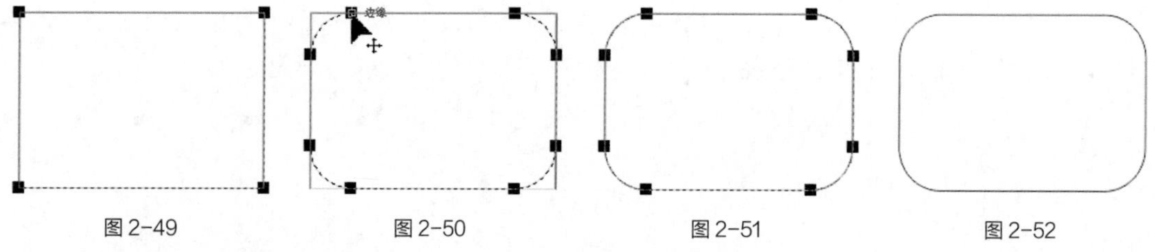

图 2-49 图 2-50 图 2-51 图 2-52

◎ 使用角缩放按钮调整图形

在绘图页面中绘制一个圆角矩形，属性栏和效果如图 2-53 所示。在绘制矩形的属性栏中，单击“相对角缩放”按钮，拖曳控制手柄调整图形的大小，圆角的半径根据图形的调整进行改变，属性栏和效果如图 2-54 所示。

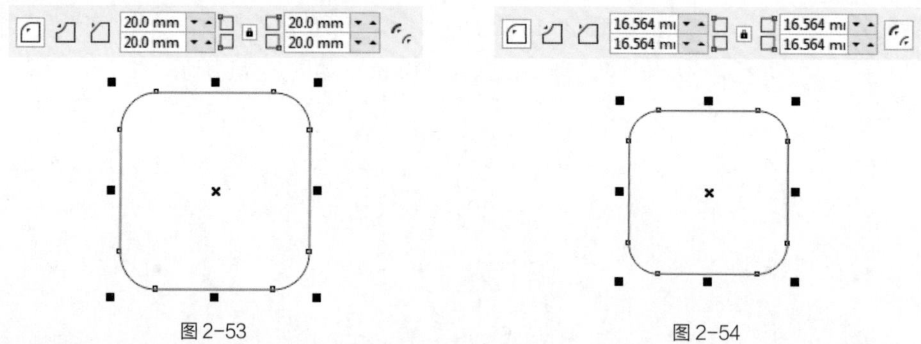

图 2-53 图 2-54

◎ 绘制任何角度的矩形

选择“3 点矩形”工具，在绘图页面中按住鼠标左键不放，拖曳鼠标指针到需要的位置，可以拖出一条任意方向的线段作为矩形的一条边，如图 2-55 所示。

先松开鼠标左键，完成矩形第一条边的绘制，再重新拖曳指针到需要的位置，即可确定矩形的另一条边，如图 2-56 所示。单击鼠标左键，有角度的矩形绘制完成，效果如图 2-57 所示。

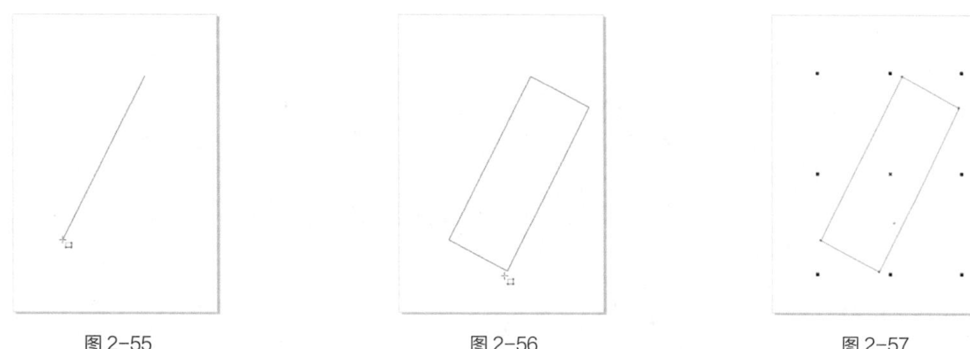

图 2-55　　图 2-56　　图 2-57

2. “椭圆形”工具

◎ 绘制椭圆形

选择“椭圆形”工具，在绘图页面中按住鼠标左键不放，拖曳鼠标指针到需要的位置，松开鼠标左键，椭圆形绘制完成，如图 2-58 所示。椭圆形的属性栏如图 2-59 所示。

● 按住 Ctrl 键，在绘图页面中可以绘制圆形，如图 2-60 所示。

图 2-58　　图 2-59　　图 2-60

● 按 F7 键，快速选择“椭圆形”工具，可在绘图页面中适当的位置绘制椭圆形。

● 按住 Shift 键，可在绘图页面中以当前点为中心绘制椭圆形。

● 按住 Shift+Ctrl 组合键，可在绘图页面中以当前点为中心绘制圆形。

◎ 使用“椭圆形”工具绘制饼图和弧

绘制一个圆形，如图 2-61 所示。单击“椭圆形”工具属性栏中的“饼图”按钮，如图 2-62 所示，可将圆形转换为饼图，如图 2-63 所示。

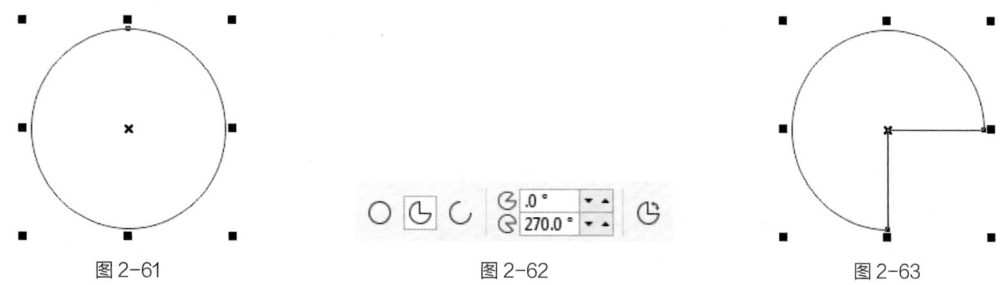

图 2-61　　图 2-62　　图 2-63

单击“椭圆形”工具属性栏中的“弧”按钮，如图 2-64 所示，可将圆形转换为弧，如图 2-65 所示。

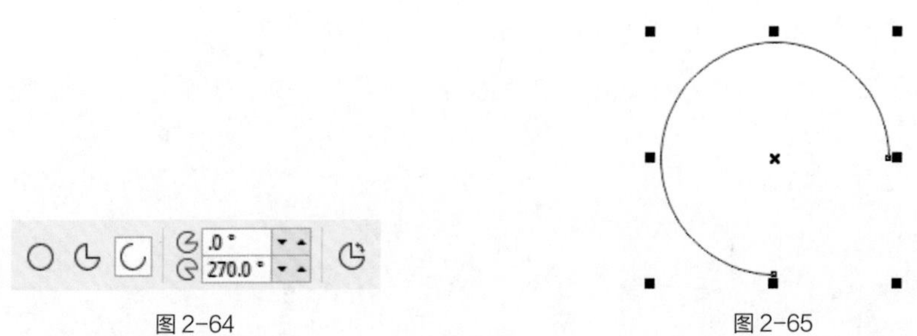

图 2-64　　图 2-65

在“起始和结束角度”中设置饼图和弧的起始角度和终止角度，按 Enter 键，可以获得饼图和弧的角度的精确值，效果如图 2-66 所示。

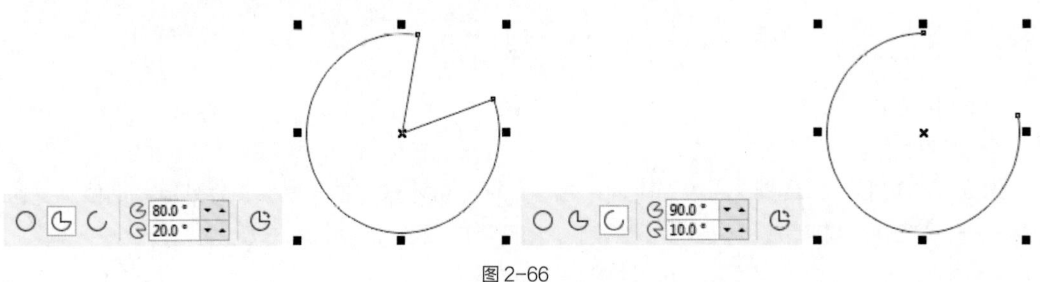

图 2-66

椭圆形在选取状态下，在属性栏中单击“饼图”按钮或“弧”按钮，可以使图形在饼图和弧之间转换。单击属性栏中的按钮，可以将饼图或弧进行 180° 的镜像变换。

◎ 拖曳椭圆形的节点来绘制饼图和弧

选择“椭圆形”工具，绘制一个圆形。按 F10 键，快速选择“形状”工具，单击轮廓线上的节点并按住鼠标左键不放，如图 2-67 所示。

向圆形内拖曳节点，如图 2-68 所示。松开鼠标左键，圆形变成饼图，效果如图 2-69 所示。向圆形外拖曳轮廓线上的节点，可使圆形变成弧。

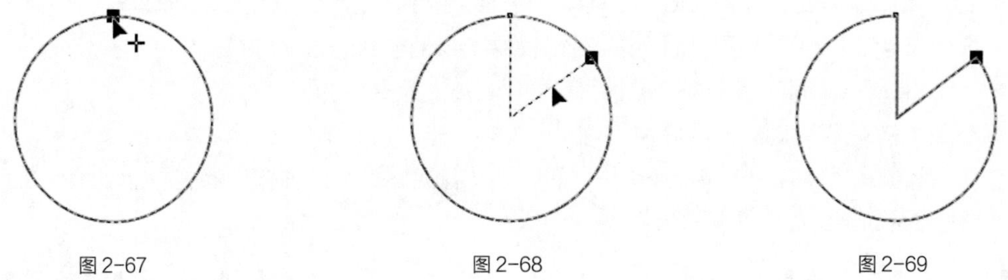

图 2-67　　图 2-68　　图 2-69

◎ 绘制任何角度的椭圆形

选择“椭圆形”工具展开式工具栏中的“3 点椭圆形”工具，在绘图页面中按住鼠标左键不放，拖曳鼠标指针到需要的位置，可绘制一条任意方向的线段作为椭圆形的一个轴，如图 2-70 所示。松开鼠标左键，再拖曳鼠标指针到需要的位置，即可确定椭圆形的形状，如图 2-71 所示。单击鼠标左键，有角度的椭圆形绘制完成，如图 2-72 所示。

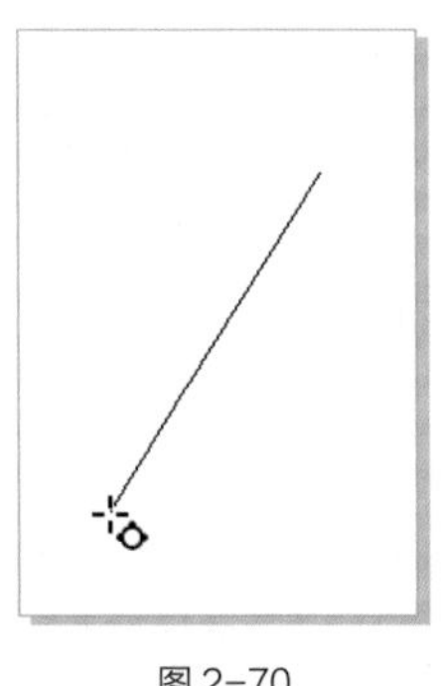

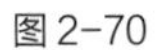

图2-70

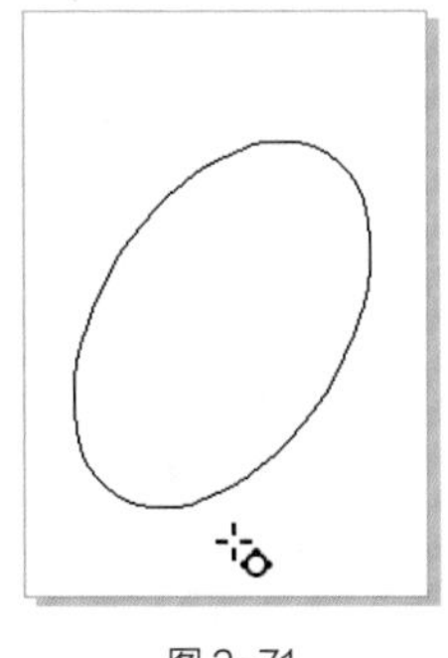

图2-71

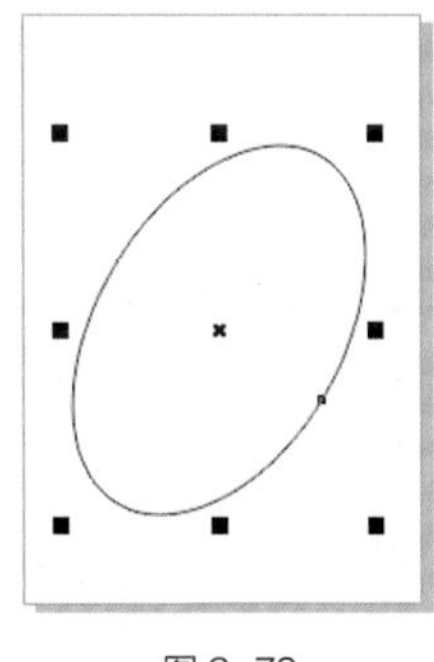

图2-72

3. “基本形状”工具

◎ 绘制基本形状

单击“基本形状”工具，在属性栏中单击“完美形状”按钮，在弹出的面板中选择需要的基本图形，如图 2-73 所示。

在绘图页面中按住鼠标左键不放，从左上角向右下角拖曳鼠标指针到需要的位置，松开鼠标左键，基本图形绘制完成，效果如图 2-74 所示。

◎ 绘制箭头图

单击“箭头形状”工具，在属性栏中单击“完美形状”按钮，在弹出的面板中选择需要的箭头图形，如图 2-75 所示。

在绘图页面中按住鼠标左键不放，从左上角向右下角拖曳鼠标指针到需要的位置，松开鼠标左键，箭头图形绘制完成，如图 2-76 所示。

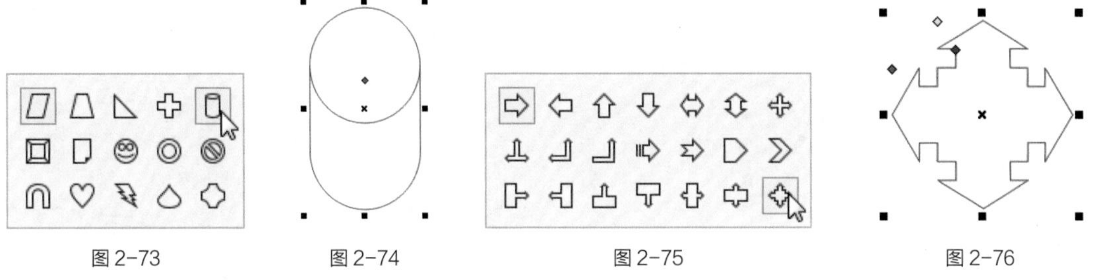

图2-73　图2-74　图2-75　图2-76

◎ 绘制流程图图形

单击“流程图形状”工具，在属性栏中单击“完美形状”按钮，在弹出的面板中选择需要的流程图图形，如图 2-77 所示。

在绘图页面中按住鼠标左键不放，从左上角向右下角拖曳鼠标指针到需要的位置，松开鼠标左键，流程图图形绘制完成，如图 2-78 所示。

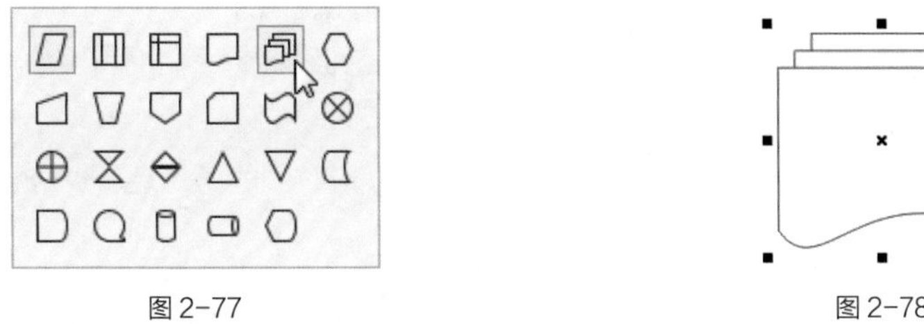

图2-77　图2-78

◎ 绘制标题图形

单击“标题形状”工具，在属性栏中单击“完美形状”按钮，在弹出的面板中选择需要的标题图形，如图 2-79 所示。

在绘图页面中按住鼠标左键不放，从左上角向右下角拖曳鼠标指针到需要的位置，松开鼠标左键，标题图形绘制完成，如图 2-80 所示。

◎ 绘制标注图形

单击“标注形状”工具，在属性栏中单击“完美形状”按钮，在弹出的面板中选择需要的标注图形，如图 2-81 所示。

在绘图页面中按住鼠标左键不放，从左上角向右下角拖曳鼠标指针到需要的位置，松开鼠标左键，标注图形绘制完成，如图 2-82 所示。

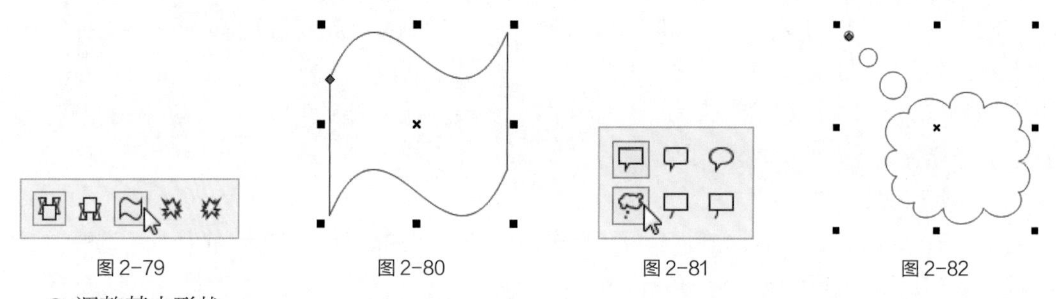

图 2-79　图 2-80　图 2-81　图 2-82

◎ 调整基本形状

绘制一个基本形状，如图 2-83 所示。单击要调整的基本形状的红色菱形符号并按下鼠标左键不放，将其拖曳到适当的位置，如图 2-84 所示。得到需要的形状后，松开鼠标左键，效果如图 2-85 所示。

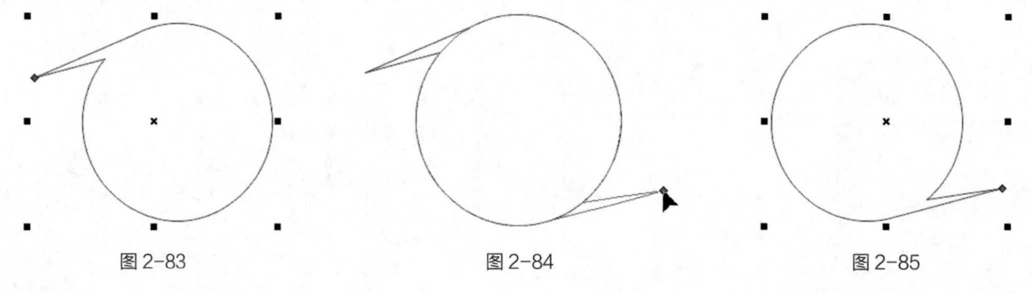

图 2-83　图 2-84　图 2-85

在流程图形状中没有红色菱形符号，所以不能对它进行调整。

4．标准填充

◎ 选取颜色

在 CorelDRAW 中提供了多种调色板，选择“窗口 > 调色板”命令，将弹出可供选择的多种颜色调色板。CorelDRAW 在默认状态下使用的是 CMYK 调色板。

调色板一般在屏幕的右侧。使用“选择”工具，选中屏幕右侧的条形色板，如图 2-86 所示。拖曳条形色板到屏幕的中间，调色板变为图 2-87 所示的样子。

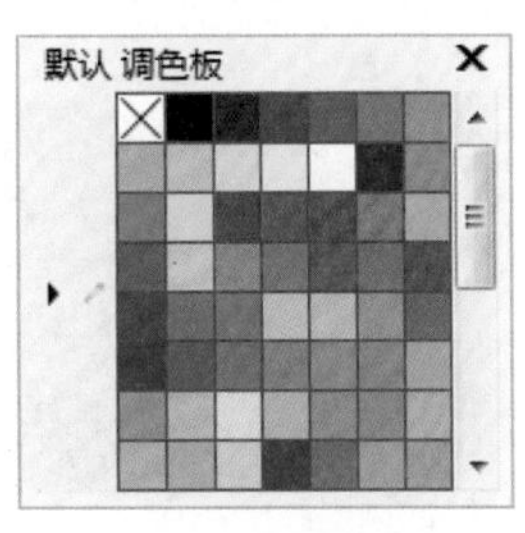

图 2-86

图 2-87

打开一个要填充的图形对象。使用“选择”工具选中要填充的图形对象，如图 2-88 所示。在调色板中选中的颜色上单击鼠标左键，如图 2-89 所示，图形对象的内部即被选中的颜色填充，如图 2-90 所示。单击调色板中的“无填充”按钮，可取消对图形对象内部的颜色填充。

图 2-88

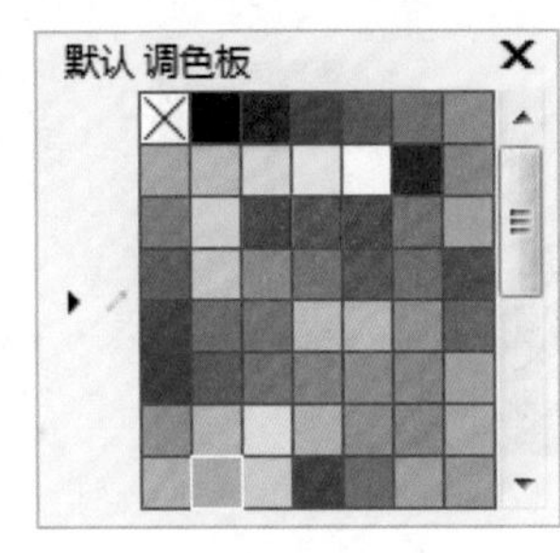

图 2-89

图 2-90

保持图形的选取状态。在调色板中选中的颜色上单击鼠标右键，如图 2-91 所示，图形对象的轮廓线即被选中的颜色填充，并填充适当的轮廓宽度，如图 2-92 所示。

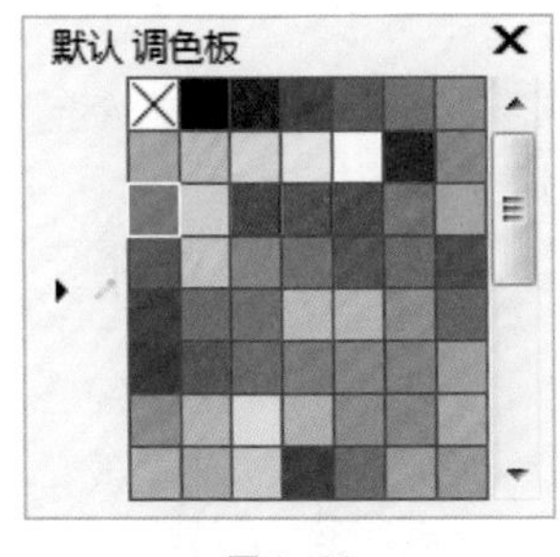

图 2-91

图 2-92

◎ 使用“均匀填充”对话框

选择“编辑填充”工具，弹出“编辑填充”对话框，单击“均匀填充”按钮，或按 Shift+F11 组合键，弹出“编辑填充”对话框，可以在对话框中设置需要的颜色。

在对话框中的 3 种设置颜色的方式分别为模型、混合器和调色板。具体设置如下。

◎ 使用模型设置框

模型设置框如图 2-93 所示，在设置框中提供了完整的色谱。通过操作颜色关联控件可更改颜色，也可以通过在颜色模式的各参数值框中设置数值来设定需要的颜色。在设置框中还可以选择不同的颜色模式，模型设置框默认的是 CMYK 模式，如图 2-94 所示。

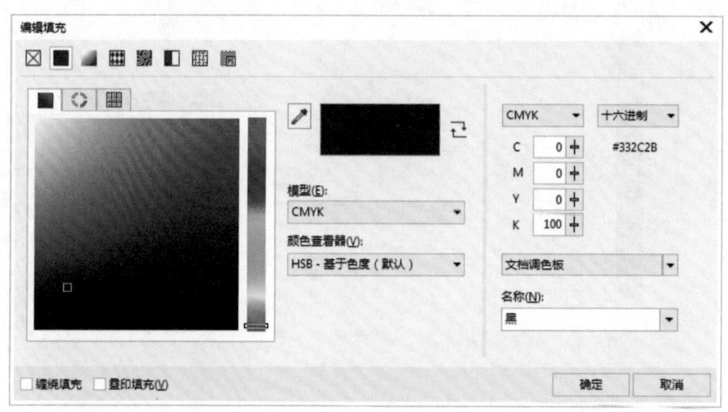

图 2-93

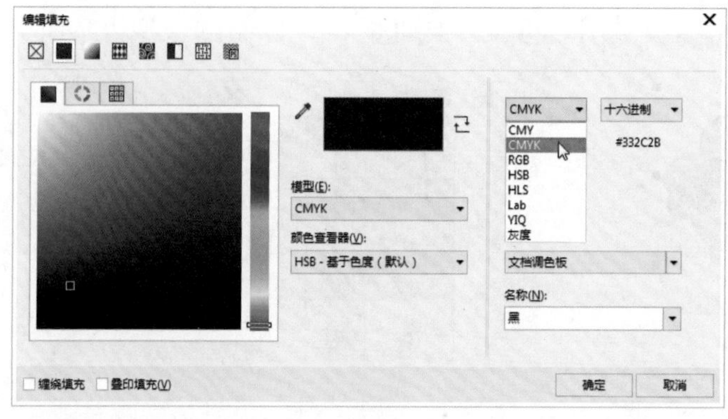

图 2-94

调配好需要的颜色后，单击“确定”按钮，可以将需要的颜色填充到图形对象中。

提示 如果有经常需要使用的颜色，调配好需要的颜色后，单击“编辑填充”对话框中“文档调色板”下拉列表框右侧的▾按钮，在弹出的下拉列表中选择“调色板”选项，可以将颜色添加到调色板中。在下一次使用这种颜色时就不需要再调配了，直接在调色板中调用即可。

◎ 使用混和器设置框

混和器设置框如图 2-95 所示，混和器设置框是通过组合其他颜色的方式来生成新颜色的，从“色度”选项的下拉列表中选择各种形状，通过转动色环可以设置需要的颜色。从“变化”选项的下拉列表中选择各种选项，可以调整颜色的明度。调整“大小”选项下的滑动块可以使选择的颜色更丰富。

可以通过在颜色模式的各参数值框中设置数值来设定需要的颜色。在设置框中还可以选择不同的颜色模式，混合器设置框默认的是 CMYK 模式，如图 2-96 所示。

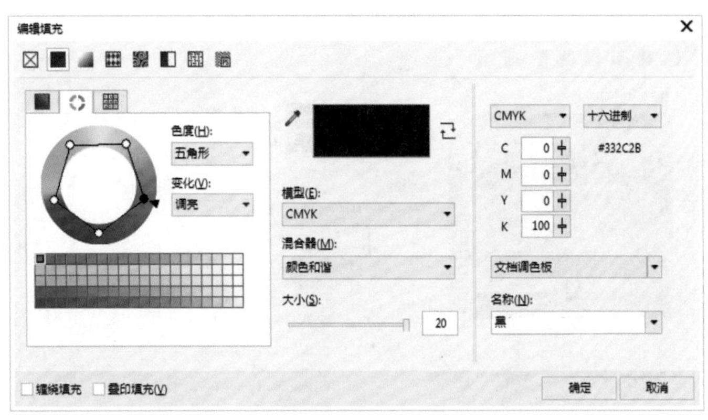

图 2-95

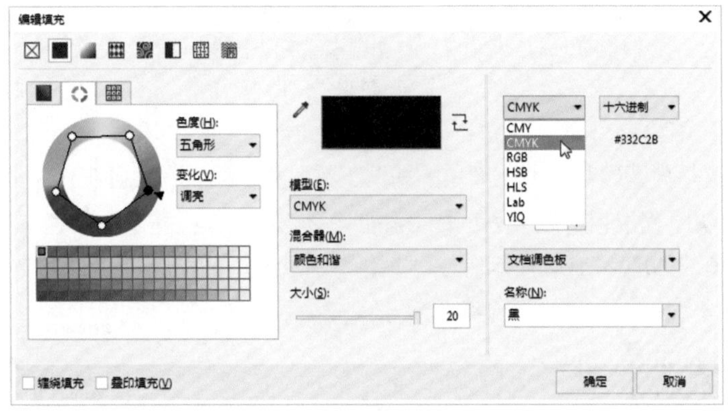

图 2-96

◎ 使用调色板设置框

调色板设置框如图 2-97 所示，调色板设置框是通过 CorelDRAW 中已有颜色库中的颜色来填充图形对象的。在“调色板”选项的下拉列表中可以选择需要的颜色库，如图 2-98 所示。

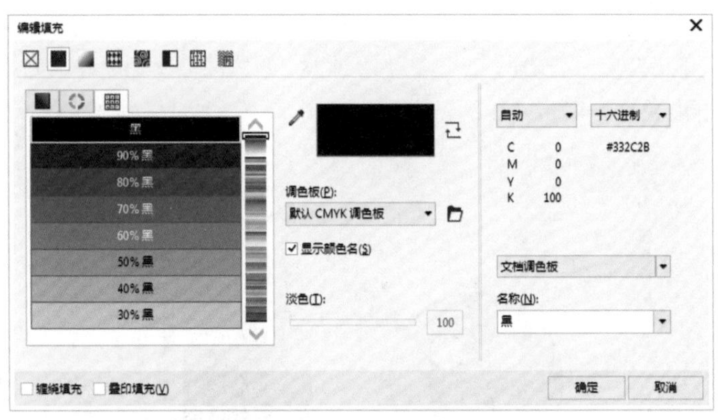

图 2-97

在色板中的颜色上单击鼠标左键就可以选中需要的颜色，调整“淡色”选项下的滑动块可以使选择的颜色变淡。调配好需要的颜色后，单击“确定”按钮，可以将需要的颜色填充到图形对象中。

图 2-98

◎ 使用“颜色”泊坞窗

“颜色”泊坞窗是为图形对象填充颜色的辅助工具，特别适合在实际工作中应用。

单击工具箱下方的“快速自定”按钮⊕，添加“彩色”工具，弹出“颜色”泊坞窗，如图 2-99 所示。绘制一个笑脸，如图 2-100 所示。在“颜色”泊坞窗中调配颜色，如图 2-101 所示。

图 2-99　　图 2-100　　图 2-101

调配好颜色后，单击“填充”按钮，如图 2-102 所示，颜色被填充到笑脸的内部，效果如图 2-103 所示。也可在调配好颜色后，单击“轮廓”按钮，如图 2-104 所示，填充颜色到笑脸的轮廓线，效果如图 2-105 所示。

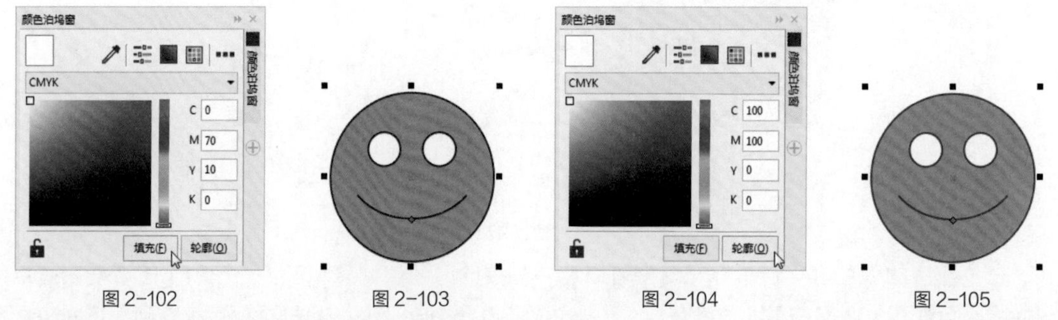

图 2-102　　图 2-103　　图 2-104　　图 2-105

“颜色”泊坞窗右上角的 3 个按钮分别是“显示颜色滑块”“显示颜色查看器”和“显示调色板”按钮。分别单击这 3 个按钮可以选择不同的调配颜色的方式，如图 2-106 所示。

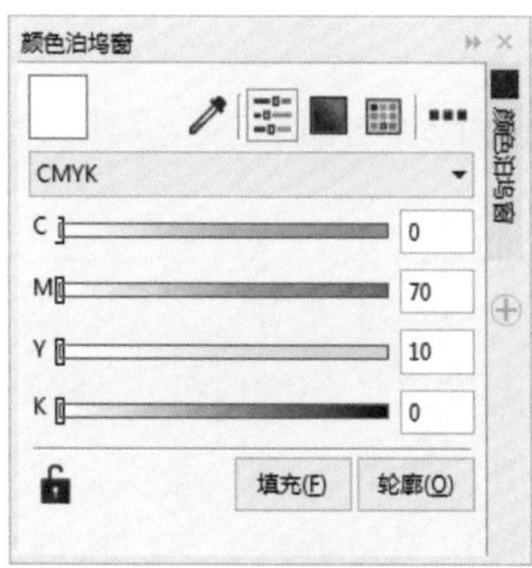

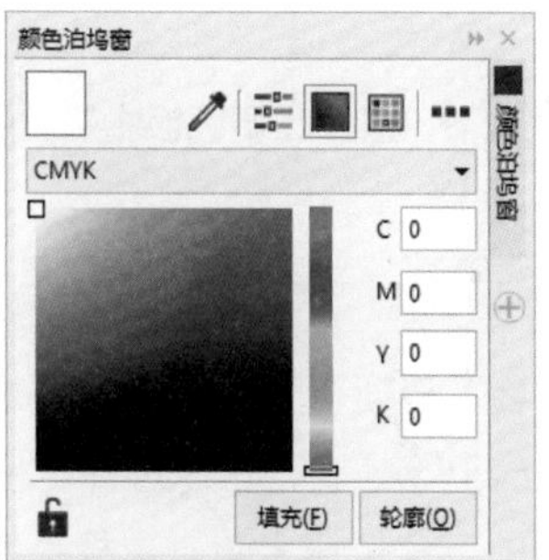

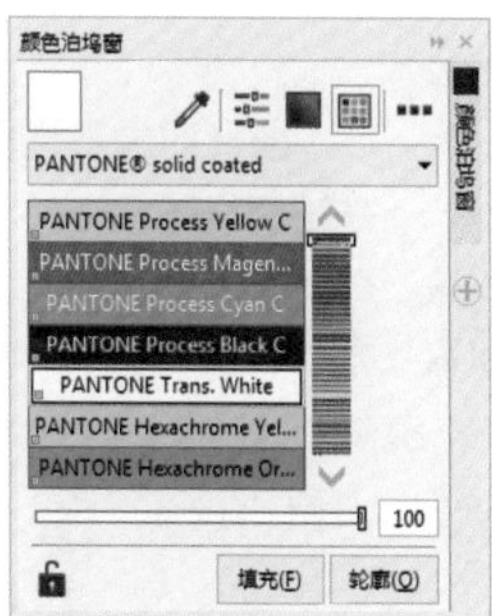

图2-106

经过特殊效果（如渐变、立体化、透明和滤镜等效果）处理后，图形对象产生的颜色不能被纳入颜色样式中。位图对象也不能进行编辑颜色样式的操作。

5. “轮廓”工具

◎ 使用“轮廓”工具

单击“轮廓笔”工具，弹出“轮廓”工具的展开工具栏，如图2-107所示。

展开工具栏中的“轮廓笔”工具，可以用来编辑图形对象的轮廓线；用“轮廓色”工具可以编辑图形对象的轮廓线颜色；11个按钮都用于设置图形对象的轮廓宽度，分别是无轮廓、细线轮廓、0.1 mm、0.2 mm、0.25 mm、0.5 mm、0.75 mm、1 mm、1.5 mm、2 mm和2.5 mm；选择“彩色”工具，可以弹出“颜色”泊坞窗，对图形的轮廓线颜色进行编辑。

轮廓笔 F12
轮廓色 Shift+F12
无轮廓
细线轮廓
0.1 mm
0.2 mm
0.25 mm
0.5 mm
0.75 mm
1 mm
1.5 mm
2 mm
2.5 mm
彩色(C)

图2-107

◎ 设置轮廓线的颜色

绘制一个图形对象，并使图形对象处于选取状态，单击“轮廓笔”工具，弹出“轮廓笔”对话框，如图2-108所示。

在“轮廓笔”对话框中，“颜色”选项可以用来设置轮廓线的颜色，在CorelDRAW的默认状态下，轮廓线被设置为黑色。在颜色列表框右侧的三角按钮上单击鼠标左键，打开颜色下拉列表，如图2-109所示，在颜色下拉列表中可以调配自己需要的颜色。

图2-108

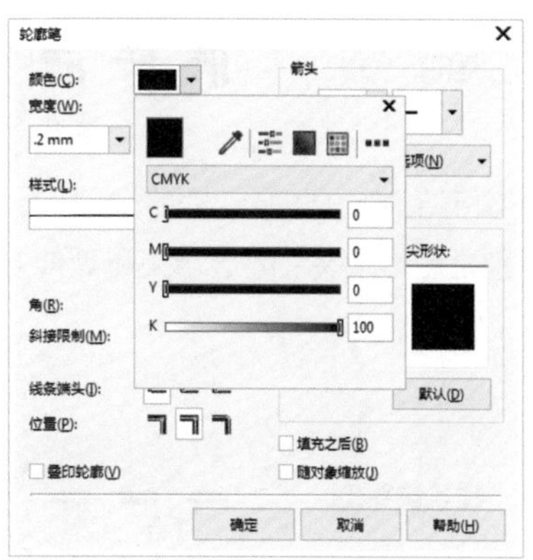

图2-109

设置好需要的颜色后，单击“确定”按钮，可以改变轮廓线的颜色。

图形对象在选取状态下，直接在调色板中需要的颜色上单击鼠标右键，可以快速填充轮廓线颜色

◎ 设置轮廓线的粗细及样式

在“轮廓笔”对话框中，“宽度”选项可以用来设置轮廓线的宽度值和宽度的度量单位。在左侧的三角按钮上单击鼠标左键，弹出下拉列表，可以选择宽度数值，如图 2-110 所示，也可以在数值框中直接输入宽度数值。在右侧的三角按钮上单击鼠标左键，弹出下拉列表，可以选择宽度的度量单位，如图 2-111 所示。在“样式”选项右侧的三角按钮上单击鼠标左键，弹出下拉列表，可以选择轮廓线的样式，如图 2-112 所示。

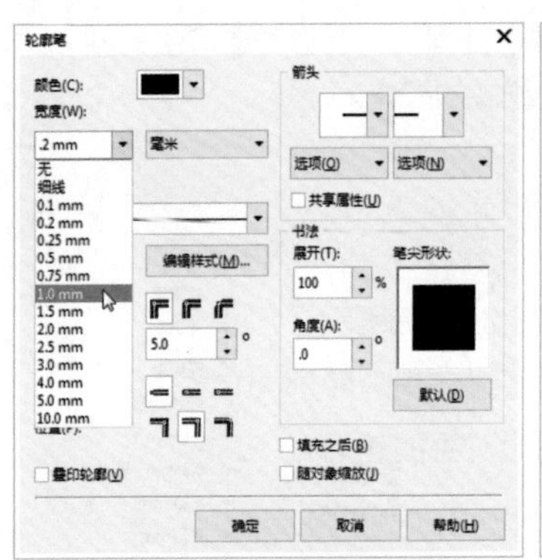
图 2-110

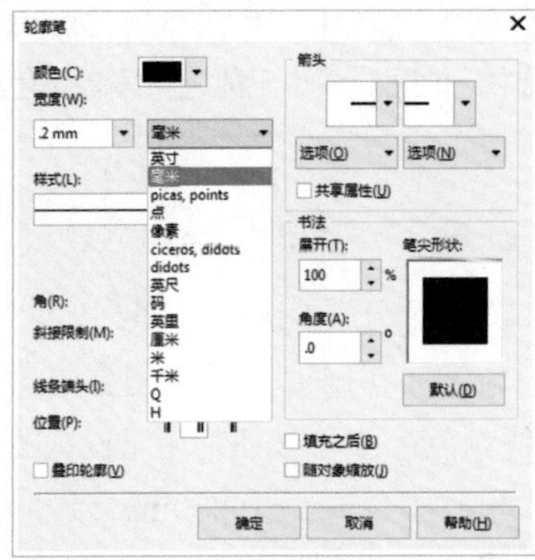
图 2-111

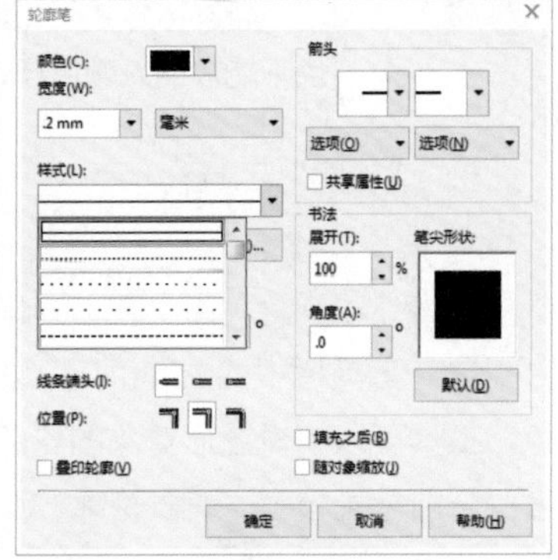
图 2-112

◎ 设置轮廓线角的样式及端头样式

在“轮廓笔”对话框中，“角”设置区可以用来设置轮廓线角的样式，如图 2-113 所示。“角”设置区提供了 3 种拐角的方式，分别是斜接角、圆角和平角。

将轮廓线的宽度增加，因为较细的轮廓线在设置拐角后效果不明显。3 种拐角的效果如图 2-114 所示。

图 2-113　　图 2-114

在“轮廓笔”对话框中，“线条端头”设置区可以用来设置线条端头的样式，如图 2-115 所示。3 种样式分别是方形端头、圆形端头和延伸方形端头。分别选择 3 种端头样式，效果如图 2-116 所示。

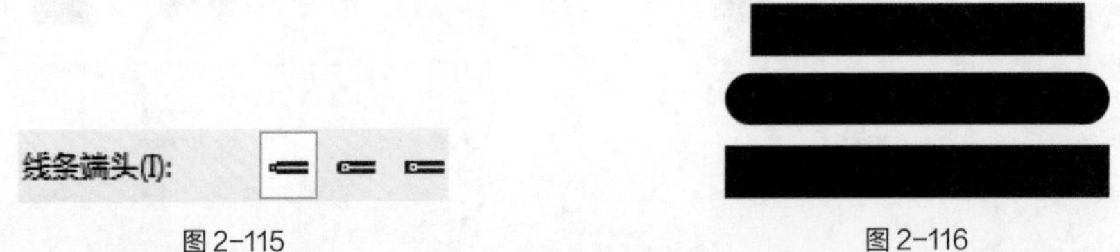

图 2-115　　图 2-116

在“轮廓笔”对话框中，“箭头”设置区可以用来设置线条两端的箭头样式，如图 2-117 所示。“箭

头”设置区中提供了两个样式框，左侧的样式框 用来设置箭头样式，单击样式框上的三角按钮，弹出“箭头样式”列表，如图 2-118 所示。右侧的样式框 用来设置箭尾样式，单击样式框上的三角按钮，弹出“箭尾样式”列表，如图 2-119 所示。

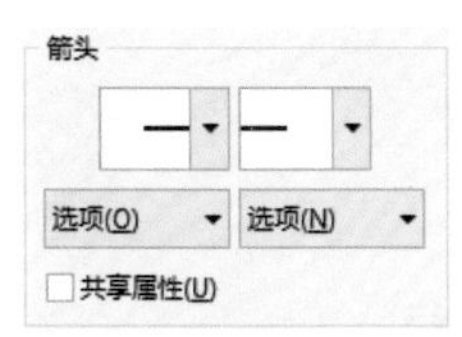

图 2-117

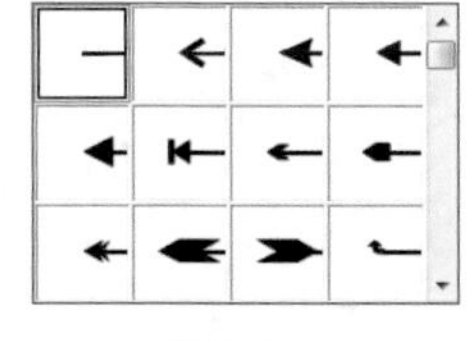

图 2-118

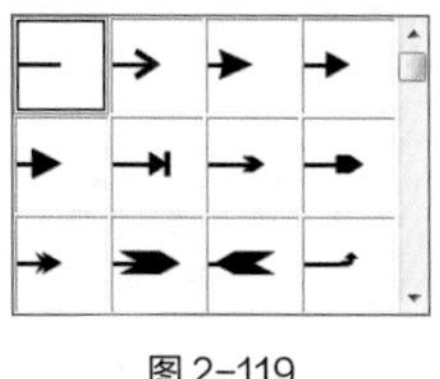

图 2-119

勾选“填充之后”复选框，会将图形对象的轮廓置于图形对象的填充之后。图形对象的填充会遮挡图形对象的轮廓颜色，只能观察到轮廓的一段宽度的颜色。

勾选“随对象缩放”复选框，缩放图形对象时，图形对象的轮廓线会根据图形对象的大小而改变，使图形对象的整体效果保持不变。如果不选择此选项，在缩放图形对象时，图形对象的轮廓线不会根据图形对象的大小而改变，轮廓线和填充不能保持原图形对象的效果，图形对象的整体效果就会被破坏。

◎ 复制轮廓属性

当设置好一个图形对象的轮廓属性后，可以将它的轮廓属性复制给其他的图形对象。下面介绍具体的操作方法和技巧。

绘制两个图形对象，效果如图 2-120 所示。设置左侧图形对象的轮廓属性，效果如图 2-121 所示。

图 2-120　　图 2-121

用鼠标右键将左侧的图形对象拖放到右侧的图形对象上，当鼠标指针变为靶形图标后，松开鼠标右键，弹出图 2-122 所示的快捷菜单，在快捷菜单中选择“复制轮廓”命令，左侧图形对象的轮廓属性就被复制到了右侧的图形对象上，效果如图 2-123 所示。

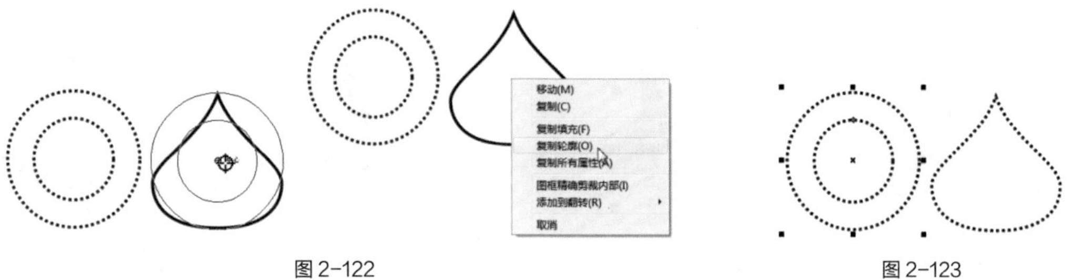

图 2-122　　图 2-123

6．对象的编辑

在 CorelDRAW X8 中，可以使用强大的图形对象编辑功能对图形对象进行编辑，其中包括对象的多种选取方式，对象的缩放、移动、镜像、复制、删除及调整。本节将讲解多种编辑图形对象的方法和技巧。

◎ 对象的选取

在 CorelDRAW X8 中，新建一个图形对象时，一般图形对象呈选取状态，在对象的周围出现圈选框，圈选框是由 8 个控制手柄组成的，对象的中心有一个“×”形的中心标记。对象的选取状态如图 2-124 所示。

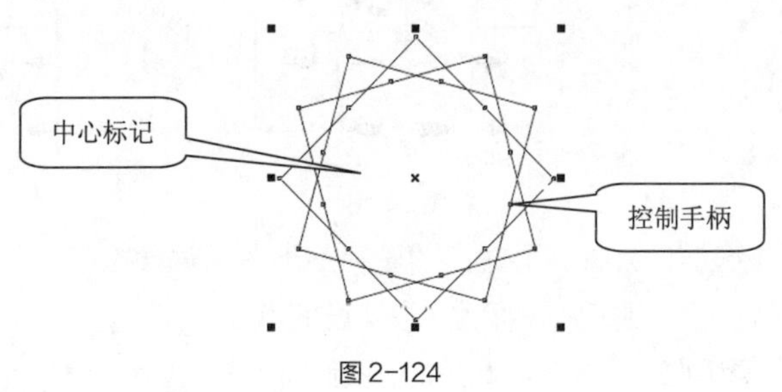

图 2-124

在 CorelDRAW X8 中，如果要编辑一个对象，首先要选取这个对象。当选取多个图形对象时，多个图形对象共有一个圈选框。要取消对象的选取状态，只要在绘图页面中的其他位置单击或按 Esc 键即可。

● 用鼠标点选的方法选取对象

选择“选择”工具，在要选取的图形对象上单击，即可选取该对象。

选取多个图形对象时，按住 Shift 键，在依次选取的对象上连续单击即可。同时选取的效果如图 2-125 所示。

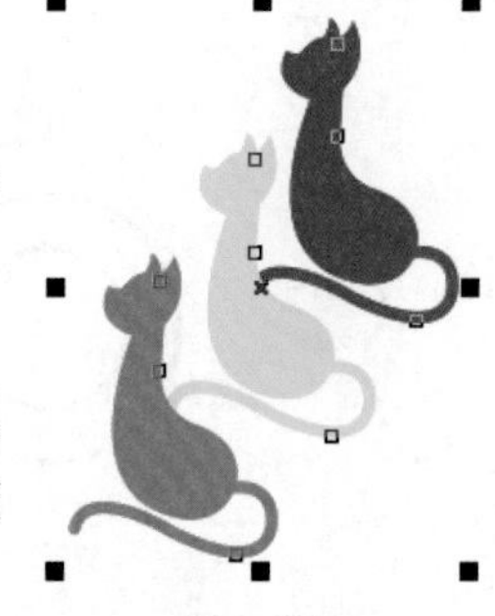

图 2-125

● 用鼠标圈选的方法选取对象

选择“选择”工具，在绘图页面中要选取的图形对象外围单击并拖曳鼠标，拖曳后会出现一个蓝色的虚线圈选框，如图 2-126 所示。在圈选框完全圈选住对象后松开鼠标，被圈选的对象处于选取状态，如图 2-127 所示。用圈选的方法可以同时选取一个或多个对象。

在圈选的同时按住 Alt 键，蓝色的虚线圈选框如图 2-128 所示，接触到的对象都将被选取，如图 2-129 所示。

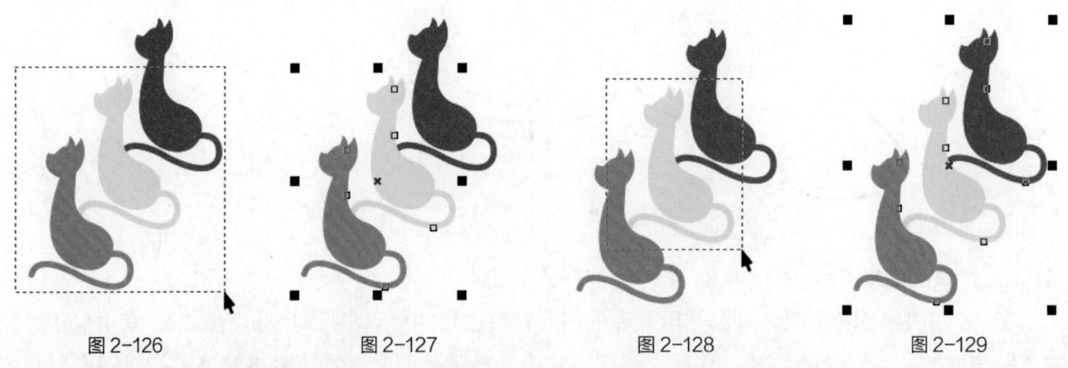

图 2-126 图 2-127 图 2-128 图 2-129

● 使用命令选取对象

选择“编辑 > 全选”子菜单下的各个命令来选取对象。按 Ctrl+A 组合键，可以选取绘图页面中的全部对象。

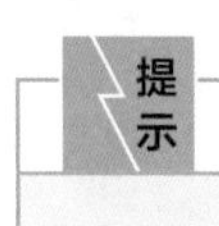

当绘图页面中有多个对象时，按空格键，快速选择“选择”工具；连续按 Tab 键，可以依次选择下一个对象；按住 Shift 键，再连续按 Tab 键，可以依次选择上一个对象；按住 Ctrl 键，用鼠标点选的方法可以选取群组中的单个对象。

◎ 对象的缩放

● 使用鼠标缩放对象

使用“选择”工具选取要缩放的对象，对象的周围出现控制手柄。

用鼠标拖曳控制手柄可以缩放对象。拖曳对角线上的控制手柄可以按比例缩放对象，如图 2-130 所示。拖曳中间的控制手柄可以不按比例缩放对象，如图 2-131 所示。

图 2-130　　图 2-131

拖曳对角线上的控制手柄时，按住 Ctrl 键，对象会以 100% 的比例缩放；同时按 Shift+Ctrl 组合键，对象会以 100% 的比例从中心缩放。

● 使用“自由变换”工具缩放对象

选取要缩放的对象，对象的周围出现控制手柄。选择“选择”工具展开式工具栏中的“自由变换”工具，选中“自由缩放”按钮，属性栏如图 2-132 所示。

图 2-132

在“自由变换”工具属性栏中的“对象大小”框中输入对象的宽度和高度。如果选择了“缩放因子”中的锁按钮，则宽度和高度将按比例缩放，只要改变宽度和高度中的一个值，另一个值就会自动按比例调整。

在“自由变换”工具属性栏中调整好宽度和高度后，按 Enter 键，完成对象的缩放。缩放的效果如图 2-133 所示。

图 2-133

● 使用“变换”泊坞窗缩放对象

使用“选择”工具选取要缩放的对象，如图 2-134 所示。选择“窗口 > 泊坞窗 > 变换 > 大小”命令，或按 Alt+F10 组合键，弹出“变换”泊坞窗，如图 2-135 所示。其中，“X”表示宽度，“Y”表示高度。如果不勾选“按比例”复选框，就可以不按比例缩放对象。

图 2-136 所示为可供选择的圈选框控制手柄的位置，单击一个按钮可以定义一个在缩放对象时

保持固定不动的点，缩放的对象将基于这个点进行缩放，这个点可以决定缩放后的图形与原图形的相对位置。

图 2-134

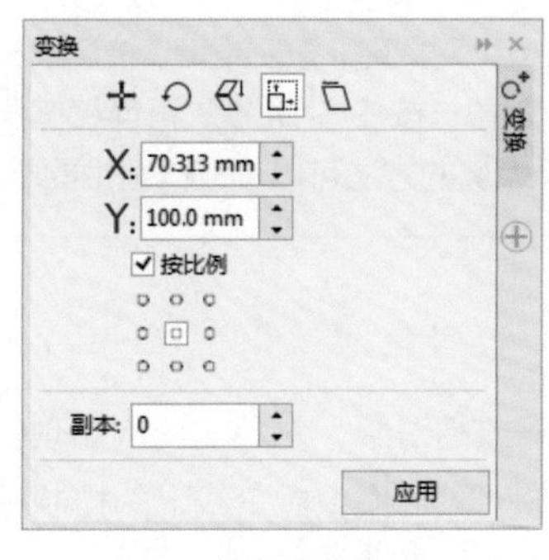

图 2-135

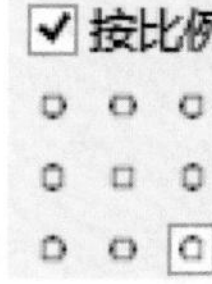

图 2-136

设置好需要的数值，如图 2-137 所示，单击“应用”按钮，对象的缩放完成，效果如图 2-138 所示。通过“副本”选项，可以复制生成多个缩放好的对象。

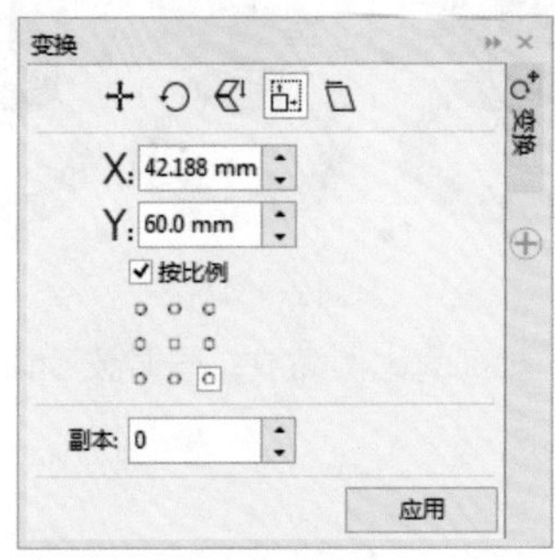

图 2-137

图 2-138

选择“窗口 > 泊坞窗 > 变换 > 缩放和镜像”命令，或按 Alt+F9 组合键，在弹出的“变换”泊坞窗中可以对对象进行缩放。

◎ 对象的移动

● 使用工具和键盘移动对象

选取要移动的对象，如图 2-139 所示。使用“选择”工具或其他的绘图工具，将鼠标指针移到对象的中心控制点，指针将变为十字箭头形状，如图 2-140 所示。按住鼠标左键不放，拖曳对象到需要的位置，松开鼠标左键，完成对象的移动，效果如图 2-141 所示。

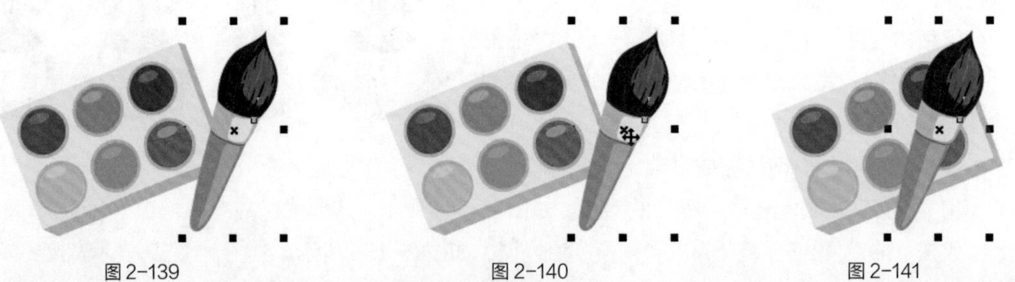

图 2-139　　图 2-140　　图 2-141

选取要移动的对象，用键盘上的方向键可以微调对象的位置，系统使用默认值时，对象将以 0.1 英寸的增量移动。选择“选择”工具后不选取任何对象，在属性栏中的 1 mm 框中可以重新设定每次微调移动的距离。

● 使用属性栏移动对象

选取要移动的对象，在属性栏的“对象的位置” X: 45.068 mm Y: 93.79 mm 框中输入对象要移动到的新位置的横坐标和纵坐标，可移动对象。

● 使用“变换”泊坞窗移动对象

选取要移动的对象，选择“窗口 > 泊坞窗 > 变换 > 位置”命令，或按 Alt+F7 组合键，将弹出“变换”泊坞窗，“X”选项用于设置对象所在位置的横坐标，“Y”选项用于设置表示对象所在位置的纵坐标。如勾选“相对位置”复选框，对象将相对于原位置的中心进行移动。设置好后，单击“应用”按钮或按 Enter 键，完成对象的移动。移动前后的位置分别如图 2-142 所示。

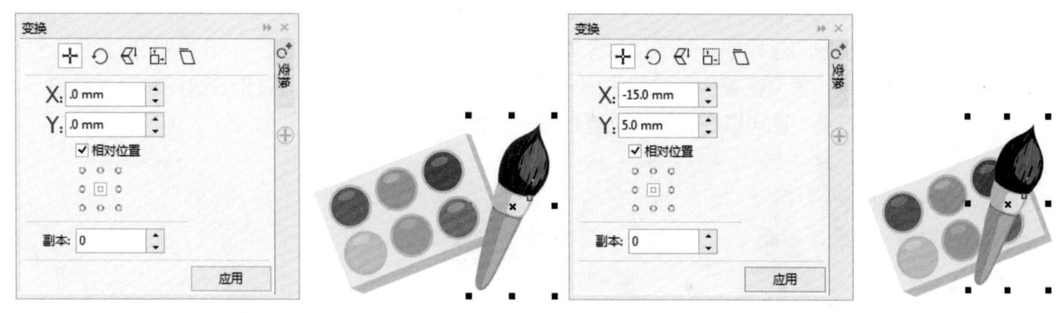

图 2-142

设置好数值后，在“副本”选项中输入数值，可以在移动的新位置复制生成新的对象。

◎ 对象的镜像

镜像效果经常被应用到设计作品中。在 CorelDRAW X8 中，可以使用多种方法使对象沿水平、垂直或对角线的方向做镜像翻转。

● 使用鼠标镜像对象

使用“选择”工具选取要镜像的对象，如图 2-143 所示。按住鼠标左键直接拖曳控制手柄到相对的边，直到显示对象的蓝色虚线框，如图 2-144 所示，松开鼠标左键就可以得到不规则的镜像对象，如图 2-145 所示。

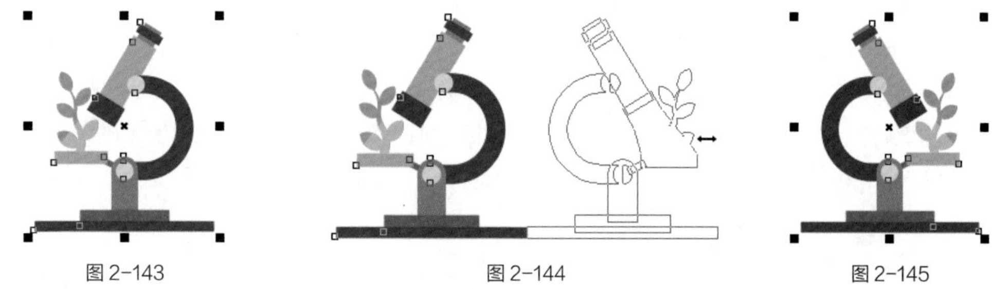

图 2-143　图 2-144　图 2-145

按住 Ctrl 键，直接拖曳左边或右边中间的控制手柄到相对的边，可以完成保持原对象比例的水平镜像，如图 2-146 所示。按住 Ctrl 键，直接拖曳上边或下边中间的控制手柄到相对的边，可以完成保持原对象比例的垂直镜像，如图 2-147 所示。按住 Ctrl 键，直接拖曳边角上的控制手柄到相对的边，可以完成保持原对象比例的沿对角线方向的镜像，如图 2-148 所示。

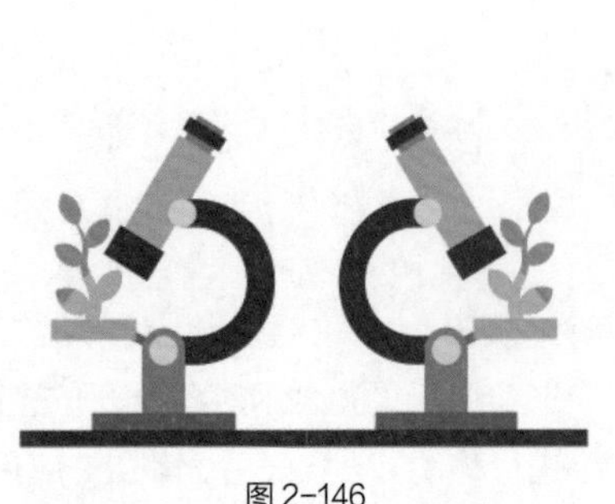
图 2-146

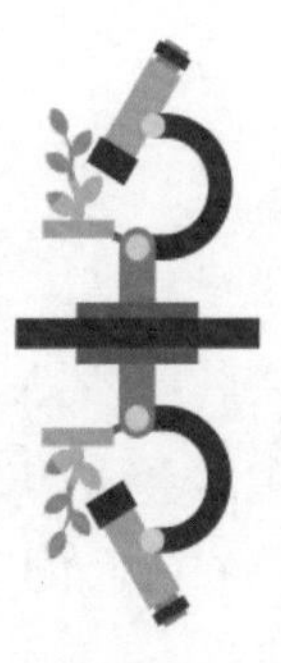
图 2-147

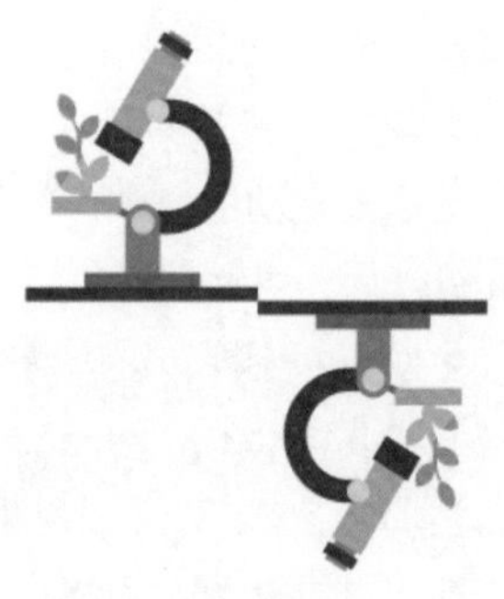
图 2-148

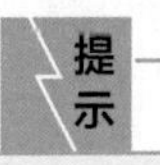

在镜像的过程中，只能使对象本身产生镜像。如果想产生图 2-146 ~ 图 2-148 所示的效果，就要在镜像的位置生成一个复制对象。方法很简单，在松开鼠标左键之前按下鼠标右键，就可以在镜像的位置生成一个复制对象。

● 使用属性栏镜像对象

选取要镜像的对象，如图 2-149 所示，属性栏的状态如图 2-150 所示。

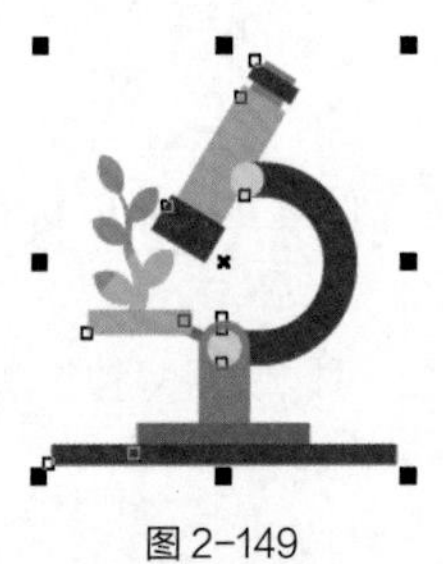
图 2-149

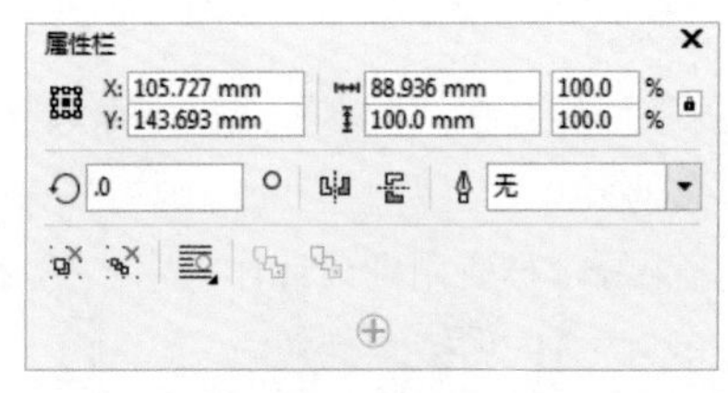

图 2-150

单击属性栏中的“水平镜像”按钮，可以使对象沿水平方向做镜像翻转。单击“垂直镜像”按钮，可以使对象沿垂直方向做镜像翻转。

● 使用“变换”泊坞窗镜像对象

选取要镜像的对象，选择“窗口 > 泊坞窗 > 变换 > 缩放和镜像”命令，或按 Alt+F9 组合键，弹出“变换”泊坞窗，单击“水平镜像”按钮，可以使对象沿水平方向做镜像翻转。单击“垂直镜像”按钮，可以使对象沿垂直方向做镜像翻转。设置好需要的数值，单击“应用”按钮即可看到镜像效果。

还可以设置产生一个变形的镜像对象。在“变换”泊坞窗中进行图 2-151 所示的参数设定，设置好后，单击“应用”按钮，生成一个变形的镜像对象，效果如图 2-152 所示。

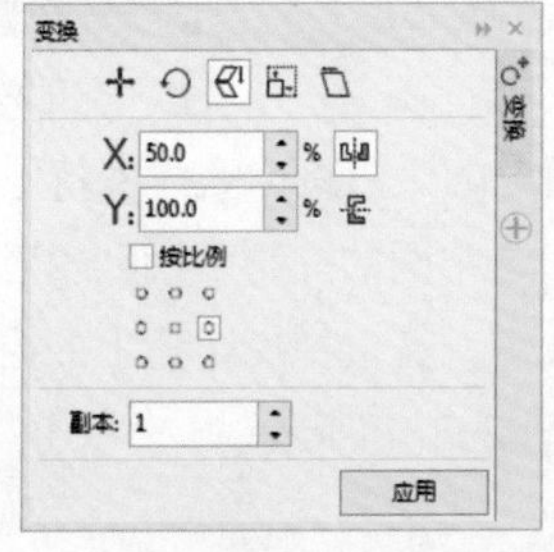

图 2-151

图 2-152

◎ 对象的旋转

● 使用鼠标旋转对象

使用“选择”工具选取要旋转的对象，对象的周围出现控制手柄。再次单击对象，这时对象的周围出现旋转和倾斜控制手柄，如图 2-153 所示。

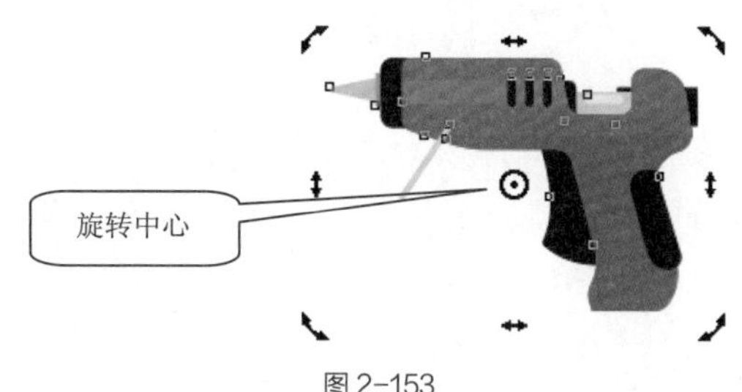

图 2-153

将鼠标指针移动到旋转控制手柄上，这时指针变为旋转符号，如图 2-154 所示。按住鼠标左键，拖曳鼠标旋转对象，旋转时对象会出现蓝色的虚线框指示旋转方向和角度，如图 2-155 所示。旋转到需要的角度后，松开鼠标左键，完成对象的旋转，效果如图 2-156 所示。

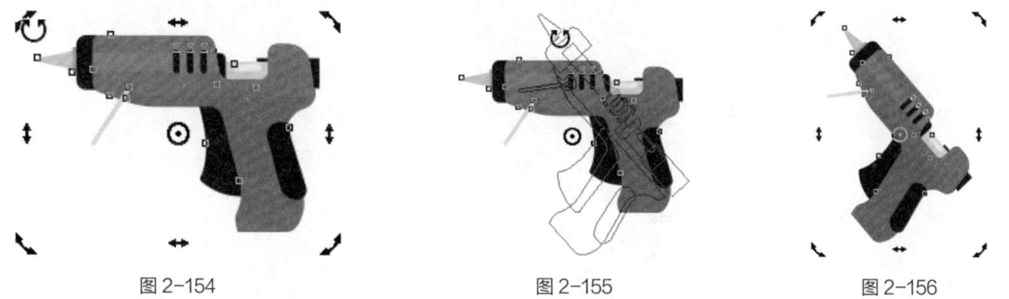

图 2-154　　图 2-155　　图 2-156

对象是围绕旋转中心⊙旋转的，默认的旋转中心⊙是对象的中心点，将鼠标指针移动到旋转中心上，按住鼠标左键拖曳旋转中心⊙到需要的位置，松开鼠标左键，完成对旋转中心的移动。

● 使用属性栏旋转对象

选取要旋转的对象，如图 2-157 所示。在属性栏的“旋转角度”文本框中输入旋转的角度数值为 30.0，如图 2-158 所示，按 Enter 键，效果如图 2-159 所示。

图 2-157　　图 2-158　　图 2-159

● 使用“变换”泊坞窗旋转对象

选取要旋转的对象，如图 2-160 所示。选择“窗口 > 泊坞窗 > 变换 > 旋转”命令，或按 Alt+F8 组合键，弹出“变换”泊坞窗，设置如图 2-161 所示。也可以在已打开的“变换”泊坞窗中单击“旋转”按钮。

在“变换”泊坞窗的“旋转”设置区的“角度”选项框中直接输入旋转的角度数值，旋转的角度数值可以是正值也可以是负值。在“中心”选项的设置区中输入旋转中心的坐标位置。勾选“相对中心”复选框，对象将以选中的点为旋转中心进行旋转。对“变换”泊坞窗进行图 2-162 所示的设定，设置完成后，单击“应用”按钮，对象旋转的效果如图 2-163 所示。

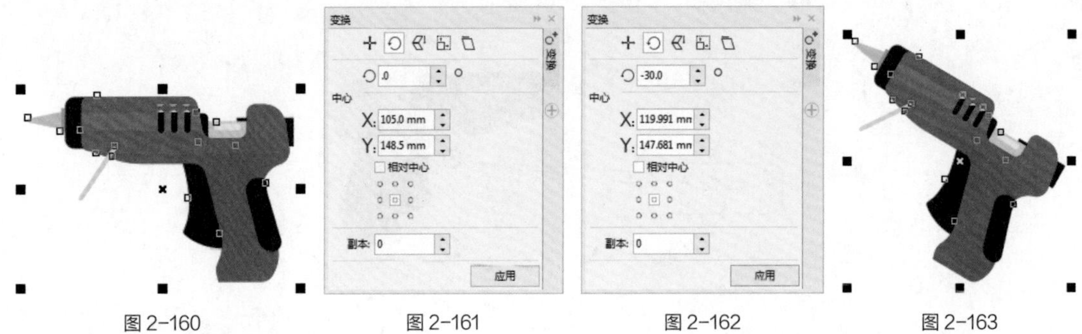

图 2-160　图 2-161　图 2-162　图 2-163

◎ 对象的倾斜变换

● 使用鼠标倾斜变形对象

使用“选择”工具选取要倾斜变形的对象，对象的周围出现控制手柄。再次单击对象，这时对象的周围出现旋转和倾斜控制手柄，如图 2-164 所示。

将鼠标指针移动到倾斜控制手柄上，指针变为倾斜符号，如图 2-165 所示。按住鼠标左键，拖曳鼠标变形对象，倾斜变形时对象会出现蓝色的虚线框指示倾斜变形的方向和角度，如图 2-166 所示。倾斜到需要的角度后，松开鼠标左键，对象倾斜变形的效果如图 2-167 所示。

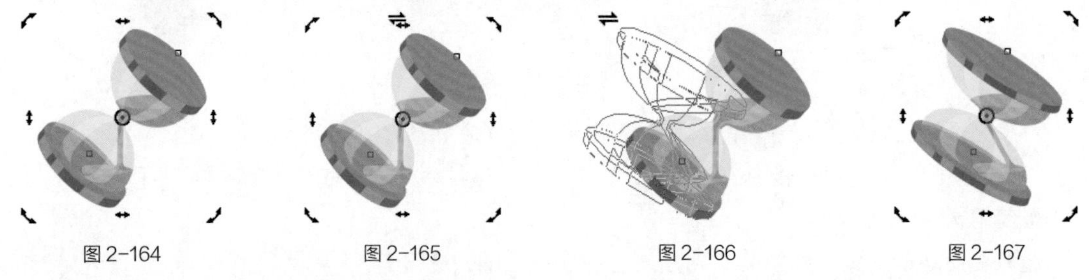

图 2-164　图 2-165　图 2-166　图 2-167

● 使用“变换”泊坞窗倾斜变形对象

选取倾斜变形对象，如图 2-168 所示。选择“窗口 > 泊坞窗 > 变换 > 倾斜”命令，弹出“变换”泊坞窗，如图 2-169 所示。也可以在已打开的“变换”泊坞窗中单击“倾斜”按钮。

在“变换”泊坞窗中设定倾斜变形对象的数值，如图 2-170 所示，单击“应用”按钮，对象产生倾斜变形，效果如图 2-171 所示。

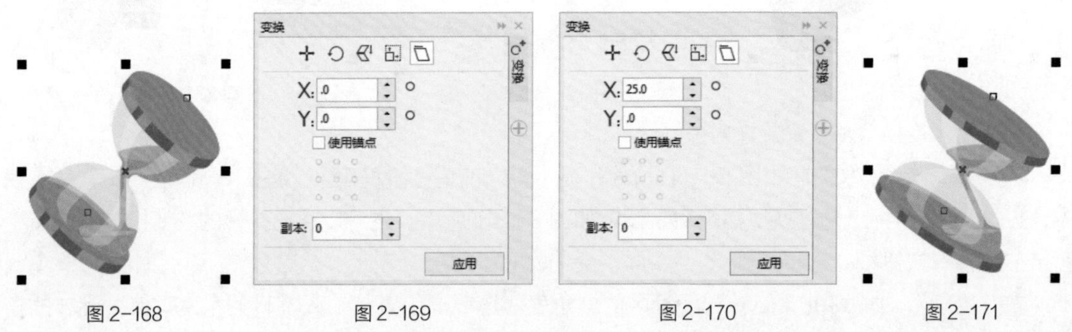

图 2-168　图 2-169　图 2-170　图 2-171

◎ 对象的复制

● 使用命令复制对象

选取要复制的对象，如图 2-172 所示。选择“编辑 > 复制”命令，或按 Ctrl+C 组合键，对象的副本将被放置在剪贴板中。选择“编辑 > 粘贴”命令，或按 Ctrl+V 组合键，对象的副本被粘贴到原对象的上面，位置和原对象是相同的。用鼠标移动对象，可以显示复制的对象，如图 2-173 所示。

图 2-172

图 2-173

提示

选择“编辑 > 剪切”命令，或按 Ctrl+X 组合键，对象将从绘图页面中删除并被放置在剪贴板上。

● 使用鼠标拖曳方式复制对象

选取要复制的对象，如图 2-174 所示。将鼠标指针移动到对象的中心点上，指针变为移动光标✥，如图 2-175 所示。按住鼠标左键拖曳对象到需要的位置，如图 2-176 所示。至合适的位置后单击鼠标右键，完成对象的复制，效果如图 2-177 所示。

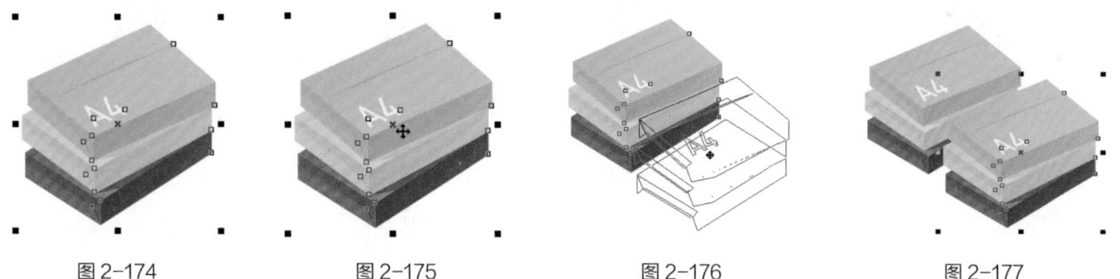

图 2-174　图 2-175　图 2-176　图 2-177

选取要复制的对象，用鼠标右键单击并拖曳对象到需要的位置，松开鼠标右键后弹出图 2-178 所示的快捷菜单，选择“复制”命令，完成对象的复制，如图 2-179 所示。

使用“选择”工具选取要复制的对象，在数字键盘上按 + 键，可以快速复制对象。

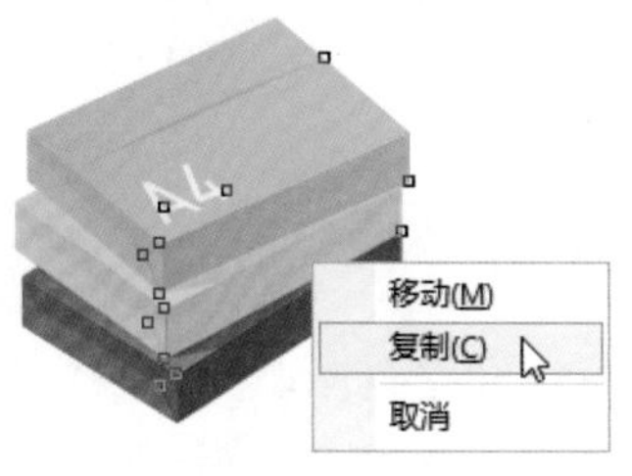

图 2-178

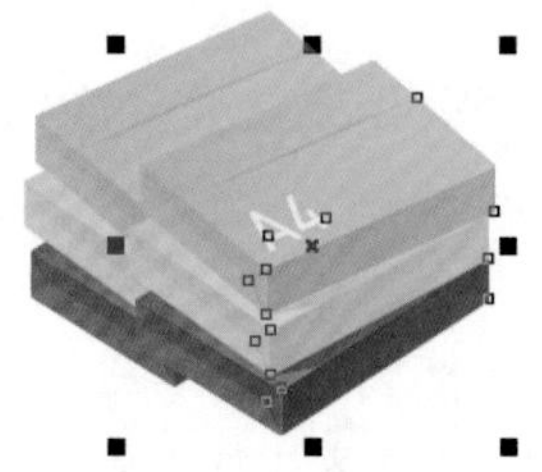

图 2-179

● 使用命令复制对象属性

选取要复制属性的对象，如图 2-180 所示。选择“编辑 > 复制属性自”命令，弹出“复制属性”对话框，如图 2-181 所示。在对话框中勾选“填充”复选框，单击“确定”按钮，鼠标指针显示为黑色箭头，在要复制其属性的对象上单击，如图 2-182 所示，对象的属性复制完成，效果如图 2-183 所示。

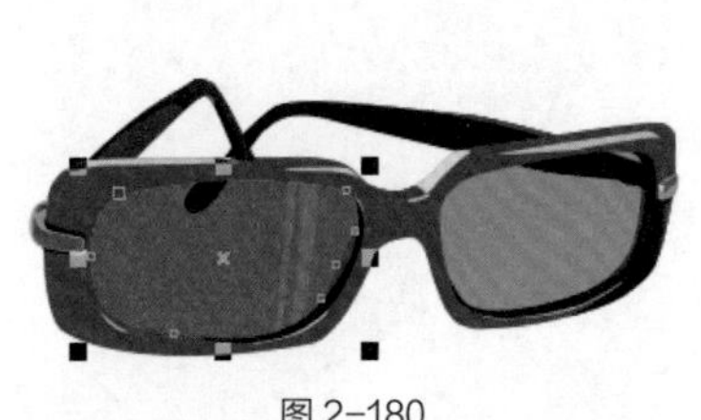

图 2-180

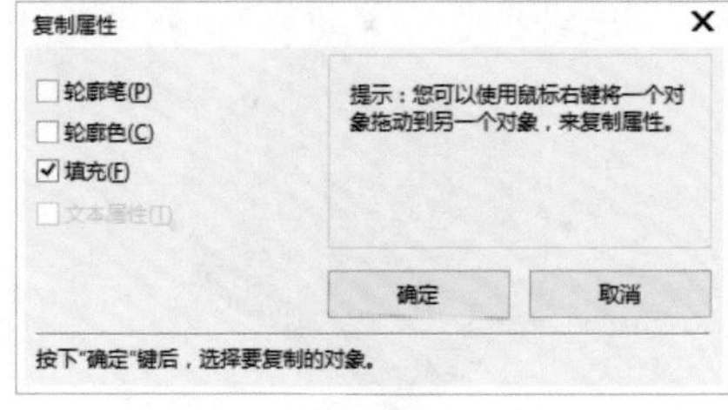

图 2-181

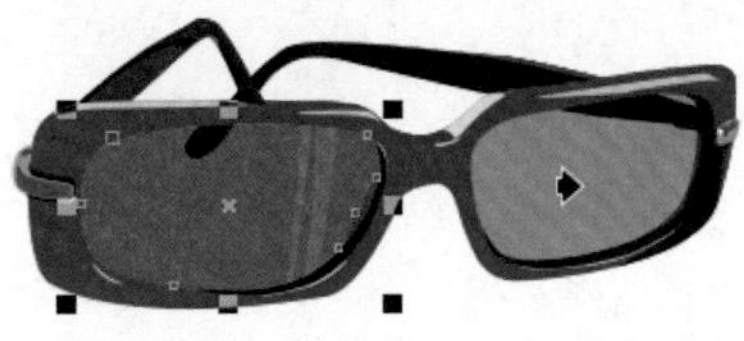

图 2-182

图 2-183

可以在两个不同的绘图页面中复制对象，使用鼠标左键拖曳其中一个绘图页面中的对象到另一个绘图页面中，在松开鼠标左键前单击鼠标右键即可复制对象。

◎ 对象的删除

在 CorelDRAW X8 中，可以方便快捷地删除对象。下面介绍如何删除不需要的对象。

选取要删除的对象，选择“编辑 > 删除”命令，或按 Delete 键，可以将选取的对象删除。

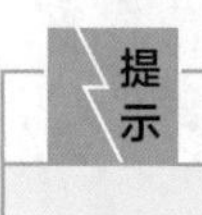

如果想删除多个或全部的对象，首先要选取这些对象，再执行“删除”命令或按 Delete 键。

◎ 撤销和恢复对象的操作

在进行设计制作的过程中，可能经常会出现错误的操作。下面介绍撤销和恢复对象的操作。

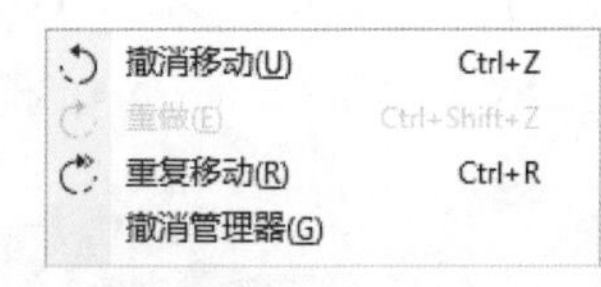

图 2-184

● 撤销对象的操作：选择“编辑 > 撤销”命令，如图 2-184 所示，或按 Ctrl+Z 组合键，可以撤销上一次的操作。

单击“标准工具栏”中的“撤销”按钮，也可以撤销上一次的操作。单击“撤销”按钮右侧的按钮，在弹出的下拉列表中可以对多个操作步骤进行撤销。

● 恢复对象的操作：选择“编辑 > 重做”命令，或按 Ctrl+Shift+Z 组合键，可以恢复上一次的操作。

单击“标准工具栏”中的“重做”按钮，也可以恢复上一次的操作。单击“重做”按钮右侧的按钮，在弹出的下拉列表中可以对多个操作步骤进行恢复。

2.1.5 【实战演练】绘制游戏机

2.1.5实战演练

绘制游戏机

2.2 绘制空中客机

2.2.1 【案例分析】

本案例是为旅游类 App 绘制引导页插画。在绘制时要求以卡通形象的飞机图形为主体，通过简洁的绘画语言表现出独特的风格。

2.2.2 【设计理念】

绘制时，使用多个基础图形组成简单的飞机形象，采用低明度的色彩搭配，使图形看起来更清新、舒适；整体造型简约，形象生动，能起到引导和装饰的作用，最终效果如图 2-185 所示（参看云盘中的“Ch02 > 效果 > 绘制空中客机 .cdr”）。

图 2-185

绘制空中客机

2.2.3 【操作步骤】

（1）打开 CorelDRAW X8，按 Ctrl+N 组合键，弹出“创建新文档”对话框，设置文档的宽度为 100 mm，高度为 100 mm，取向为纵向，原色模式为 CMYK，渲染分辨率为 300 dpi，单击“确定”按钮，创建一个文档。

（2）选择“矩形”工具，在页面中绘制一个矩形，如图 2-186 所示。在属性栏中将“转角半径”选项均设为 10.0 mm，如图 2-187 所示。按 Enter 键，效果如图 2-188 所示。

（3）单击属性栏中的“转换为曲线”按钮，将图形转换为曲线，如图 2-189 所示。选择“形状”工具，选中并向左拖曳右下角的节点到适当的位置，效果如图 2-190 所示。用相同的方法调整左下角的节点，效果如图 2-191 所示。

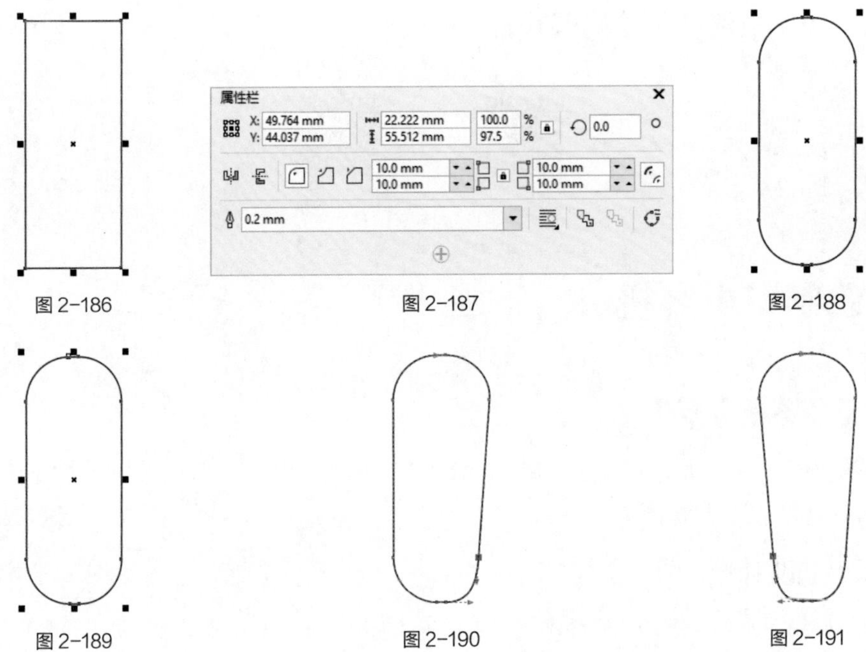
图 2-186　图 2-187　图 2-188
图 2-189　图 2-190　图 2-191

（4）选择“选择”工具，填充图形为白色；按 F12 键，弹出“轮廓笔”对话框，在“颜色”选项中设置轮廓线颜色的 CMYK 值为 63、94、100、59，其他选项的设置如图 2-192 所示。单击“确定”按钮，效果如图 2-193 所示。

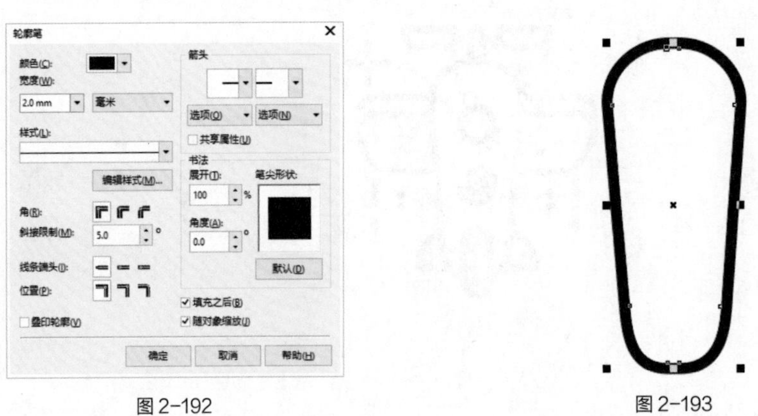
图 2-192　图 2-193

（5）选择“矩形”工具，在适当的位置绘制一个矩形，如图 2-194 所示。在属性栏中将“转角半径”选项均设为 10.0 mm。按 Enter 键，效果如图 2-195 所示。

图 2-194　图 2-195

（6）按F12键，弹出“轮廓笔”对话框，在“颜色”选项中设置轮廓线颜色的CMYK值为63、94、100、59，其他选项的设置如图2-196所示。单击“确定”按钮，效果如图2-197所示。

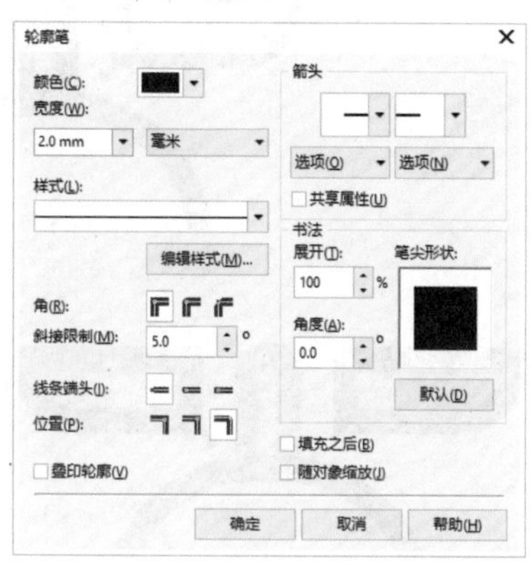

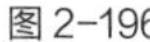

图2-196

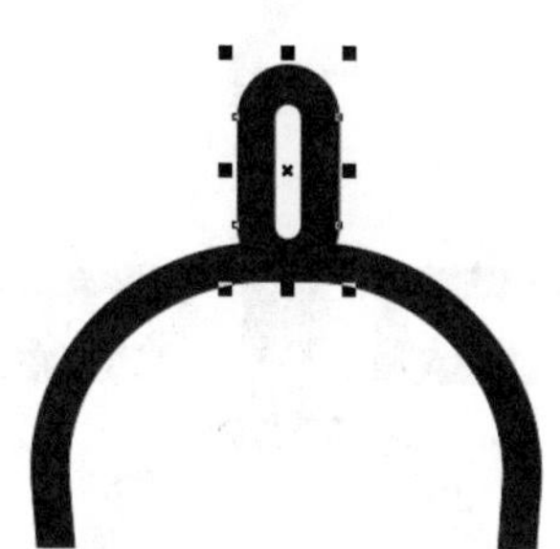

图2-197

（7）保持图形的选取状态。设置图形颜色的CMYK值为43、20、0、0，填充图形，效果如图2-198所示。按Ctrl+PageDown组合键，将图形向后移一层，效果如图2-199所示。

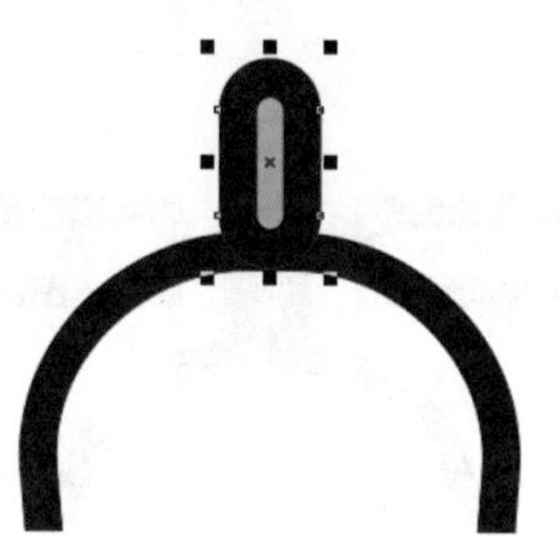

图2-198

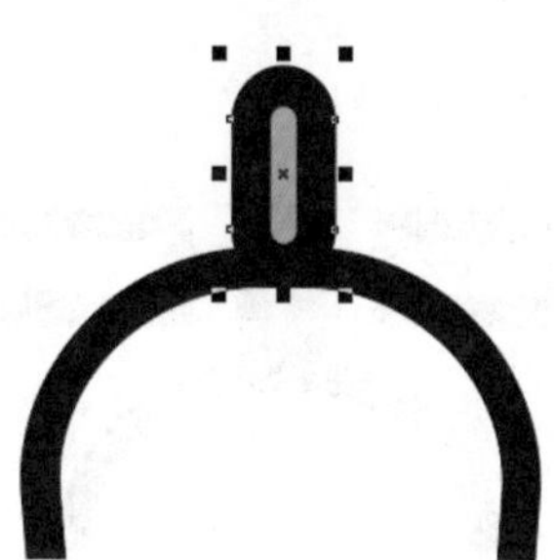

图2-199

（8）选择“矩形”工具□，在适当的位置绘制一个矩形，如图2-200所示。选择“属性滴管”工具，将鼠标指针放置在右侧圆角矩形上，指针变为图标，如图2-201所示。在圆角矩形上单击鼠标左键吸取属性，指针变为图标。在需要的图形上单击鼠标左键，填充图形，效果如图2-202所示。

图2-200　　图2-201　　图2-202

（9）选择“选择”工具，设置图形颜色的CMYK值为29、6、14、0，填充图形，效果如图2-203所示。在属性栏中将“转角半径”选项设为0.0 mm和5.0 mm，如图2-204所示。按Enter键，效果如图2-205所示。

（10）按数字键盘上的+键，复制图形。在按住Shift键的同时，水平向右拖曳复制的图形到适当的位置，效果如图2-206所示。单击属性栏中的“水平镜像”按钮，水平翻转图形，效果如

图 2-207 所示。

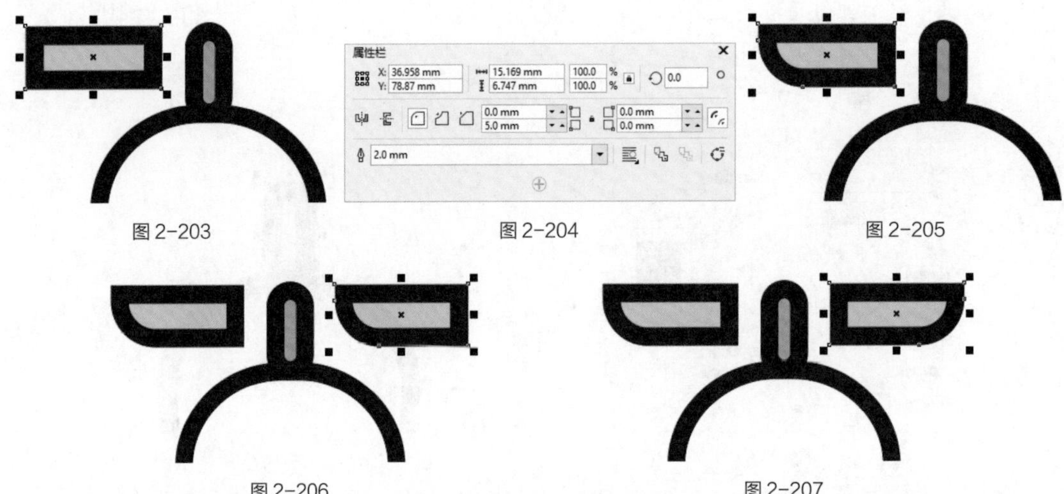

图 2-203　图 2-204　图 2-205

图 2-206　图 2-207

（11）选择“矩形”工具□，在适当的位置绘制一个矩形，设置图形颜色的 CMYK 值为 63、94、100、59，填充图形，并去除图形的轮廓线，效果如图 2-208 所示。按 Shift+PageDown 组合键，将图形移至图层后面，效果如图 2-209 所示。

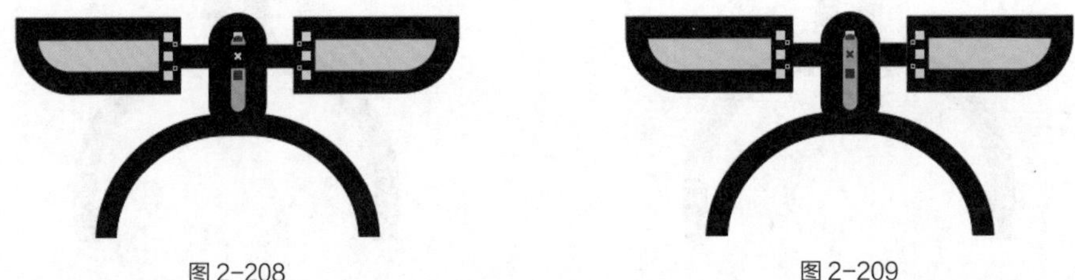

图 2-208　图 2-209

（12）选择“矩形”工具□，在适当的位置绘制一个矩形，如图 2-210 所示。选择“属性滴管”工具，将鼠标指针放置在下方圆角矩形上，指针变为图标，如图 2-211 所示。在圆角矩形上单击鼠标左键吸取属性，指针变为图标。在需要的图形上单击鼠标左键，填充图形，效果如图 2-212 所示。

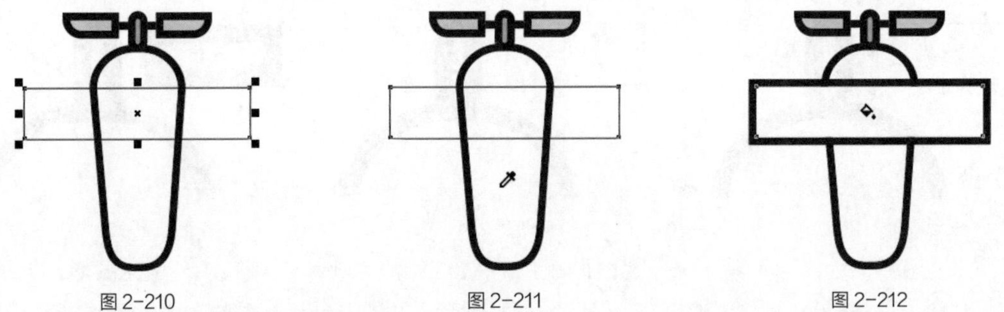

图 2-210　图 2-211　图 2-212

（13）选择“选择”工具，在属性栏中将“转角半径”选项设为 3.0 mm 和 10.0 mm，如图 2-213 所示。按 Enter 键，效果如图 2-214 所示。

（14）保持图形的选取状态。设置图形颜色的 CMYK 值为 43、20、0、0，填充图形，效果如图 2-215 所示。按 Shift+PageDown 组合键，将图形移至图层后面，效果如图 2-216 所示。

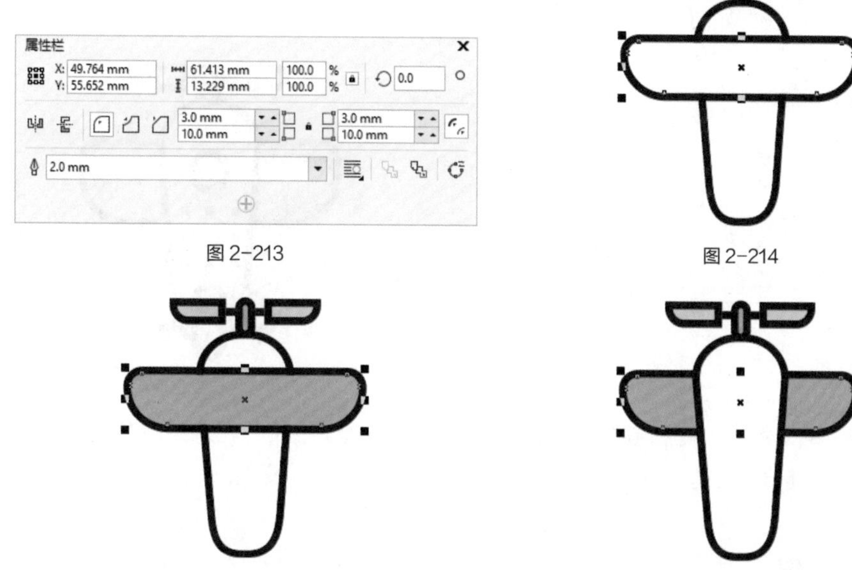

图 2-213　　图 2-214

图 2-215　　图 2-216

（15）按数字键盘上的 + 键，复制图形。选择“选择”工具，在按住 Shift 键的同时，垂直向下拖曳复制的图形到适当的位置，效果如图 2-217 所示。设置图形颜色的 CMYK 值为 29、6、14、0，填充图形，效果如图 2-218 所示。用相同的方法分别绘制飞机尾部，效果如图 2-219 所示。

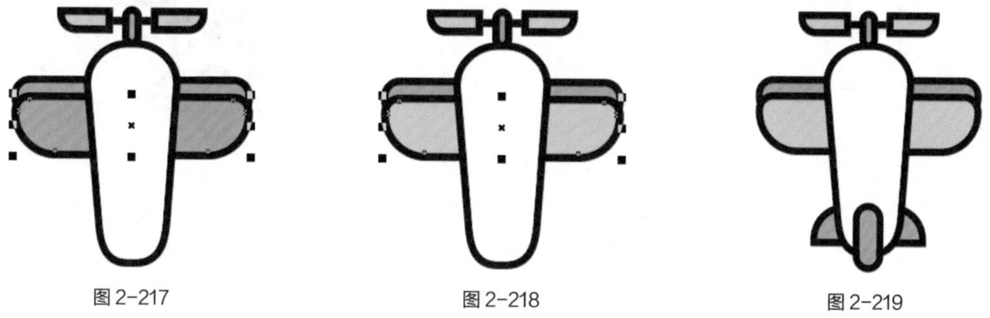

图 2-217　　图 2-218　　图 2-219

（16）选择“基本形状”工具，单击属性栏中的“完美形状”按钮，在弹出的下拉列表中选择需要的形状，如图 2-220 所示。在按 Ctrl 键的同时，在适当的位置拖曳鼠标绘制图形，如图 2-221 所示。设置图形颜色的 CMYK 值为 63、94、100、59，填充图形，并去除图形的轮廓线，效果如图 2-222 所示。

图 2-220　　图 2-221　　图 2-222

（17）选择“螺纹”工具，在属性栏中的设置如图 2-223 所示。在按住 Ctrl 键的同时，在适当的位置绘制一条螺旋线，如图 2-224 所示。

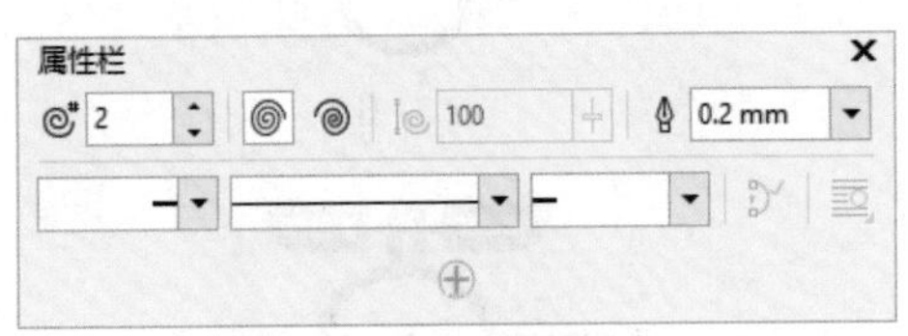

图 2-223

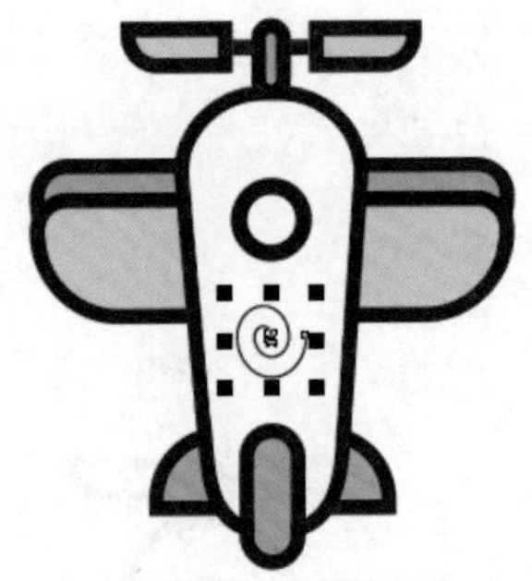
图 2-224

（18）按 F12 键，弹出“轮廓笔”对话框，在“颜色”选项中设置轮廓线颜色的 CMYK 值为 63、94、100、59，其他选项的设置如图 2-225 所示。单击“确定”按钮，效果如图 2-226 所示。

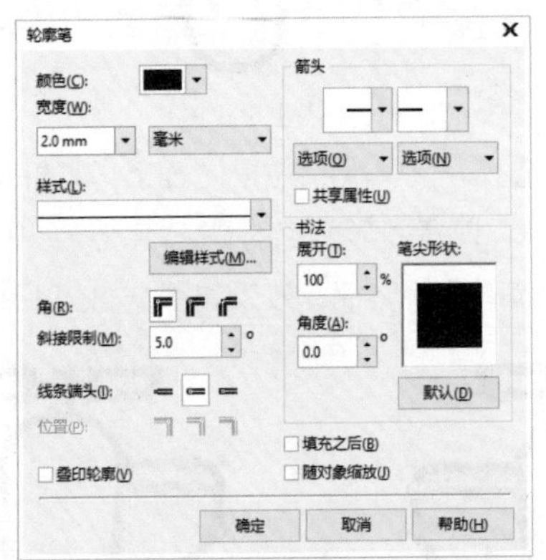

图 2-225

图 2-226

（19）选择“2 点线”工具，按住 Ctrl 键的同时，在适当的位置绘制一条竖线，如图 2-227 所示。选择“属性滴管”工具，将鼠标指针放置在右侧螺旋线上，指针变为图标，如图 2-228 所示。在螺旋线上单击鼠标左键吸取属性，指针变为图标。在需要的图形上单击鼠标左键，填充图形，效果如图 2-229 所示。

图 2-227　图 2-228　图 2-229

（20）选择“选择”工具，按数字键盘上的 + 键，复制竖线。在按住 Shift 键的同时，垂直向下拖曳复制的竖线到适当的位置，效果如图 2-230 所示。向下拖曳竖线下端中间的控制手柄到适当的位置，调整竖线的长度，效果如图 2-231 所示。

（21）选择“椭圆形”工具，在按住 Ctrl 键的同时，在适当的位置绘制一个圆形，设置图形颜色的 CMYK 值为 63、94、100、59，填充图形，并去除图形的轮廓线，效果如图 2-232 所示。

（22）按数字键盘上的 + 键，复制圆形。选择“选择”工具，在按住 Shift 键的同时，垂直向下拖曳复制的圆形到适当的位置，效果如图 2-233 所示。

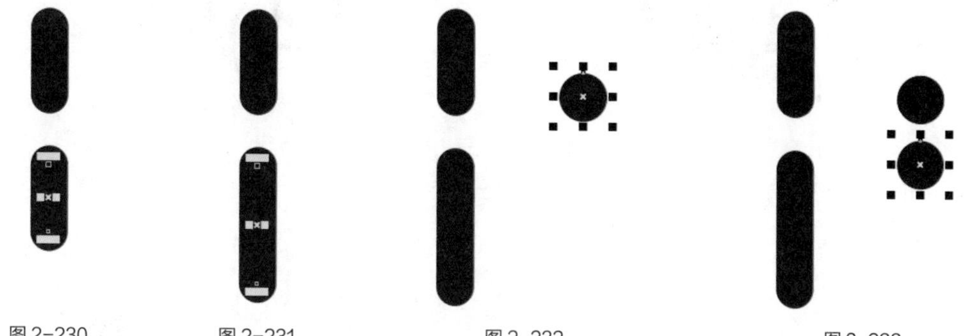

图 2-230　图 2-231　图 2-232　图 2-233

（23）用圈选的方法将竖线和圆形同时选取，如图 2-234 所示，按数字键盘上的 + 键，复制竖线和圆形。在按住 Shift 键的同时，水平向右拖曳复制的竖线和圆形到适当的位置，效果如图 2-235 所示。

图 2-234　图 2-235

（24）单击属性栏中的“水平镜像”按钮，水平翻转图形，效果如图 2-236 所示。用圈选的方法将右侧竖线同时选取，如图 2-237 所示，单击属性栏中的“垂直镜像”按钮，垂直翻转竖线，效果如图 2-238 所示。

图 2-236　图 2-237　图 2-238

（25）选择“选择”工具，选取需要的竖线，如图 2-239 所示。按住鼠标左键向右上方拖曳竖线，并在适当的位置上单击鼠标右键，复制竖线，效果如图 2-240 所示。

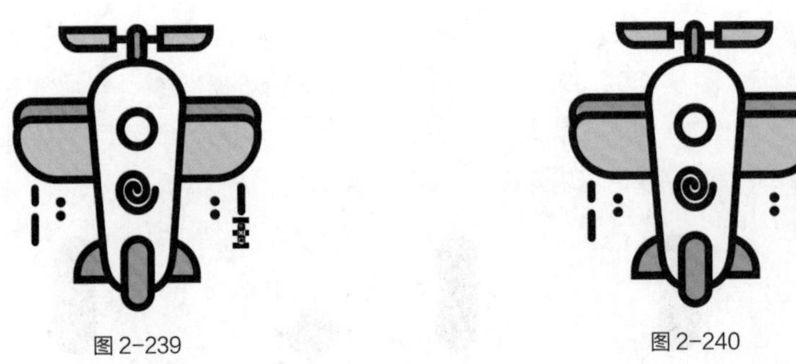

图 2-239　　图 2-240

（26）再次单击复制的竖线，使其处于旋转状态，如图 2-241 所示。向下拖曳旋转中心至适当的位置，如图 2-242 所示。按 Alt+F8 组合键，弹出“变换”泊坞窗，选项的设置如图 2-243 所示，再单击 应用 按钮，效果如图 2-244 所示。

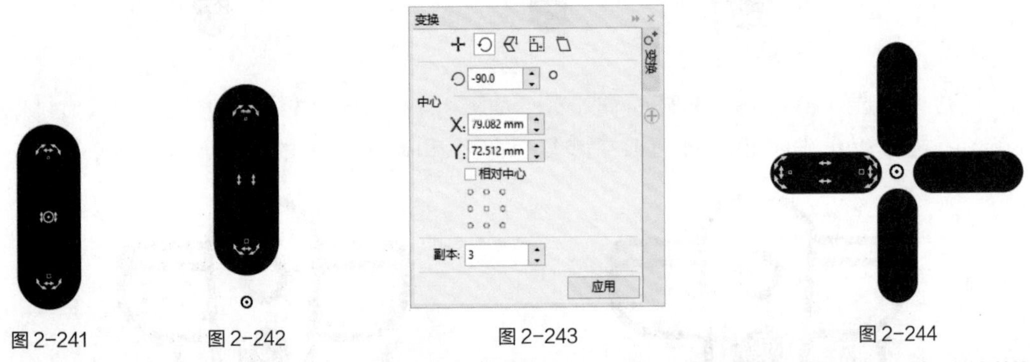

图 2-241　　图 2-242　　图 2-243　　图 2-244

（27）选择“椭圆形”工具◯，在按住 Ctrl 键的同时，在适当的位置绘制一个圆形。设置图形颜色的 CMYK 值为 0、19、13、0，填充图形，并去除图形的轮廓线，效果如图 2-245 所示。按 Shift+PageDown 组合键，将圆形移至图层后面，效果如图 2-246 所示。空中客机绘制完成，效果如图 2-247 所示。

图 2-245　　图 2-246　　图 2-247

2.2.4 【相关工具】

1. “螺纹”工具

◎ 绘制对称式螺旋线

选择“螺纹”工具◎，在绘图页面中按住鼠标左键不放，从左上角向右下角拖曳鼠标指针到需要的位置，松开鼠标左键，对称式螺旋线绘制完成，如图 2-248 所示。其属性栏如图 2-249 所示。

图 2-248　　图 2-249

如果从右下角向左上角拖曳鼠标指针到需要的位置，则可以绘制出反向的对称式螺旋线。在 框中可以重新设定螺旋线的圈数，绘制需要的螺旋线效果。

◎ 绘制对数式螺旋线

选择“螺纹”工具，在属性栏中单击“对数螺纹”按钮，在绘图页面中按住鼠标左键不放，从左上角向右下角拖曳鼠标指针到需要的位置，松开鼠标左键，对数式螺旋线绘制完成，如图 2-250 所示。其属性栏如图 2-251 所示。

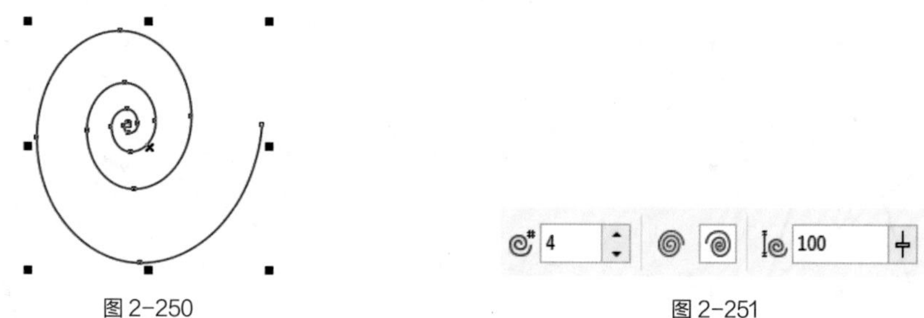

图 2-250　　图 2-251

在 框中可以重新设定螺旋线的扩展参数，将数值分别设定为 80 和 20 时，螺旋线向外扩展的效果如图 2-252 所示。当数值为 1 时，将绘制出对称式螺旋线。

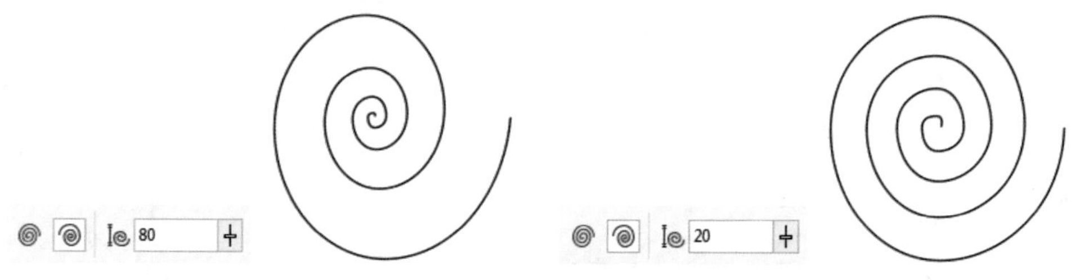

图 2-252

- 按 A 键，快速选择“螺纹”工具，可在绘图页面中适当的位置绘制螺旋线。
- 按住 Ctrl 键，可在绘图页面中绘制正圆螺旋线。
- 按住 Shift 键，可在绘图页面中以当前点为中心绘制螺旋线。
- 按住 Shift+Ctrl 组合键，可在绘图页面中以当前点为中心绘制正圆螺旋线。

2. “多边形”工具

◎ 绘制对称多边形

选择“多边形”工具，在绘图页面中按住鼠标左键不放，拖曳鼠标指针到需要的位置，松开鼠标左键，多边形绘制完成，如图 2-253 所示。“多边形”工具的属性栏如图 2-254 所示。

设置“多边形”工具属性栏中的“点数或边数” 框中的数值为 9，如图 2-255 所示。按 Enter

键，多边形效果如图 2-256 所示。

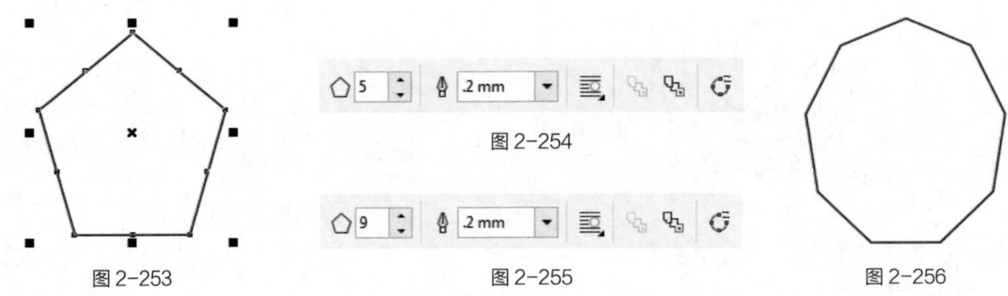
图 2-253 图 2-254 图 2-255 图 2-256

◎ 绘制星形

选择“多边形”工具展开式工具栏中的“星形”工具，在绘图页面中按住鼠标左键不放，拖曳鼠标指针到需要的位置，松开鼠标左键，星形绘制完成，如图 2-257 所示。“星形”工具的属性栏如图 2-258 所示。设置“星形”工具属性栏中的“点数或边数”框中的数值为 8，“锐度”框中的数值为 30，如图 2-259 所示。按 Enter 键，星形效果如图 2-260 所示。

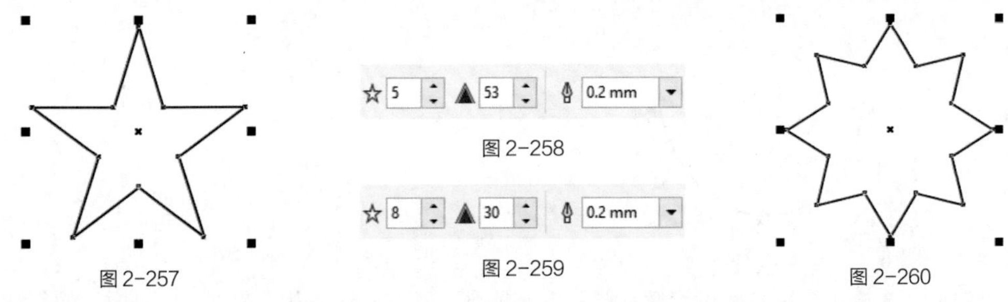
图 2-257 图 2-258 图 2-259 图 2-260

◎ 绘制复杂星形

选择“多边形”工具展开式工具栏中的“复杂星形”工具，在绘图页面中按住鼠标左键不放，拖曳鼠标指针到需要的位置，松开鼠标左键，星形绘制完成，如图 2-261 所示。其属性栏如图 2-262 所示。设置“复杂星形”工具属性栏中的“点数或边数”框中的数值为 12，“锐度”框中的数值为 4，如图 2-263 所示。按 Enter 键，多边形效果如图 2-264 所示。

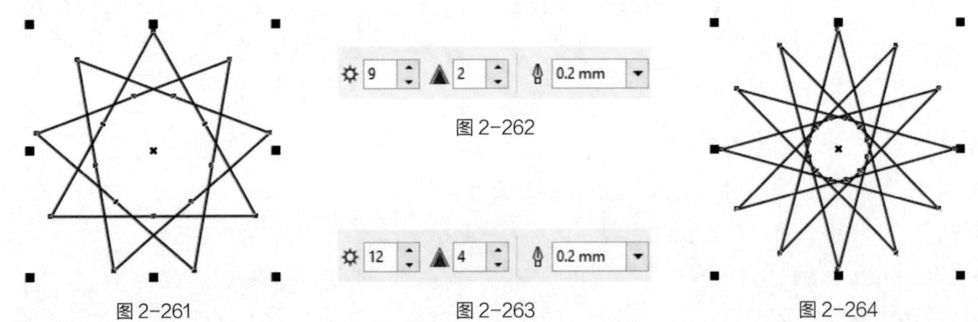
图 2-261 图 2-262 图 2-263 图 2-264

◎ 使用鼠标拖曳多边形的节点来绘制星形

绘制一个多边形，如图 2-265 所示。选择“形状”工具，单击轮廓线上的节点并按住鼠标左键不放，如图 2-266 所示，向多边形内或外拖曳轮廓线上的节点，如图 2-267 所示，可以将多边形改变为星形，效果如图 2-268 所示。

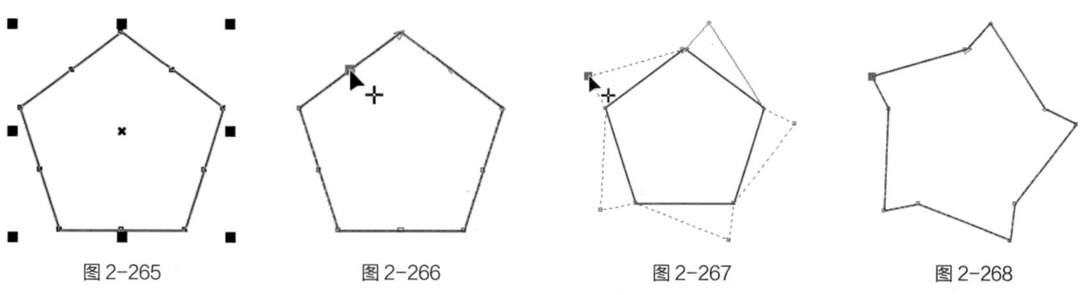

图 2-265　图 2-266　图 2-267　图 2-268

3. “钢笔”工具

“钢笔”工具可以用来绘制多种精美的曲线和图形，还可以用来对已绘制的曲线和图形进行编辑和修改。在 CorelDRAW X8 中绘制的各种复杂图形都可以通过“钢笔”工具来完成。

◎ 绘制直线和折线

选择“钢笔”工具，单击以确定直线的起点，拖曳鼠标指针到需要的位置，再单击以确定直线的终点，绘制出一段直线，效果如图 2-269 所示。再继续单击确定下一个节点，就可以绘制出折线的效果。如果想绘制出多个折角的折线，只要继续单击以确定节点即可，折线的效果如图 2-270 所示。要结束绘制，按 Esc 键或单击“钢笔”工具即可。

图 2-269　图 2-270

◎ 绘制曲线

选择“钢笔”工具，在绘图页面中单击以确定曲线的起点，松开鼠标左键，将鼠标指针移动到需要的位置再单击并按住鼠标左键不动，在两个节点间出现一条直线段，如图 2-271 所示。拖曳鼠标，第 2 个节点的两边出现控制线和控制点，控制线和控制点会随着鼠标的移动而发生变化，直线段变为曲线的形状，如图 2-272 所示。调整到需要的效果后松开鼠标左键，曲线的效果如图 2-273 所示。

图 2-271　图 2-272　图 2-273

使用相同的方法可以对曲线继续绘制，效果如图 2-274 和图 2-275 所示。绘制完成后的曲线效果如图 2-276 所示。

如果想在曲线后绘制出直线，按住 C 键，在要继续绘制出直线的节点上按住鼠标左键并拖曳鼠标，这时出现节点的控制点。松开 C 键，将控制点拖曳到下一个节点的位置，如图 2-277 所示。松开鼠标左键，再单击鼠标，可以绘制出一段直线，效果如图 2-278 所示。

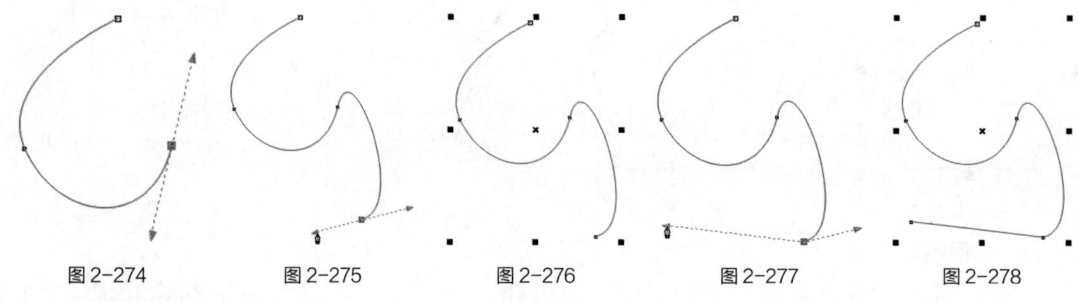

图 2-274　图 2-275　图 2-276　图 2-277　图 2-278

◎ 编辑曲线

在“钢笔”工具的属性栏中选择“自动添加或删除节点”按钮，曲线绘制的过程变为自动添加 / 删除节点模式。

● 将鼠标指针移动到节点上，指针变为删除节点图标，效果如图 2-279 所示。单击可以删除节点，效果如图 2-280 所示。

● 将鼠标指针移动到曲线上，指针变为添加节点图标，如图 2-281 所示。单击可以添加节点，效果如图 2-282 所示。

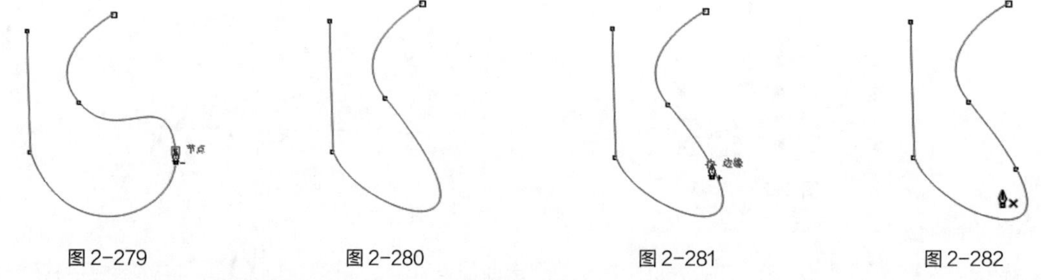

图 2-279　图 2-280　图 2-281　图 2-282

● 将鼠标指针移动到曲线的起始点，指针变为闭合曲线图标，如图 2-283 所示。单击可以闭合曲线，效果如图 2-284 所示。

图 2-283　图 2-284

绘制曲线的过程中，按住 Alt 键可编辑曲线段，可以进行节点的转换、移动和调整等操作，松开 Alt 键可继续进行绘制。

4．造型

◎ 焊接

焊接是将几个图形结合成一个图形，新的图形轮廓由被焊接的图形边界组成，被焊接图形的交叉线都将消失。

使用“选择”工具选中要焊接的图形，如图 2-285 所示。选择“窗口 > 泊坞窗 > 造型”命令，弹出图 2-286 所示的“造型”泊坞窗。在“造型”泊坞窗中选择“焊接”选项，再单击“焊接到”按钮，将鼠标指针移到目标对象上单击，如图 2-287 所示。焊接后的效果如图 2-288 所示，新生成图形对象的边框和颜色填充与目标对象完全相同。

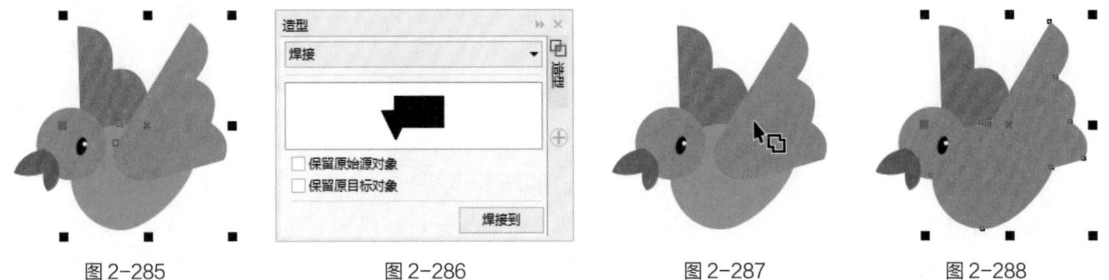

图 2-285　　图 2-286　　图 2-287　　图 2-288

在进行焊接操作之前，可以在“造型”泊坞窗中设置是否保留原始源对象和原目标对象。选择“保留原始源对象”和“保留原目标对象”选项，如图 2-289 所示。再焊接图形对象时，原始源对象和原目标对象都被保留，效果如图 2-290 所示。保留原始源对象和原目标对象对“修剪”和“相交”功能也适用。

图 2-289

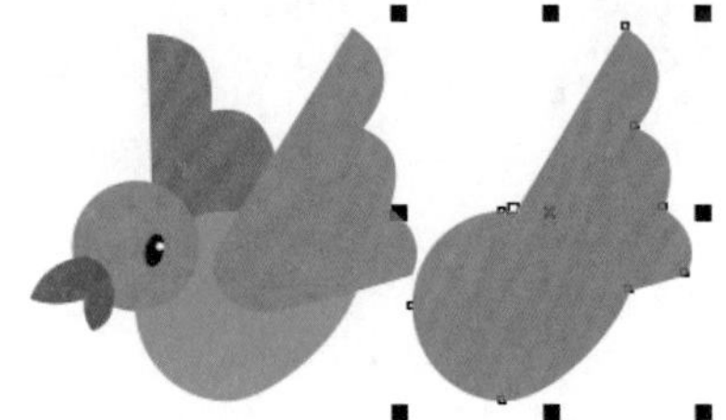

图 2-290

选择几个要焊接的图形后，执行“对象 > 造型 > 合并”命令，或单击属性栏中的“合并”按钮，可以完成多个对象的焊接。

◎ 修剪

修剪是将原目标对象与原始源对象的相交部分裁掉，使原目标对象的形状被更改。修剪后的目标对象保留其填充和轮廓属性。

使用“选择”工具选择其中的原始源对象，如图 2-291 所示。在“造型”泊坞窗中选择“修剪”选项，如图 2-292 所示。单击“修剪”按钮，将鼠标指针移到原目标对象上单击，如图 2-293 所示。修剪后的效果如图 2-294 所示，修剪后的原目标对象保留其填充和轮廓属性。

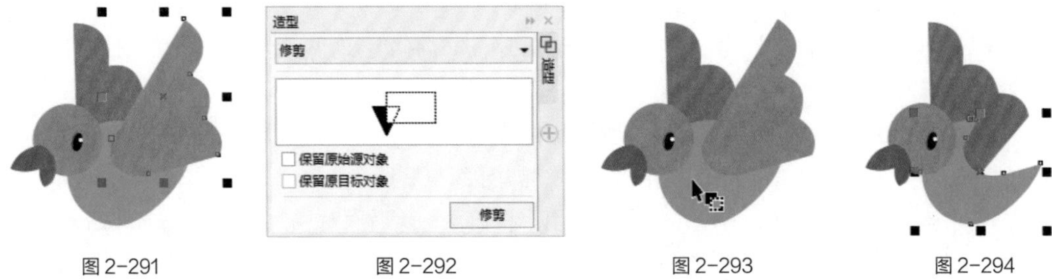

图 2-291　　图 2-292　　图 2-293　　图 2-294

选择“对象 > 造型 > 修剪”命令，或单击属性栏中的“修剪”按钮，也可以完成修剪，原始源对象和被修剪的原目标对象会同时存在于绘图页面中。

圈选多个图形时，在最底层的图形对象就是原目标对象。按住 Shift 键，选择多个图形时，最后选中的图形对象就是原始源对象。

◎ 相交

相交是将两个或两个以上对象的相交部分保留，使相交的部分成为一个新的图形对象。新创建图形对象的填充和轮廓属性将与目标对象相同。

使用“选择”工具选择其中的原始源对象，如图 2-295 所示。在“造型”泊坞窗中选择“相交”选项，如图 2-296 所示。单击“相交对象”按钮，将鼠标指针移到原目标对象上单击，如图 2-297 所示。相交后的效果如图 2-298 所示，相交后图形对象将保留原目标对象的填充和轮廓属性。

图 2-295　图 2-296　图 2-297　图 2-298

选择“对象 > 造型 > 相交”命令，或单击属性栏中的“相交”按钮，也可以完成相交裁切。原始源对象和原目标对象及相交后的新图形对象同时存在于绘图页面中。

◎ 简化

简化是减去后面图形中和前面图形的重叠部分，并保留前面图形和后面图形的状态。

使用“选择”工具选中两个相交的图形对象，如图 2-299 所示。在“造型”泊坞窗中选择“简化”选项，如图 2-300 所示。单击“应用”按钮，图形的简化效果如图 2-301 所示。

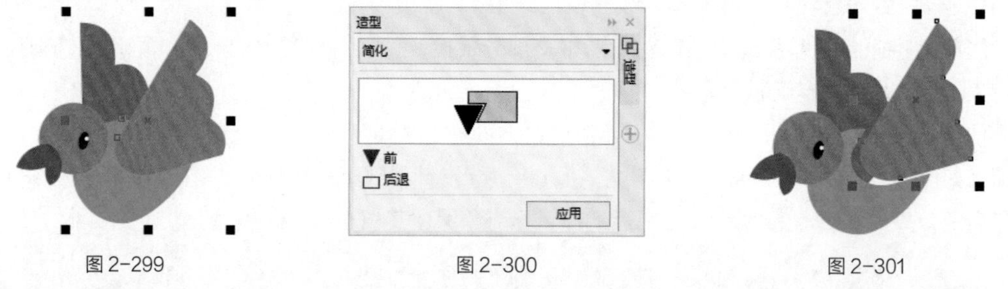

图 2-299　图 2-300　图 2-301

选择“排列 > 造型 > 简化”命令，或单击属性栏中的“简化”按钮，也可以完成图形的简化。

◎ 移除后面对象

移除后面对象会减去后面图形，减去前后图形的重叠部分，并保留前面图形的剩余部分。

使用“选择”工具选中两个相交的图形对象，如图 2-302 所示。在“造型”泊坞窗中选择“移除后面对象”选项，如图 2-303 所示，单击“应用”按钮，移除后面对象效果如图 2-304 所示。

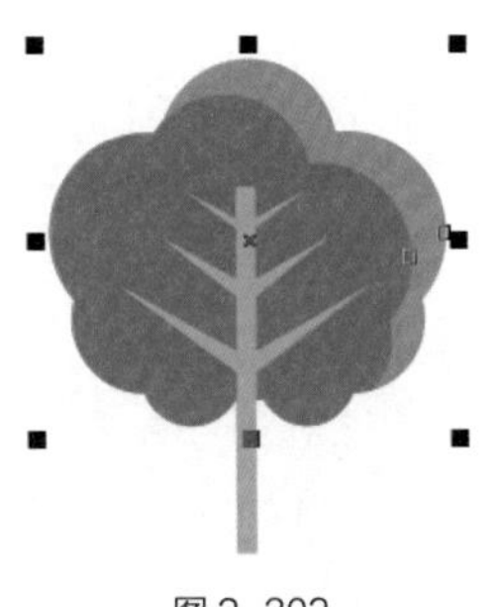
图2-302

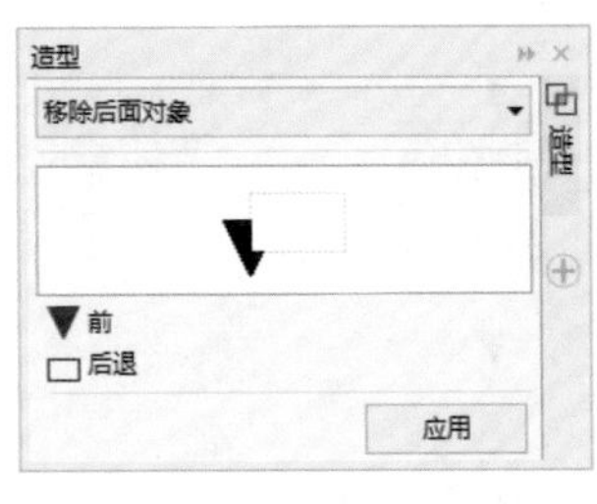

图2-303

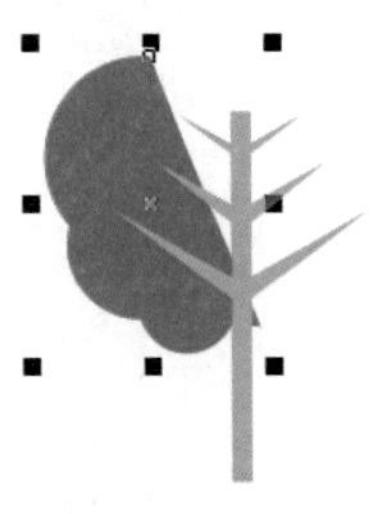
图2-304

选择“对象 > 造型 > 移除后面对象”命令，或单击属性栏中的“移除后面对象”按钮，也可以完成图形的前减后。

◎ 移除前面对象

移除前面对象会减去前面图形，减去前后图形的重叠部分，并保留后面图形的剩余部分。

使用“选择”工具选中两个相交的图形对象，如图2-305所示。在“造型”泊坞窗中选择“移除前面对象”选项，如图2-306所示。单击“应用”按钮，移除前面对象效果如图2-307所示。

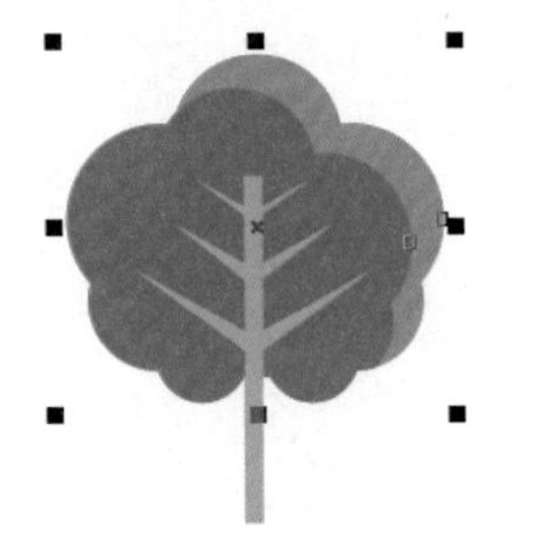
图2-305

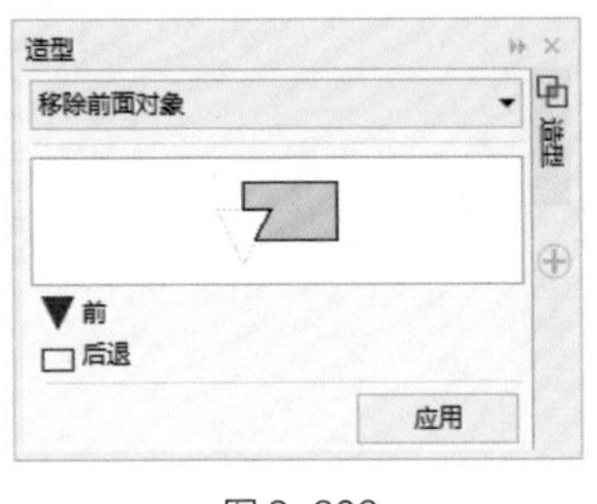

图2-306

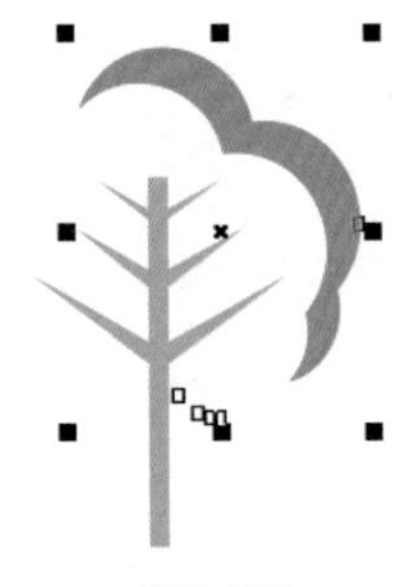
图2-307

选择“对象 > 造型 > 移除前面对象”命令，或单击属性栏中的“移除前面对象”按钮，也可以完成图形的后减前。

◎ 边界

边界是可以快速创建一个所选图形的共同边界。

使用“选择”工具选中要创建边界的图形对象，如图2-308所示。在“造型”泊坞窗中选择“边界”选项，如图2-309所示。单击“应用”按钮，边界效果如图2-310所示。

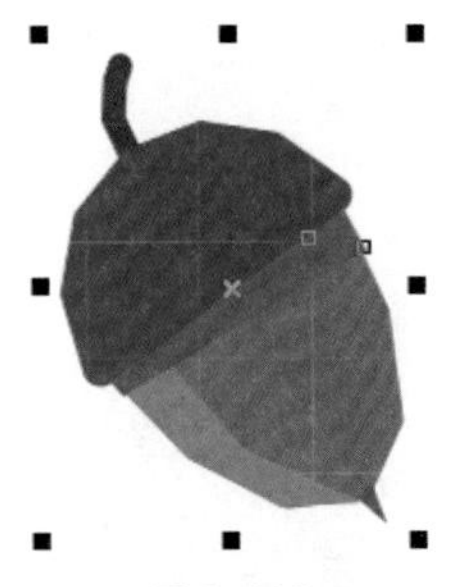
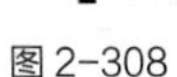
图2-308

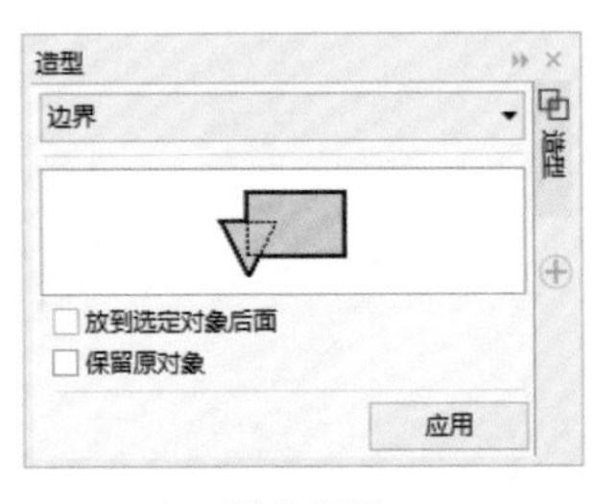

图2-309

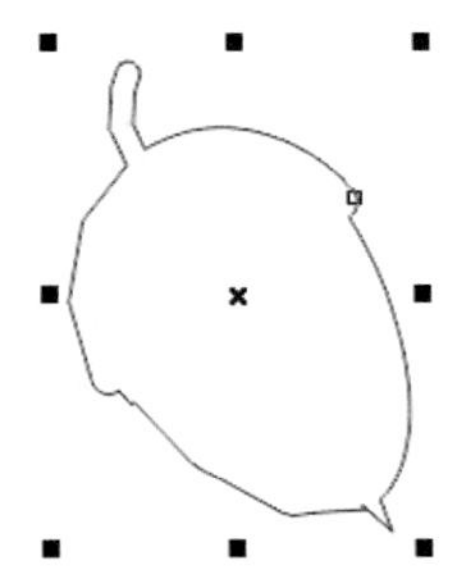
图2-310

选择“对象 > 造型 > 边界”命令，或单击属性栏中的“边界”按钮，也可以完成图形共同边界的创建。

2.2.5 【实战演练】绘制闹钟

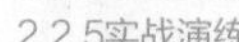

2.2.5实战演练

绘制闹钟

2.3 综合演练——绘制雪糕

2.3综合演练

绘制雪糕

03 第 3 章 插画设计

现代插画艺术发展迅速，已经被广泛应用于报刊、广告、包装和纺织品领域。使用 CorelDRAW 绘制的插画简洁明快、独特新颖、形式多样，深受大众喜爱。本章以绘制主题插画为例，讲解插画的绘制方法和技巧。

知识目标

- 了解插画的设计思路
- 熟练掌握插画的绘制方法和技巧

能力目标

- 掌握时尚人物插画的绘制方法
- 掌握鲸鱼插画的绘制方法
- 掌握 T 恤图案插画的绘制方法
- 掌握蔬菜插画的绘制方法
- 掌握家电 App 引导页插画的绘制方法
- 掌握旅游插画的绘制方法

素质目标

- 培养团队合作能力
- 培养清晰的逻辑思维
- 培养不断探索的学习精神

3.1 绘制时尚人物插画

3.1.1 【案例分析】

本案例是为某杂志绘制人物插画，要求以时尚人物图像为主体，通过简洁的绘画语言表现出杂志时尚、青春的特点。

3.1.2 【设计理念】

绘制时，使用浅色填充构成插画的背景，营造出清新、干净的感觉；人物形象绘制精致、时尚，富于魅力；画面整体色彩自然协调，生动且富于变化，让人印象深刻，最终效果如图 3-1 所示（参看云盘中的“Ch03 > 效果 > 绘制时尚人物插画 .cdr”）。

图 3-1

3.1.3 【操作步骤】

（1）打开 CorelDRAW X8，按 Ctrl+N 组合键，弹出“创建新文档”对话框，设置文档的宽度为 200 mm，高度为 200 mm，取向为纵向，原色模式为 CMYK，渲染分辨率为 300 dpi，单击“确定”按钮，创建一个文档。

（2）双击“矩形”工具□，绘制一个与页面大小相等的矩形，如图 3-2 所示，设置图形颜色的 CMYK 值为 0、12、26、0，填充图形，并去除图形的轮廓线，效果如图 3-3 所示。

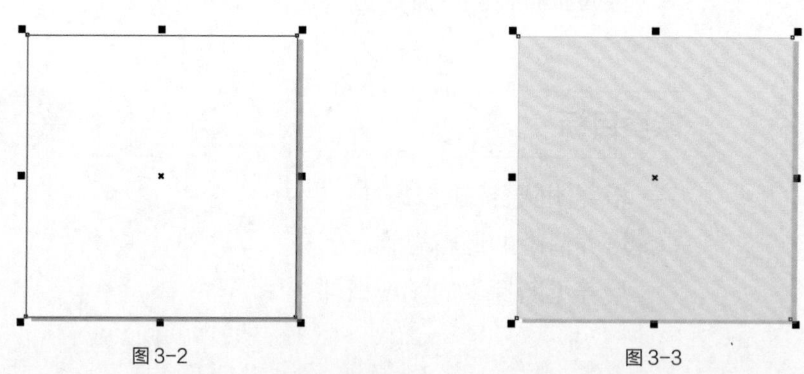

图 3-2　　图 3-3

（3）选择“贝塞尔”工具，在页面中绘制一个不规则图形，如图 3-4 所示。设置图形颜色的

CMYK 值为 2、0、7、0，填充图形，并去除图形的轮廓线，效果如图 3-5 所示。

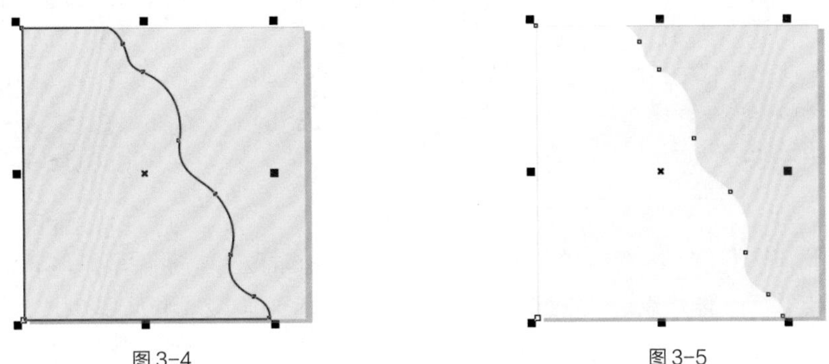

图 3-4　　图 3-5

（4）选择“贝塞尔”工具，在适当的位置分别绘制 2 个不规则图形，如图 3-6 所示。选择“选择”工具，选取需要的图形，设置图形颜色的 CMYK 值为 0、17、20、0，填充图形，并去除图形的轮廓线，效果如图 3-7 所示。选取需要的图形，设置图形颜色的 CMYK 值为 4、21、24、0，填充图形，并去除图形的轮廓线，效果如图 3-8 所示。

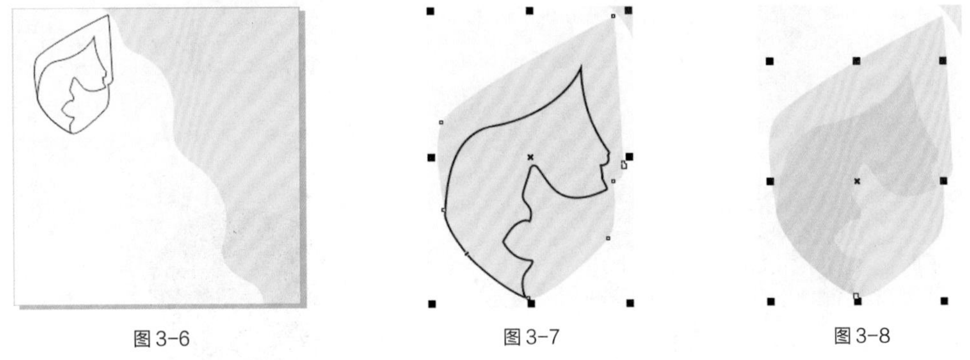

图 3-6　　图 3-7　　图 3-8

（5）选择“贝塞尔”工具，在适当的位置绘制一个不规则图形，如图 3-9 所示。设置图形颜色的 CMYK 值为 4、71、34、0，填充图形，并去除图形的轮廓线，效果如图 3-10 所示。

（6）选择“椭圆形”工具，在按住 Ctrl 键的同时，在适当的位置绘制一个圆形，如图 3-11 所示。单击属性栏中的“转换为曲线”按钮，将图形转换为曲线，如图 3-12 所示。

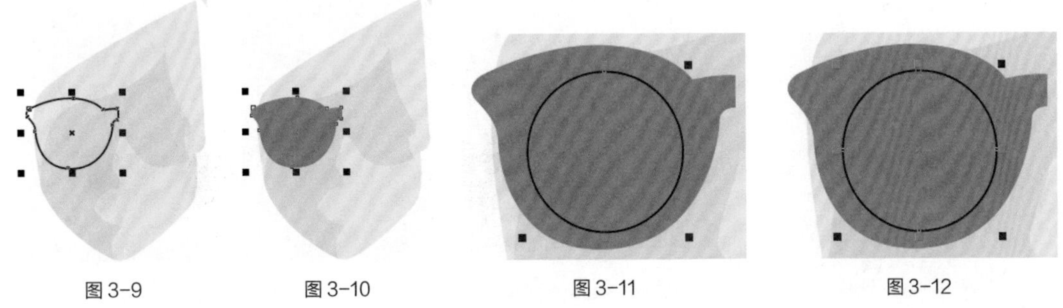

图 3-9　　图 3-10　　图 3-11　　图 3-12

（7）选择“形状”工具，选中并向右拖曳右侧的节点到适当的位置，效果如图 3-13 所示。使用“形状”工具，在适当的位置双击鼠标左键，添加一个节点，如图 3-14 所示。选中并向左拖曳添加的节点到适当的位置，效果如图 3-15 所示。

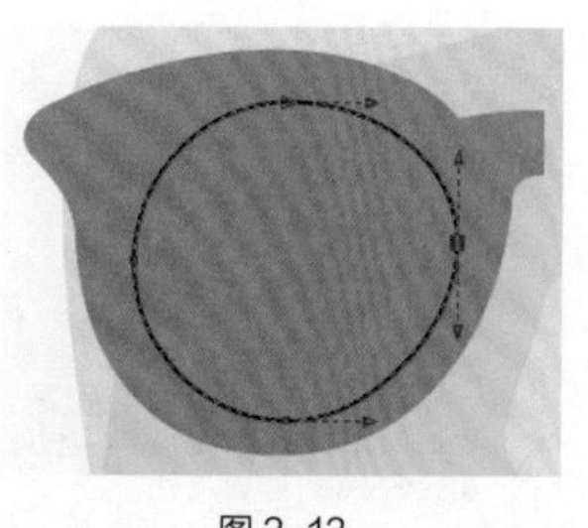

图 3-13

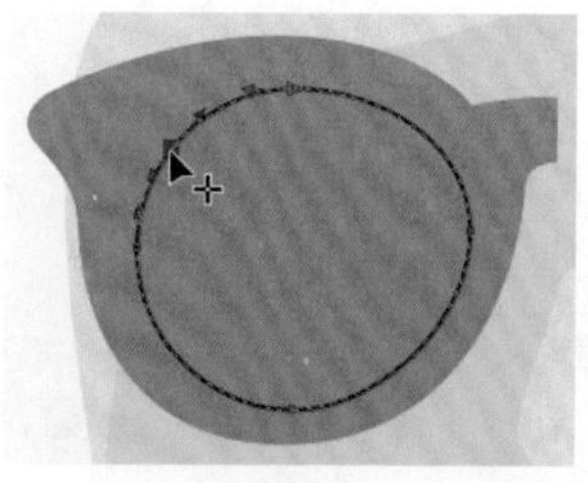

图 3-14

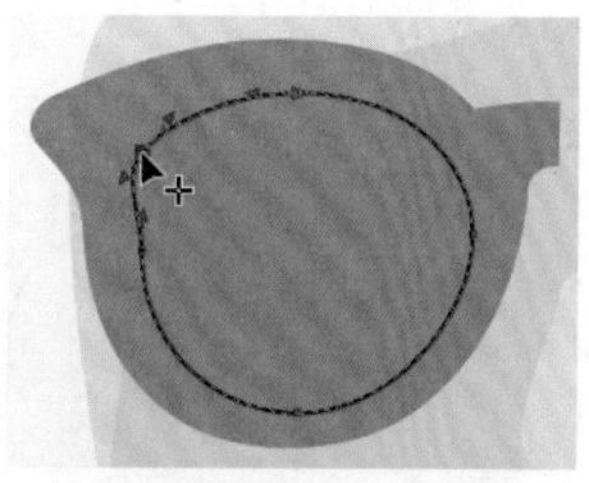

图 3-15

（8）使用“形状”工具，在左侧不需要的节点上双击鼠标左键，删除节点，如图 3-16 所示。选中添加的节点，节点的两端会出现控制线，如图 3-17 所示。拖曳左侧控制线到适当的位置，调整圆形的弧度，如图 3-18 所示。选择“选择”工具，选取图形，填充图形为黑色，并去除图形的轮廓线，效果如图 3-19 所示。

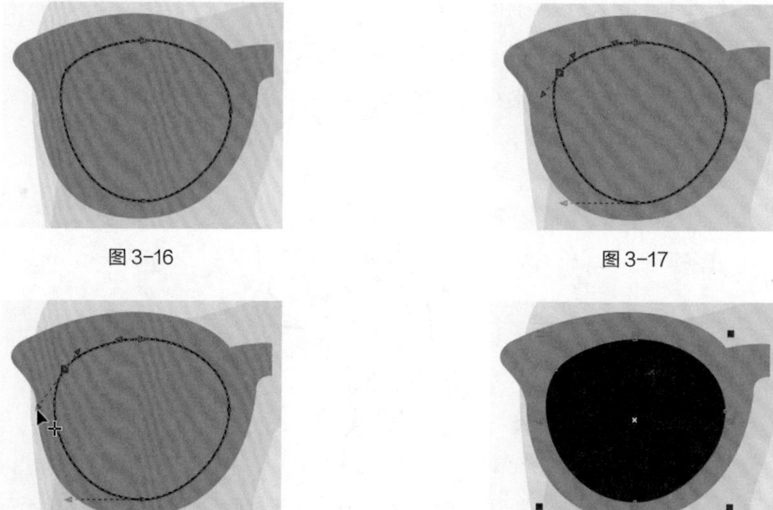

图 3-16　图 3-17

图 3-18　图 3-19

（9）选择“选择”工具，用圈选的方法将两个图形同时选取，如图 3-20 所示，按数字键盘上的 + 键，复制图形。在按住 Shift 键的同时，水平向右拖曳复制的图形到适当的位置，效果如图 3-21 所示。单击属性栏中的“水平镜像”按钮，水平翻转图形，效果如图 3-22 所示。

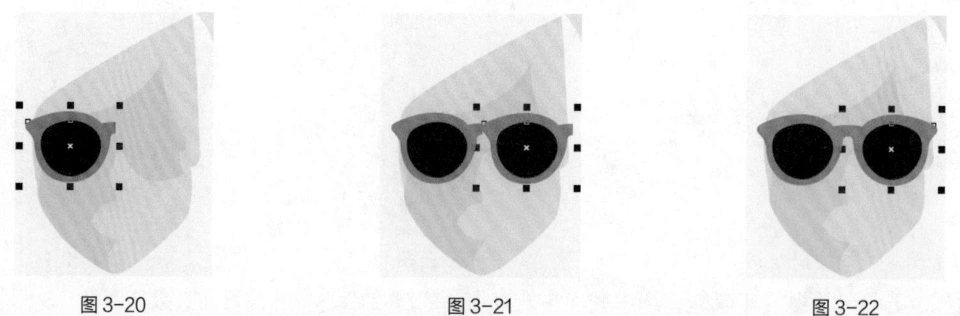

图 3-20　图 3-21　图 3-22

（10）选择“贝塞尔”工具，在适当的位置绘制一个不规则图形，如图 3-23 所示。设置图形颜色的 CMYK 值为 27、100、50、11，填充图形，并去除图形的轮廓线，效果如图 3-24 所示。

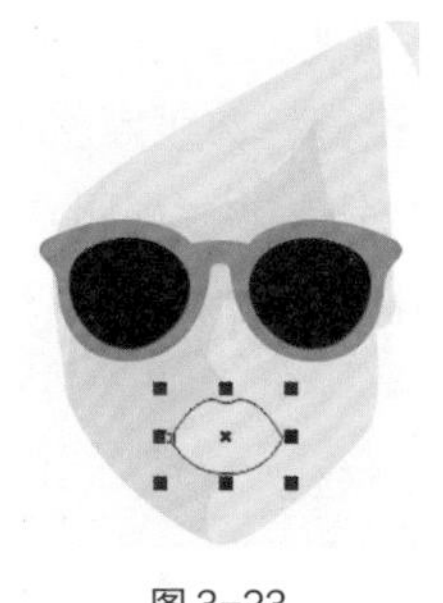
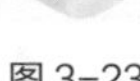

图3-23

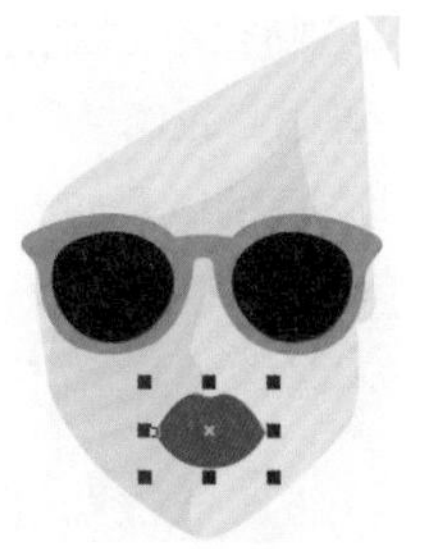

图3-24

（11）选择“贝塞尔”工具，在适当的位置绘制一个不规则图形，如图3-25所示。设置图形颜色的CMYK值为29、100、53、16，填充图形，并去除图形的轮廓线，效果如图3-26所示。用相同的方法绘制牙齿和口腔，并填充相应的颜色，效果如图3-27所示。

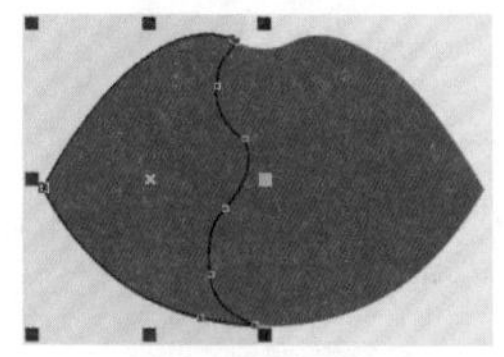

图3-25

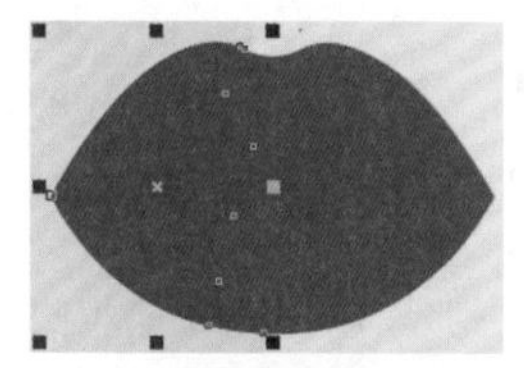

图3-26

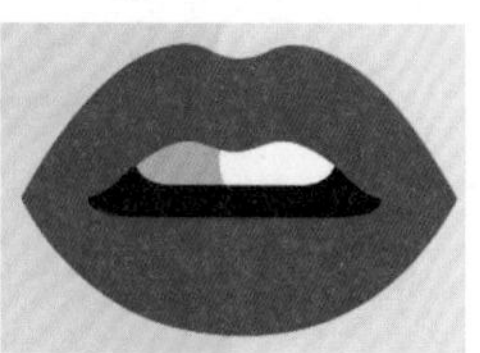

图3-27

（12）选择“贝塞尔”工具，在适当的位置绘制一个不规则图形，填充图形为黑色，并去除图形的轮廓线，效果如图3-28所示。

（13）选择“选择”工具，按数字键盘上的+键，复制图形。在按住Shift键的同时，水平向右拖曳复制的图形到适当的位置，效果如图3-29所示。单击属性栏中的“水平镜像”按钮，水平翻转图形，效果如图3-30所示。

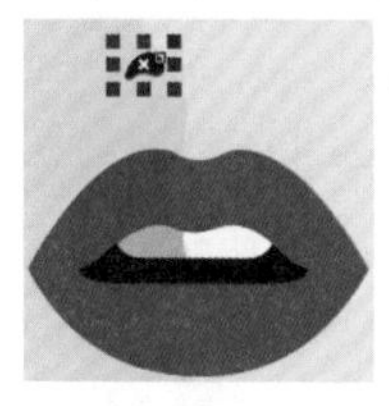

图3-28

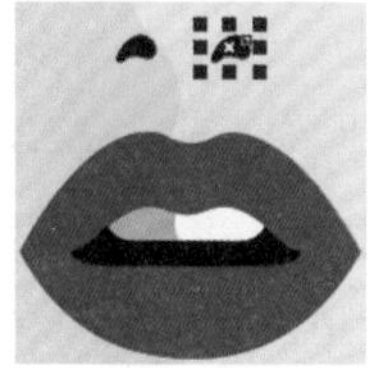

图3-29

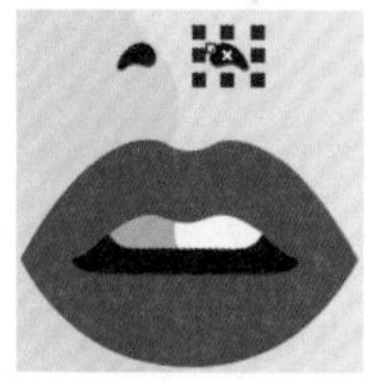

图3-30

（14）选择“贝塞尔”工具，在适当的位置绘制一个不规则图形，如图3-31所示。设置图形颜色的CMYK值为1、29、17、0，填充图形，并去除图形的轮廓线，效果如图3-32所示。

（15）连续按Ctrl+PageDown组合键，将图形向后移至适当的位置，效果如图3-33所示。用相同的方法绘制其他图形，并填充相应的颜色，效果如图3-34所示。

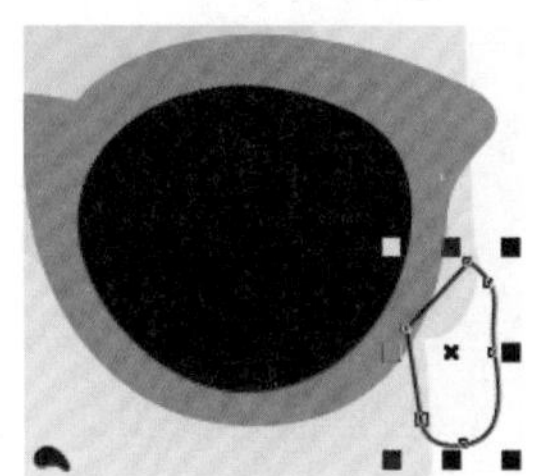

图3-31

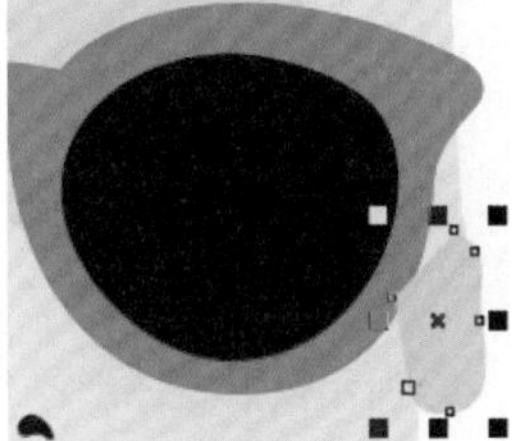

图3-32

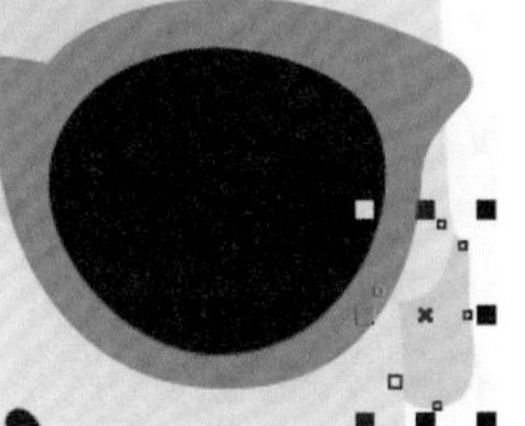

图3-33

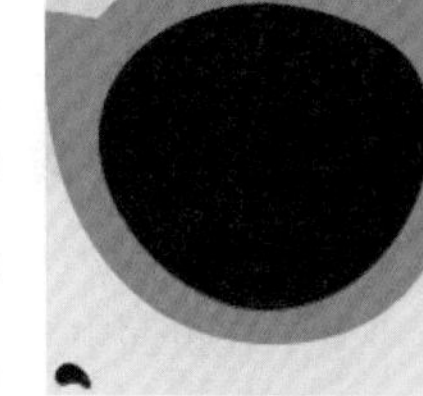

图3-34

（16）选择“椭圆形”工具〇，在按住 Ctrl 键的同时，在适当的位置绘制一个圆形，如图 3-35 所示。按 F12 键，弹出“轮廓笔”对话框，在“颜色”选项中设置轮廓线颜色的 CMYK 值为 0、40、100、0，其他选项的设置如图 3-36 所示。单击“确定”按钮，效果如图 3-37 所示。连续按 Ctrl+PageDown 组合键，将图形向后移至适当的位置，效果如图 3-38 所示。

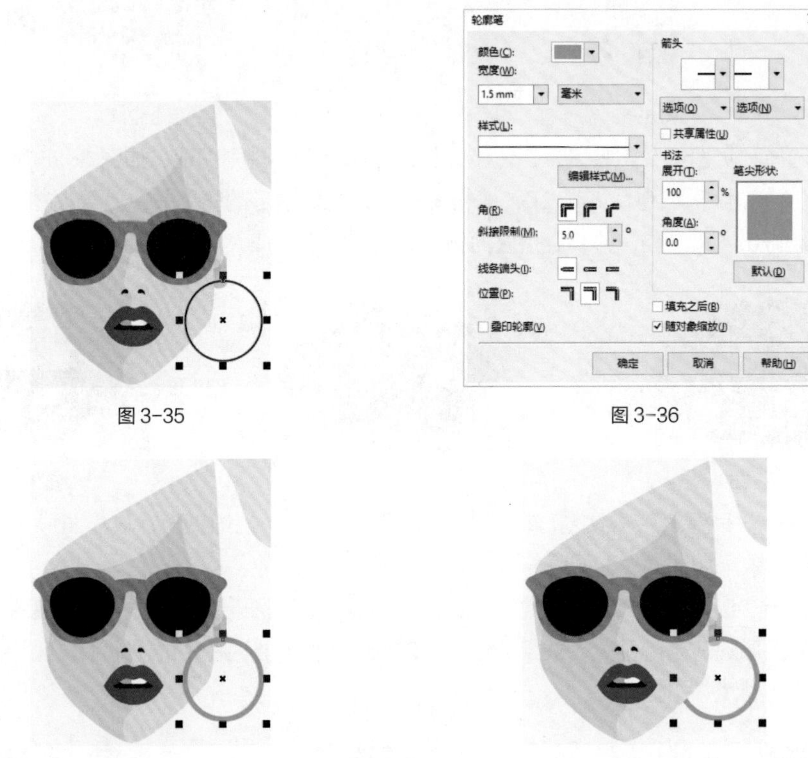

图 3-35　图 3-36

图 3-37　图 3-38

（17）选择“贝塞尔”工具，在适当的位置绘制一个不规则图形，如图 3-39 所示。设置图形颜色的 CMYK 值为 5、4、12、0，填充图形，并去除图形的轮廓线，效果如图 3-40 所示。连续按 Ctrl+PageDown 组合键，将图形向后移至适当的位置，效果如图 3-41 所示。

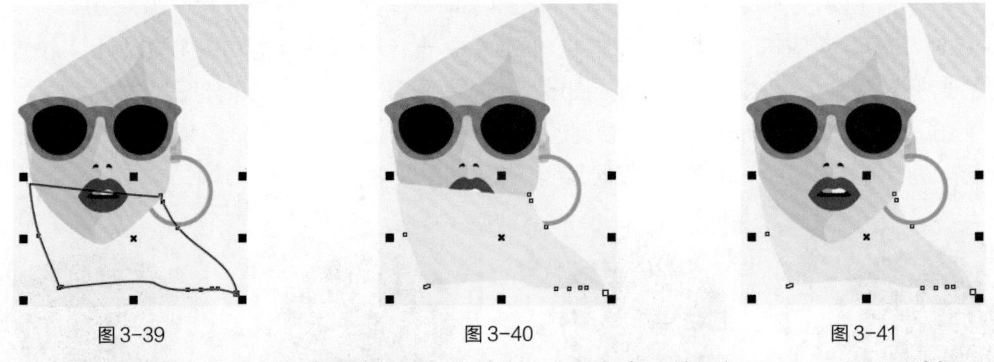

图 3-39　图 3-40　图 3-41

（18）用相同的方法绘制身体其他部分，并填充相应的颜色，效果如图 3-42 所示。选择“贝塞尔”工具，在页面中绘制一个不规则图形，如图 3-43 所示。设置图形颜色的 CMYK 值为 2、0、7、0，填充图形，并去除图形的轮廓线，效果如图 3-44 所示。

图 3-42

图 3-43

图 3-44

（19）使用“贝塞尔”工具，为头发绘制白色高光，效果如图 3-45 所示。按 Ctrl+I 组合键，弹出“导入”对话框，选择云盘中的“Ch03 > 素材 > 绘制时尚人物插画 > 01”文件，单击“导入”按钮，在页面中单击导入图形，选择“选择”工具，拖曳图形到适当的位置，效果如图 3-46 所示。

（20）连续按 Ctrl+PageDown 组合键，将图形向后移至适当的位置，效果如图 3-47 所示。时尚人物插画绘制完成，效果如图 3-48 所示。

图 3-45

图 3-46

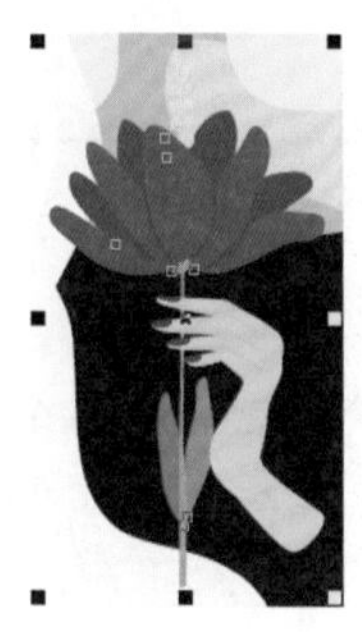

图 3-47

图 3-48

3.1.4 【相关工具】

1. “贝塞尔”工具

使用“贝塞尔”工具可以绘制平滑、精确的曲线，可以通过确定节点和改变控制点的位置来控制曲线的弯曲度，可以使用节点和控制点对绘制完的直线或曲线进行精确的调整。

◎ 绘制直线和折线

选择“贝塞尔”工具，在绘图页面中单击鼠标左键以确定直线的起点，拖曳鼠标指针到需要的位置，再单击鼠标左键以确定直线的终点，绘制出一段直线。只要确定下一个节点，就可以绘制出折线的效果，如果想绘制出多个折角的折线，只要继续确定节点即可，如图 3-49 所示。

如果双击折线上的节点，将删除这个节点，折线的另外两个节点将自动连接，效果如图 3-50 所示。

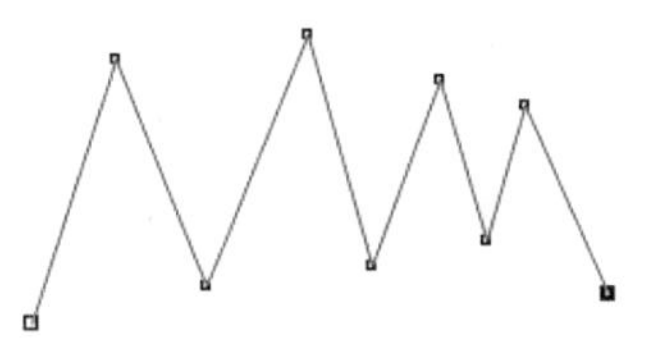

图 3-49

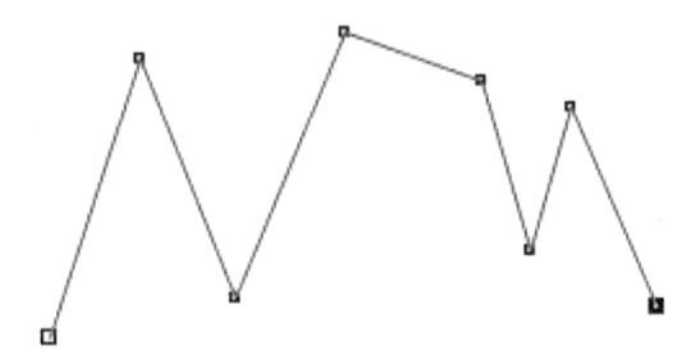

图 3-50

◎ 绘制曲线

选择“贝塞尔”工具，在绘图页面中按住鼠标左键并拖曳指针以确定曲线的起点，松开鼠标左键，这时该节点的两边出现控制线和控制点，如图 3-51 所示。

将鼠标指针移动到需要的位置单击并按住鼠标左键，在两个节点间出现一条曲线段。拖曳鼠标，第 2 个节点的两边出现控制线和控制点，控制线和控制点会随着指针的移动而发生变化，曲线的形状也会随之发生变化。将曲线调整到需要的效果后松开鼠标左键，如图 3-52 所示。

在下一个需要的位置单击鼠标左键后，将出现一条连续的平滑曲线，如图 3-53 所示。用“形状”工具在第 2 个节点处单击鼠标左键，出现控制线和控制点，效果如图 3-54 所示。

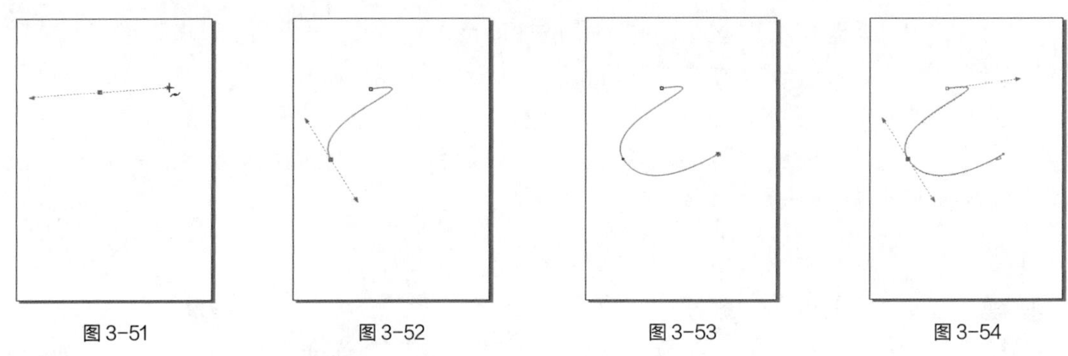

图 3-51　图 3-52　图 3-53　图 3-54

提示

当确定一个节点后，在这个节点上双击，再单击确定下一个节点后出现直线。当确定一个节点后，在这个节点上双击，再单击确定下一个节点并拖曳这个节点后出现曲线。

2. “艺术笔”工具

在 CorelDRAW 中，使用“艺术笔”工具可以绘制出多种精美的线条和图形，可以模仿画笔的真实效果，在画面中产生丰富的变化，通过使用“艺术笔”工具可以绘制出不同风格的设计作品。

选择“艺术笔”工具，其属性栏如图 3-55 所示。该属性栏中包含 5 种模式，分别是“预设”模式、“笔刷”模式、“喷涂”模式、“书法”模式和“压力”模式。下面具体介绍这 5 种模式。

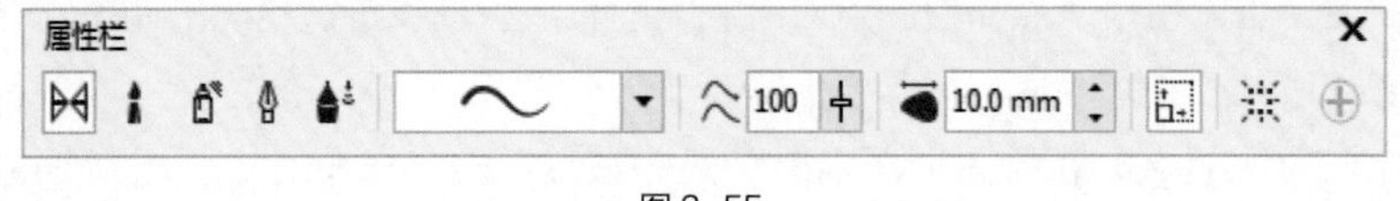

图 3-55

◎ “预设”模式

“预设”模式提供了多种线条类型，并且可以改变曲线的宽度。单击属性栏中“预设笔触”右侧的按钮，弹出其下拉列表，如图 3-56 所示。在线条列表框中单击选择需要的线条类型。

拖动属性栏中的 100 滑动条或输入数值可以调节绘图时线条的平滑程度。在“笔触宽度” 10.0 mm 框中输入数值可以设置曲线的宽度。选择“预设”模式和线条类型后，鼠标指针变为图标。在绘图页面中按住鼠标左键并拖曳指针，可以绘制出封闭的线条图形。

◎ “笔刷”模式

“笔刷”模式提供了多种颜色样式的画笔，将画笔运用在绘制的曲线上，可以绘制出漂亮的效果。

在属性栏中单击“笔刷”模式按钮，单击属性栏中“笔刷笔触”右侧的按钮，弹出其下拉列表，如图 3-57 所示。在列表框中单击选择需要的笔刷类型，在页面中按住鼠标左键并拖曳指针，绘制出所需要的图形。

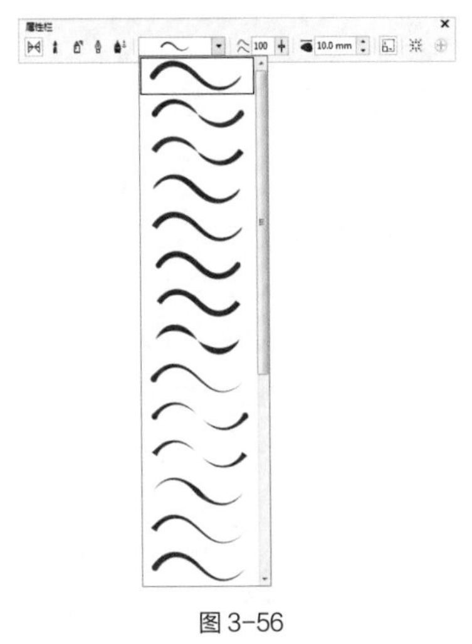

图 3-56

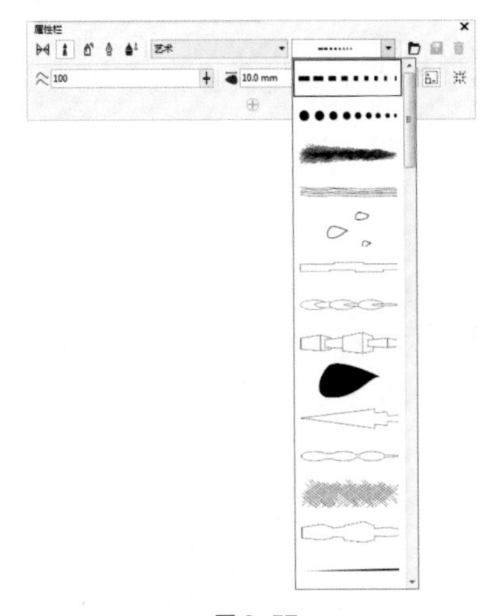

图 3-57

◎ “喷涂”模式

“喷涂”模式提供了多种有趣的图形对象，这些图形对象可以应用在绘制的曲线上。

在属性栏中单击“喷涂”模式按钮，其属性栏如图 3-58 所示。单击属性栏中“喷射图样”右侧的按钮，弹出下拉列表，如图 3-59 所示，在列表框中单击选择需要的喷涂类型。单击属性栏中“喷涂顺序”右侧的按钮，弹出下拉列表，可以选择喷出图形的顺序。选择“随机”选项，喷出的图形将会随机分布；选择“顺序”选项，喷出的图形将会以方形区域分布；选择“按方向”选项，喷出的图形将会随指针被拖曳的路径分布。在页面中按住鼠标左键并拖曳指针，绘制出需要的图形。

图 3-58

图 3-59

◎ “书法”模式

通过“书法”模式可以绘制出类似书法笔的效果，可以改变曲线的粗细。

在属性栏中单击“书法”模式按钮，其属性栏如图 3-60 所示。在属性栏的“书法角度”45.0 °选项中，可以设置“笔触”和“笔尖”的角度。如果将角度值设为 0°，书法笔垂直方向画出的线条最粗，笔尖是水平的；如果将角度值设为 90°，书法笔水平方向画出的线条最粗，笔尖是垂直的。在绘图页面中按住鼠标左键并拖曳指针绘制图形。

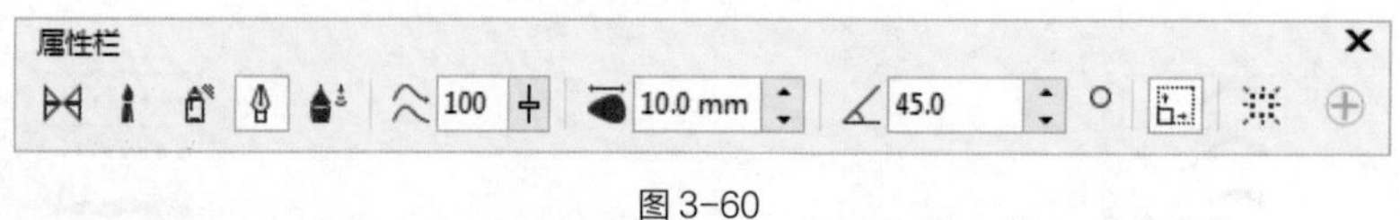

图 3-60

◎ “压力”模式

在“压力”模式下可以用压力感应笔或键盘输入的方式改变线条的粗细，应用好这个功能可以绘制出特殊的图形效果。

在属性栏的“预置笔触列表”模式中选择需要的画笔，单击“压力”模式按钮，属性栏如图 3-61 所示。在“压力”模式中设置好压力感应笔的平滑度和画笔的宽度，在绘图页面中按住鼠标左键并拖曳指针绘制图形。

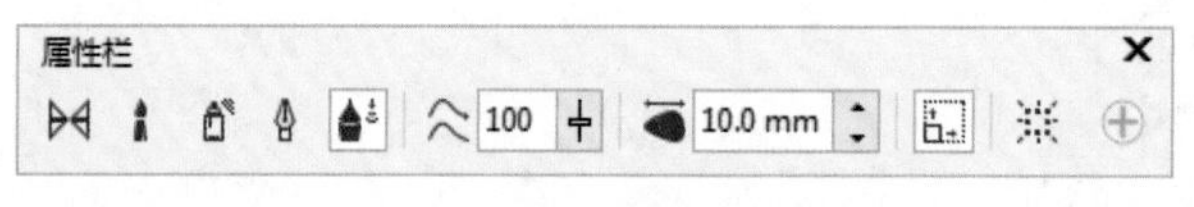

图 3-61

3．编辑曲线的节点

节点是构成图形对象的基本要素，用“形状”工具选择曲线或图形对象后，会显示曲线或图形的全部节点。通过移动节点和节点的控制点、控制线可以编辑曲线或图形的形状，还可以通过增加和删除节点来进一步编辑曲线或图形。

绘制一条曲线，如图 3-62 所示。使用“形状”工具，单击选中曲线上的节点，如图 3-63 所示。弹出的属性栏如图 3-64 所示。

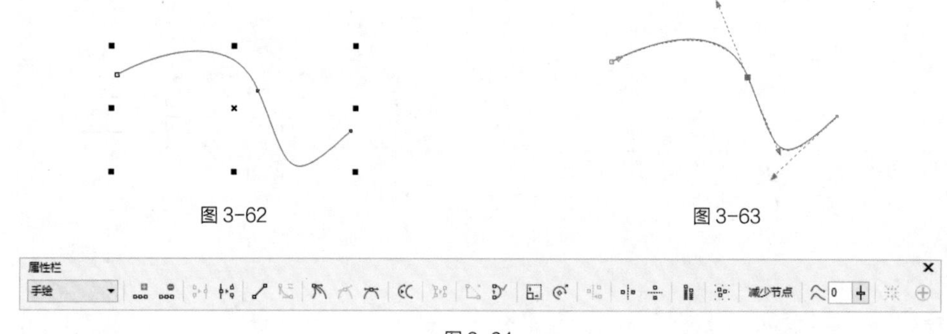

图 3-62　图 3-63

图 3-64

在属性栏中有 3 种节点类型：尖突节点、平滑节点和对称节点。节点类型的不同决定了节点控制点的属性也不同，单击属性栏中的按钮可以转换 3 种节点的类型。

- 尖突节点：尖突节点的控制点是独立的，当移动一个控制点时，另外一个控制点并不移动，从而使得通过尖突节点的曲线能够尖突弯曲。

- 平滑节点：平滑节点的控制点之间是相关的，当移动一个控制点时，另外一个控制点也会随之移动，通过平滑节点连接的线段将产生平滑的过渡。

- 对称节点：对称节点的控制点不仅是相关的，而且控制点和控制线的长度是相等的，从而使得对称节点两边曲线的曲率也是相等的。

◎ 选取并移动节点

绘制一个图形，如图 3-65 所示。选择“形状”工具，单击鼠标左键选取节点，如图 3-66 所示，按住鼠标左键拖曳鼠标，节点被移动，如图 3-67 所示。松开鼠标左键，图形调整的效果如图 3-68 所示。

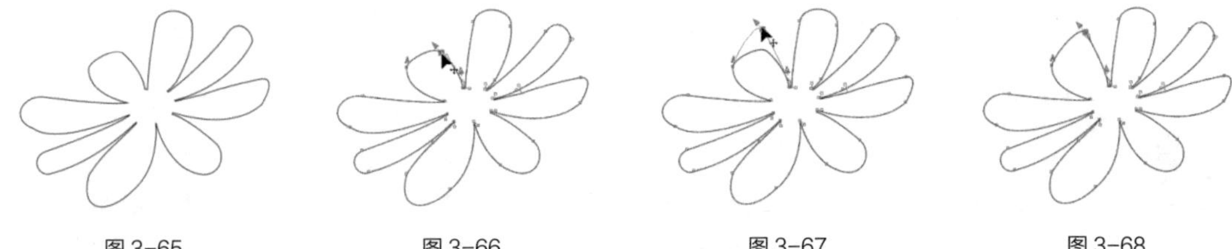

图 3-65　　图 3-66　　图 3-67　　图 3-68

使用“形状”工具选中并拖曳节点上的控制点，如图 3-69 所示。松开鼠标左键，图形调整的效果如图 3-70 所示。

使用“形状”工具圈选图形上的部分节点，如图 3-71 所示。松开鼠标左键，图形被选中的部分节点如图 3-72 所示。拖曳任意一个被选中的节点，其他被选中的节点也会随之移动。

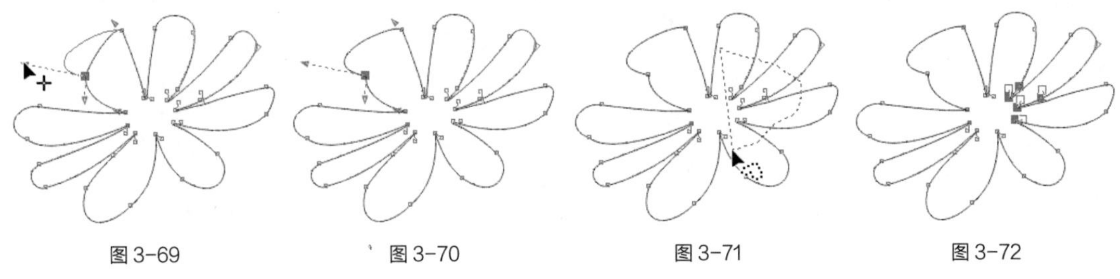

图 3-69　　图 3-70　　图 3-71　　图 3-72

因为在 CorelDRAW X8 中有 3 种节点类型，所以当移动不同类型节点上的控制点时，图形的形状也会有不同形式的变化。

◎ 增加或删除节点

绘制一个图形，如图 3-73 所示。使用“形状”工具选择需要增加和删除节点的曲线，在曲线上要增加节点的位置，如图 3-74 所示，双击鼠标左键可以在这个位置增加一个节点，效果如图 3-75 所示。

单击属性栏中的“添加节点”按钮，也可以在曲线上增加节点。

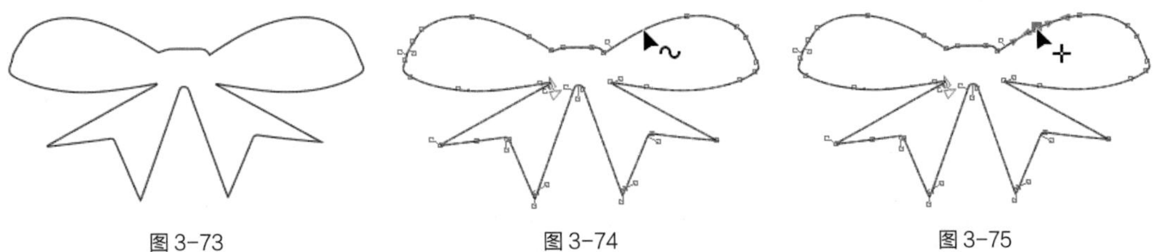

图 3-73　　图 3-74　　图 3-75

将鼠标指针放在要删除的节点上，如图 3-76 所示，双击鼠标左键可以删除这个节点，效果如图 3-77 所示。

选中要删除的节点，单击属性栏中的“删除节点”按钮，也可以在曲线上删除选中的节点。

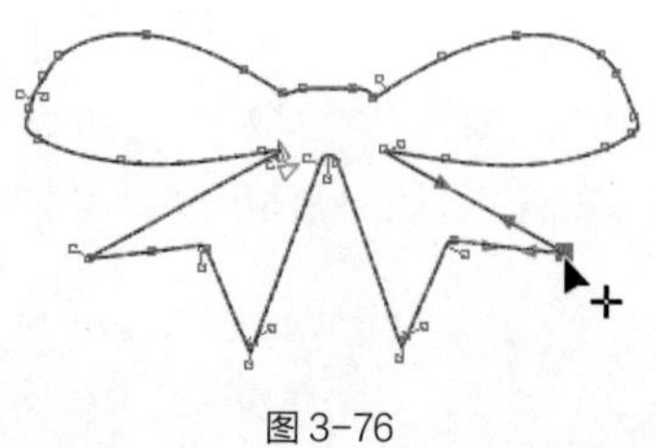
图 3-76

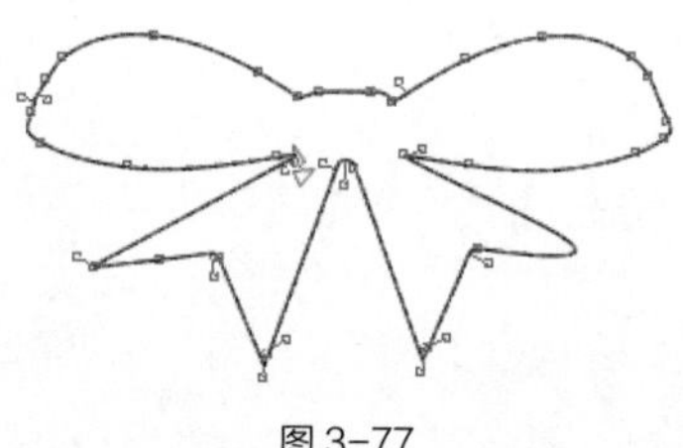
图 3-77

如果需要在曲线和图形中删除多个节点，可以先按住 Shift 键，再用鼠标选择要删除的多个节点，选择好后按 Delete 键即可。当然，也可以使用圈选的方法选择需要删除的多个节点，选择好后按 Delete 键即可。

◎ 合并和连接节点

绘制一个图形，如图 3-78 所示。使用“形状”工具，按住 Ctrl 键，选取两个需要合并的节点，如图 3-79 所示。单击属性栏中的“连接两个节点”按钮，将节点合并，使曲线成为闭合的曲线，如图 3-80 所示。

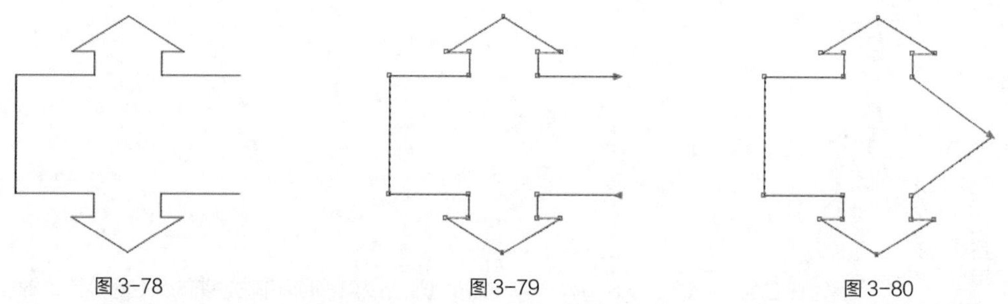
图 3-78　图 3-79　图 3-80

使用“形状”工具圈选两个需要连接的节点，单击属性栏中的“闭合曲线”按钮，可以将两个节点以直线连接，使曲线成为闭合的曲线。

◎ 断开节点

在曲线中要断开的节点上单击鼠标左键，选中该节点，如图 3-81 所示。单击属性栏中的“断开曲线”按钮，断开节点，曲线效果如图 3-82 所示。再使用“形状”工具选择并移动节点，曲线的节点被断开，效果如图 3-83 所示。

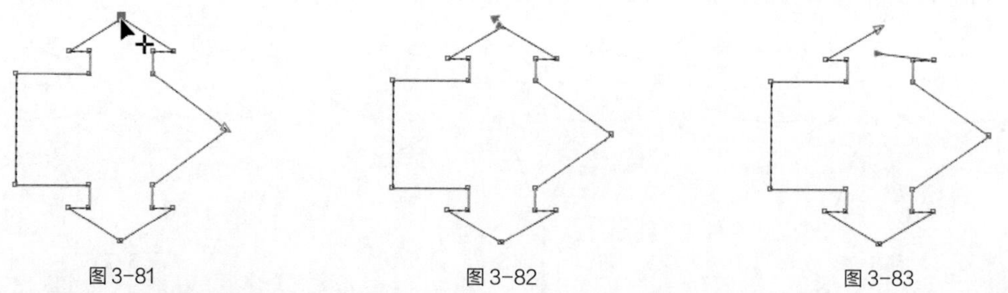
图 3-81　图 3-82　图 3-83

4. 编辑和修改几何图形

使用“矩形”“椭圆形”和“多边形”工具绘制的图形都是简单的几何图形。这类图形有其特殊的属性，图形上的节点比较少，只能对其进行简单的编辑。如果想对其进行更复杂的编辑，就需要将简单的几何图形转换为曲线。

◎ 使用“转换为曲线”按钮

使用“椭圆形”工具绘制一个椭圆形，效果如图 3-84 所示。在属性栏中单击“转换为曲线”按钮，将椭圆图形转换成曲线图形，在曲线图形上增加了多个节点，如图 3-85 所示。使用“形状”工具拖曳椭圆形上的节点，如图 3-86 所示。松开鼠标左键，调整后的图形效果如图 3-87 所示。

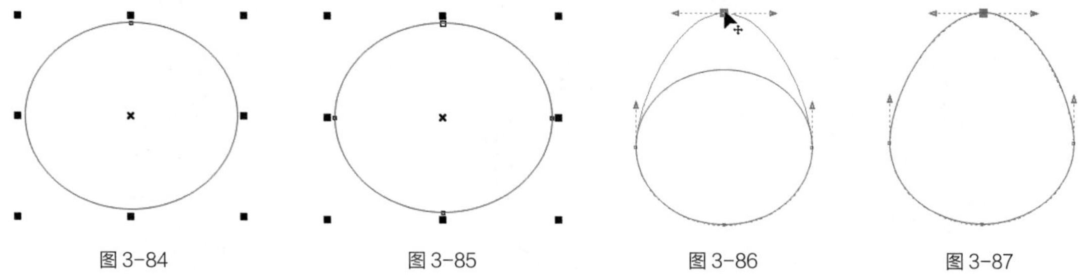

图 3-84　图 3-85　图 3-86　图 3-87

◎ 使用“转换直线为曲线”按钮

使用“多边形”工具绘制一个多边形，如图 3-88 所示。选择“形状”工具，单击需要选中的节点，如图 3-89 所示。单击属性栏中的“转换为曲线”按钮，将直线转换为曲线，在曲线上出现节点，图形的对称性被保持，如图 3-90 所示。使用“形状”工具拖曳节点调整图形，如图 3-91 所示。松开鼠标左键，图形效果如图 3-92 所示。

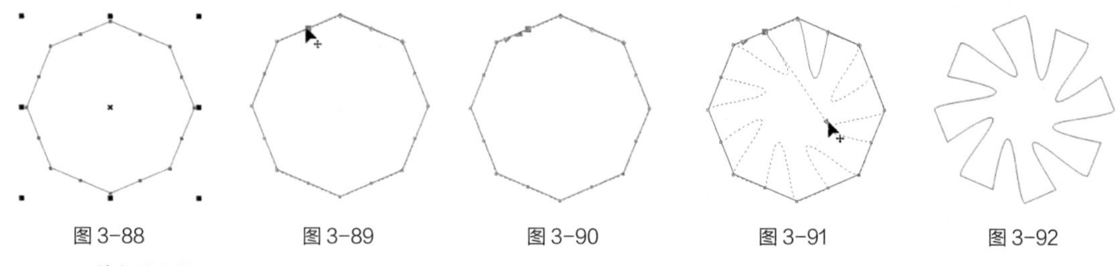

图 3-88　图 3-89　图 3-90　图 3-91　图 3-92

◎ 裁切图形

使用“刻刀”工具可以对单一的图形对象进行裁切，使一个图形被裁切成两个部分。

选择“刻刀”工具，鼠标指针变为刻刀形状。将指针放到图形上准备裁切的起点位置，指针变为竖直形状后单击鼠标左键，如图 3-93 所示。移动指针会出现一条裁切线，将指针放在裁切的终点位置后单击鼠标左键，如图 3-94 所示。图形裁切完成后的效果如图 3-95 所示。使用“选择”工具拖曳裁切后的图形，如图 3-96 所示。裁切的图形被分成了两部分。

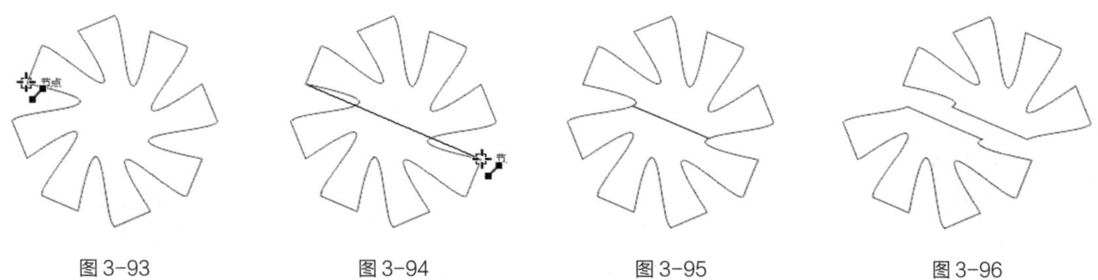

图 3-93　图 3-94　图 3-95　图 3-96

单击“裁切时自动闭合”按钮，在图形被裁切后，裁切的两部分将自动生成闭合的曲线图形，并保留其填充的属性；若不单击此按钮，在图形被裁切后，裁切的两部分将不会自动闭合，同时图形会失去填充属性。

◎ 擦除图形

使用“橡皮擦”工具可以擦除图形的部分或全部，并可以将擦除后图形的剩余部分自动闭合。“橡皮擦”工具只能对单一的图形对象进行擦除。

绘制一个图形，如图 3-97 所示。选择“橡皮擦”工具，鼠标指针变为“擦除”工具图标，单击并按住鼠标左键，拖曳鼠标可以擦除图形，如图 3-98 所示。擦除后的图形效果如图 3-99 所示。

图 3-97　　图 3-98　　图 3-99

“橡皮擦”工具的属性栏如图 3-100 所示。“橡皮擦厚度”1.0 mm框可以用来设置擦除的宽度；单击“减少节点”按钮，可以在擦除时自动平滑边缘；单击“橡皮擦形状”按钮○或□可以转换橡皮擦的形状为圆形或方形擦除图形。

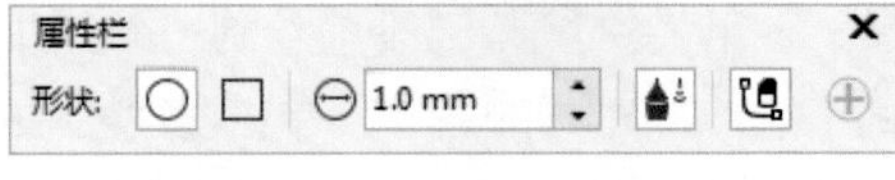

图 3-100

◎ 修饰图形

使用“沾染”工具和“粗糙”工具可以修饰已绘制的矢量图形。

绘制一个图形，如图 3-101 所示。选择“沾染”工具，其属性栏如图 3-102 所示。在图上拖曳鼠标指针，制作出需要的涂抹效果，如图 3-103 所示。

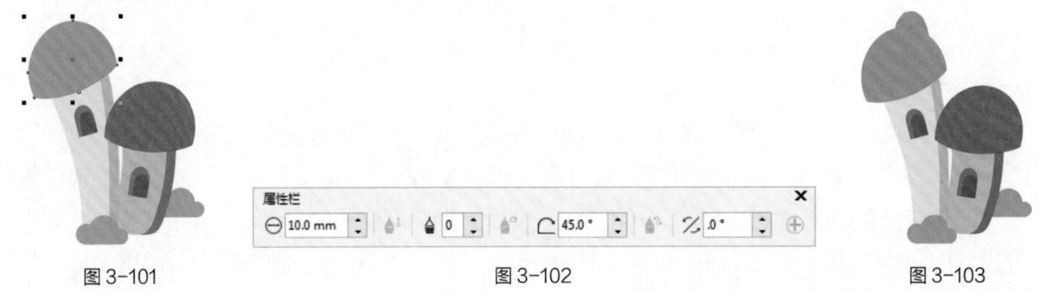

图 3-101　　图 3-102　　图 3-103

绘制一个图形，如图 3-104 所示。选择“粗糙”工具，其属性栏如图 3-105 所示。在图形边缘拖曳鼠标指针，制作出需要的粗糙效果，如图 3-106 所示。

图 3-104　　图 3-105　　图 3-106

5. 渐变填充

渐变填充是一种非常实用的功能，在设计制作中经常会用到。在 CorelDRAW X8 中，渐变填充提供了线性、辐射、圆锥和正方形 4 种渐变色彩的形式，可以绘制出多种渐变颜色效果。下面介绍使用渐变填充的方法和技巧。

◎ 使用属性栏和工具栏进行填充

绘制一个图形，效果如图 3-107 所示。选择“交互式填充”工具，在属性栏中单击“渐变填充”按钮，属性栏如图 3-108 所示，效果如图 3-109 所示。

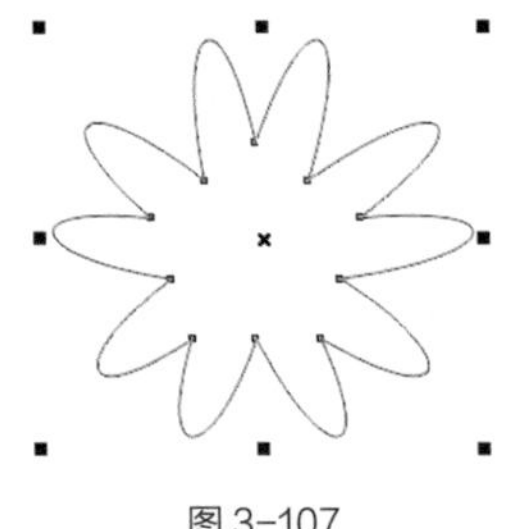
图 3-107

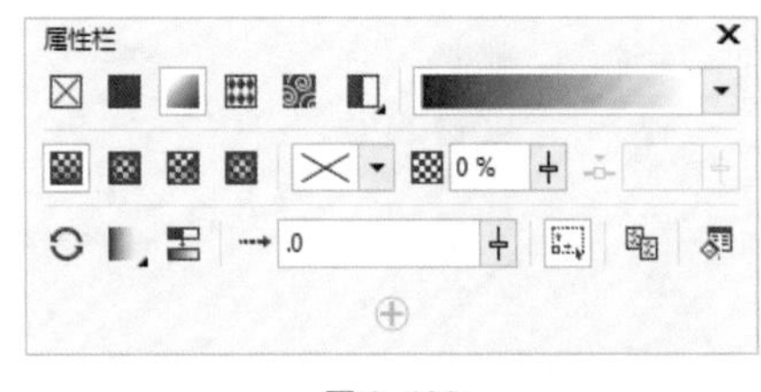

图 3-108

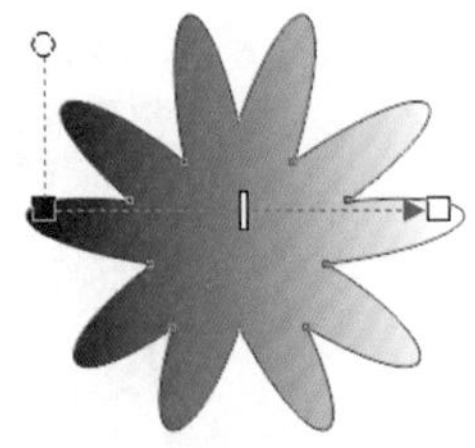
图 3-109

单击属性栏中的“渐变填充”按钮，可以选择渐变的类型，椭圆形、圆锥形和矩形的效果如图 3-110 所示。

属性栏中的“节点颜色”选项用于指定渐变节点的颜色，“节点透明度”选项用于设置指定渐变节点的透明度，“加速”选项用于设置渐变从一个颜色到另外一个颜色的速度。

图 3-110

绘制一个图形，如图 3-111 所示。选择“交互式填充”工具，在起点颜色的位置单击并按住鼠标左键拖曳指针到适当的位置，松开鼠标左键，图形被填充了预设的颜色，效果如图 3-112 所示。在拖曳的过程中可以控制渐变的角度、渐变的边缘宽度等渐变属性。

图 3-111　　图 3-112

拖曳起点颜色和终点颜色可以改变渐变的角度和边缘宽度；拖曳中间点可以调整渐变颜色的分布；拖曳渐变虚线，可以控制颜色渐变与图形之间的相对位置；拖曳渐变上方的圆圈图标可以调整渐变倾斜角度。

◎ 使用“渐变填充”对话框填充

选择“编辑填充”工具，在弹出的“编辑填充”对话框中单击“渐变填充”按钮。在对话框中的“镜像、重复和反转”设置区中可选择渐变填充的3种类型：“默认渐变填充”“重复和镜像”“重复”。

● 默认渐变填充

单击“默认渐变填充”按钮，“编辑填充”对话框如图3-113所示。

在对话框中设置好渐变颜色后，单击“确定”按钮，完成图形的渐变填充。

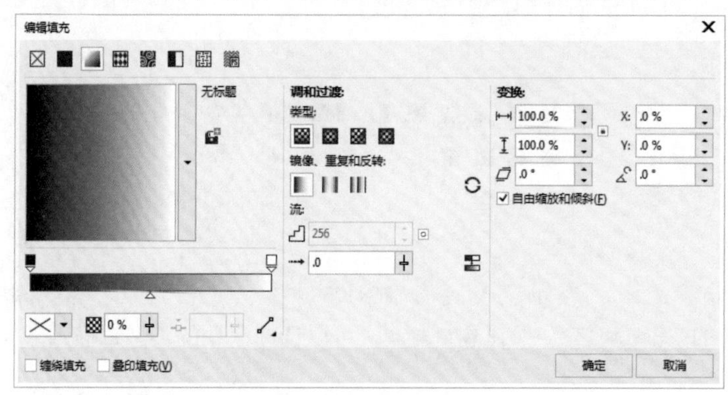

图3-113

在“预览色带”上的起点和终点颜色之间双击鼠标左键，将在预览色带上产生一个倒三角形色标，也就是新增了一个渐变颜色标记，如图3-114所示。“节点位置”选项中显示的百分数就是当前新增渐变颜色标记的位置。单击“节点颜色”选项右侧的按钮，在弹出的下拉选项中设置需要的渐变颜色，“预览”色带上新增渐变颜色标记上的颜色将改变为需要的新颜色。“节点颜色”选项中显示的颜色就是当前新增渐变颜色标记的颜色。

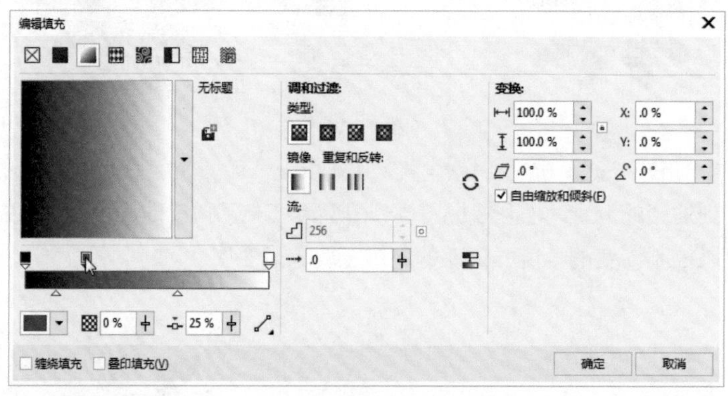

图3-114

● 重复和镜像

单击“重复和镜像”按钮，“编辑填充”对话框如图3-115所示。再单击调色板中的颜色，可改变自定义渐变填充终点的颜色。

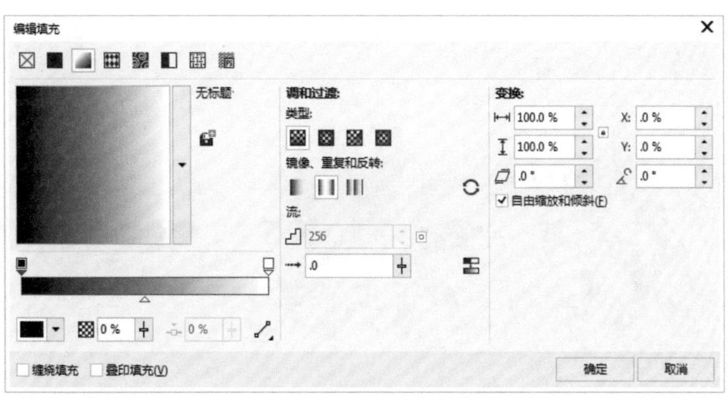

图 3-115

● 重复

单击“重复”按钮，“编辑填充”对话框如图 3-116 所示。在对话框中设置好渐变颜色后，单击“确定”按钮，完成图形的渐变填充。

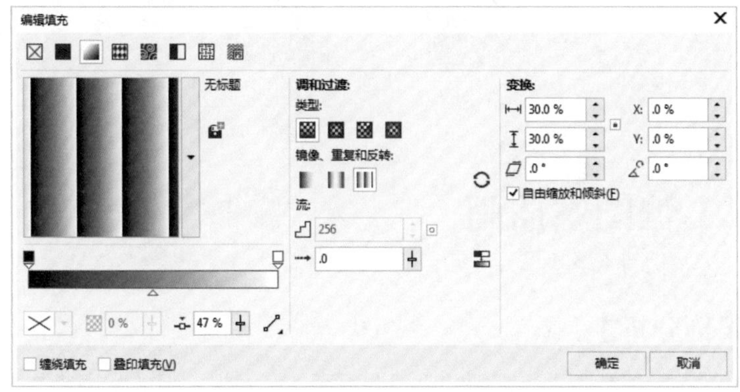

图 3-116

◎ 渐变填充的样式

绘制一个图形，如图 3-117 所示。在“编辑填充”对话框中的“填充挑选器”选项中包含 CorelDRAW X8 预设的一些渐变效果，如图 3-118 所示。

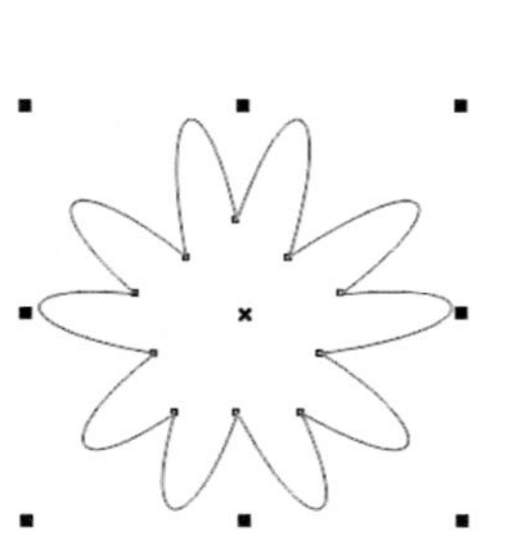

图 3-117

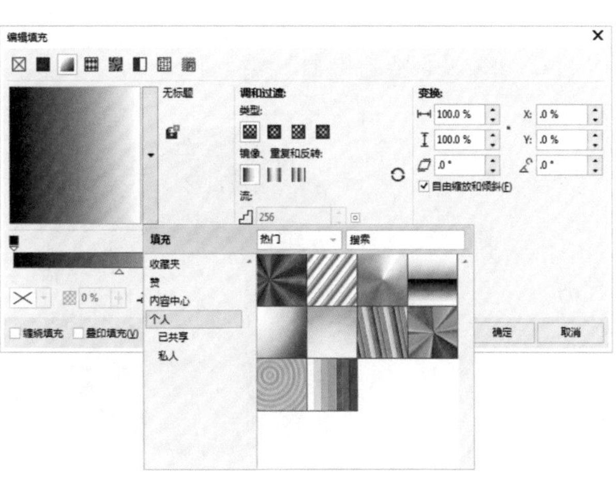

图 3-118

选择好一个预设的渐变效果，单击“确定”按钮，可以完成渐变填充。使用预设的渐变效果填充的各种渐变效果如图 3-119 所示。

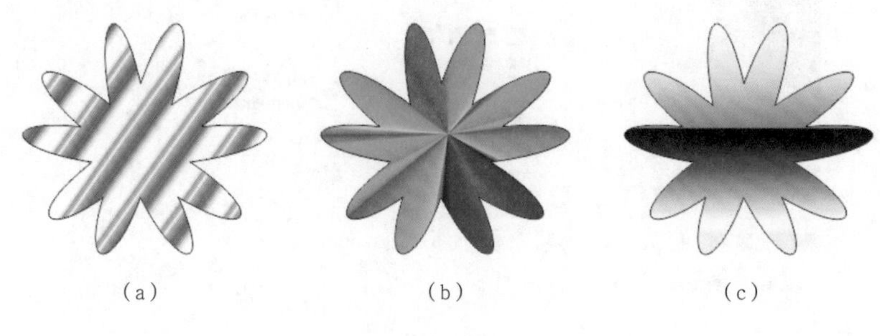

图 3-119

3.1.5 【实战演练】绘制鲸鱼插画

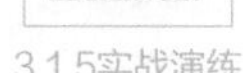

绘制鲸鱼插画

3.2 绘制 T 恤图案插画

3.2.1 【案例分析】

本案例需要绘制衣服装饰画，装饰画并不强调很高的艺术性，但非常讲究与主题的协调和美化效果。

3.2.2 【设计理念】

绘制时，使用深色带有纹样的图案作为插画底图营造出神秘的氛围，采用灰蓝色调和暗红色搭配的人物造型展现出独特风格，整个画面和谐统一且富有个性，最终效果如图 3-120 所示（参看云盘中的“Ch03 > 效果 > 绘制 T 恤图案插画 .cdr”）。

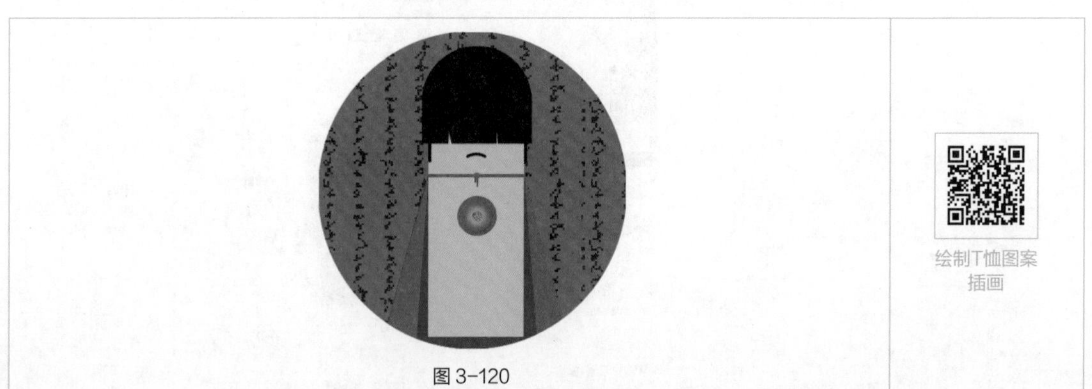

图 3-120

3.2.3 【操作步骤】

（1）打开 CorelDRAW X8，按 Ctrl+N 组合键，新建一个页面。在属性栏的“页面度量”选项中分别设置宽度为 230 mm，高度为 230 mm，按 Enter 键，页面尺寸显示为设置的大小。

（2）选择“椭圆形”工具，在按住 Ctrl 键的同时，在页面中绘制一个圆形，如图 3-121 所示。按 Shift+F11 组合键，弹出“编辑填充”对话框。单击“底纹填充”按钮，切换到相应的面板中。单击“预览”框右侧的按钮，在弹出的列表中选择需要的底纹效果，如图 3-122 所示。单击“选项”按钮 选项(O)... ，弹出“底纹选项”对话框，设置如图 3-123 所示。单击“确定”按钮，返回到“编辑填充”对话框。将“纸”选项颜色的 RGB 值设为 89、96、117，“墨”选项颜色的 RGB 值设为 51、43、43，其他选项的设置如图 3-124 所示。单击“确定”按钮，填充图形，并去除图形的轮廓线，效果如图 3-125 所示。

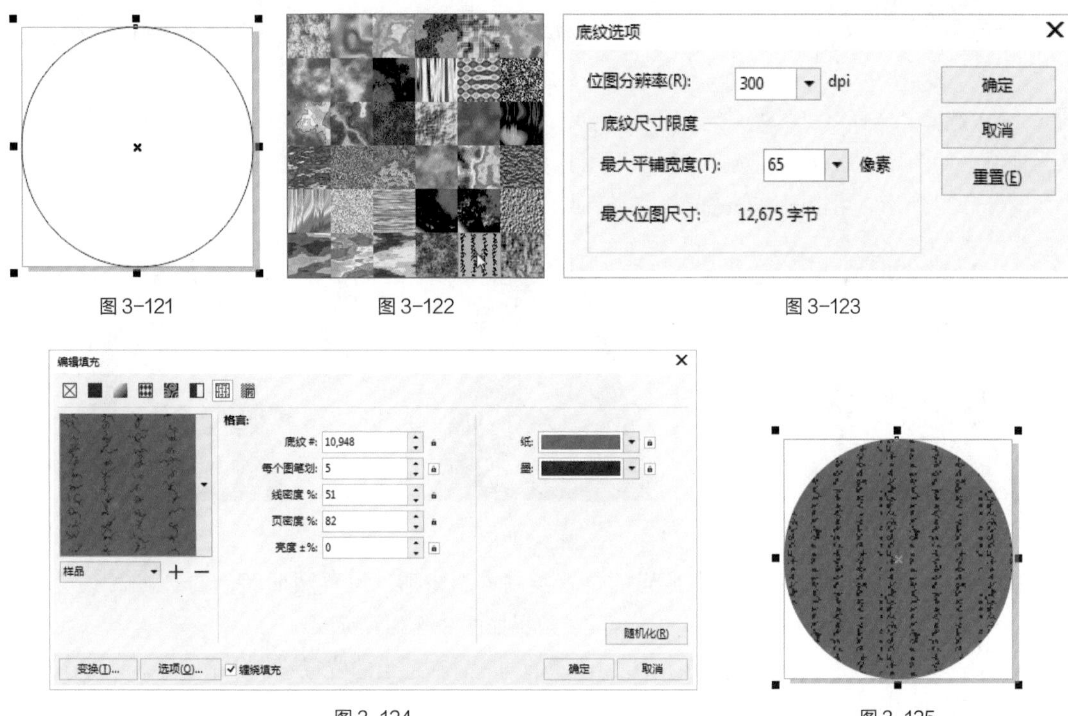

图 3-121　图 3-122　图 3-123

图 3-124　图 3-125

（3）选择“基本形状”工具，单击属性栏中的“完美形状”按钮，在弹出的下拉列表中选择需要的形状，如图 3-126 所示。在页面外拖曳鼠标指针绘制图形，如图 3-127 所示。设置图形颜色的 CMYK 值为 7、100、78、0，填充图形，并去除图形的轮廓线，效果如图 3-128 所示。

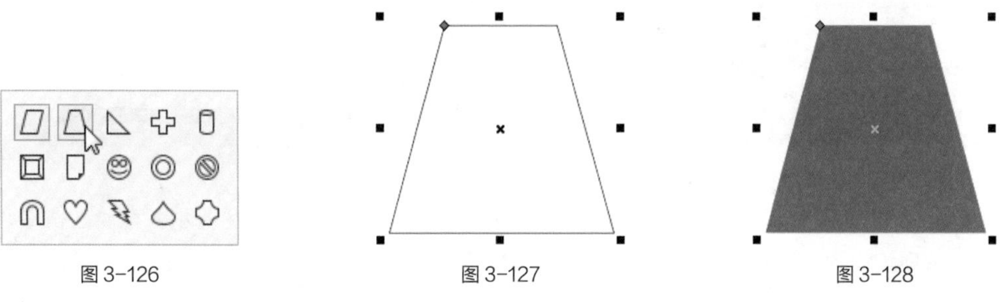

图 3-126　图 3-127　图 3-128

（4）选择“矩形”工具□，在适当的位置绘制一个矩形。设置图形颜色的 CMYK 值为 45、100、100、17，填充图形，并去除图形的轮廓线，效果如图 3-129 所示。

（5）按数字键盘上的 + 键，复制矩形。选择“选择”工具，向上拖曳矩形下边中间的控制手柄到适当的位置，调整其大小。设置图形颜色的 CMYK 值为 44、0、15、0，填充图形，效果如图 3-130 所示。用相同的方法调整矩形上边，效果如图 3-131 所示。

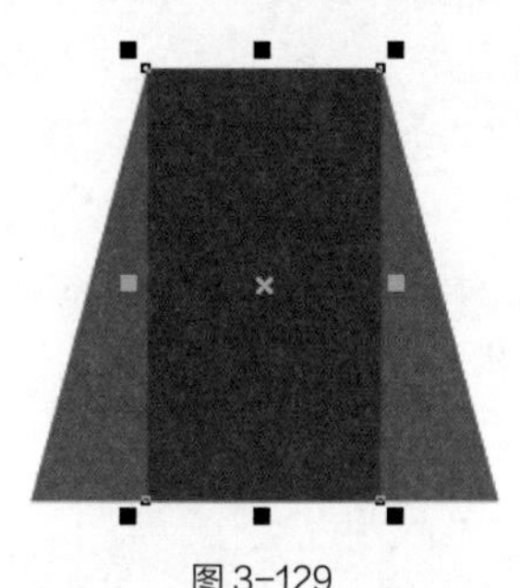

图 3-129

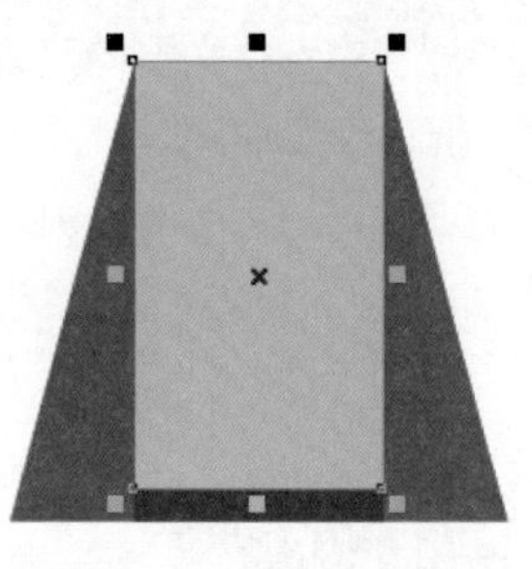

图 3-130

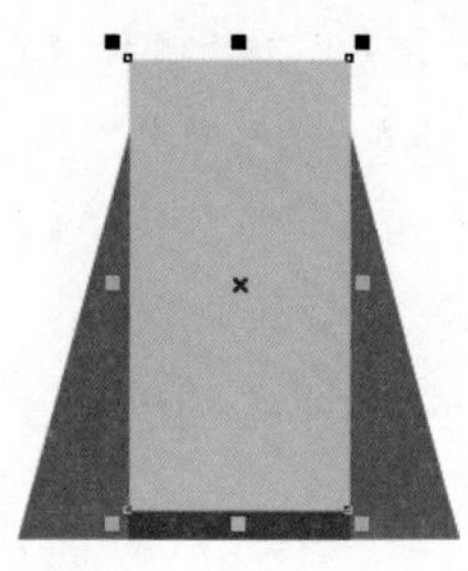

图 3-131

（6）选择“选择”工具，选取下方矩形。单击属性栏中的“转换为曲线”按钮，将图形转换为曲线，如图 3-132 所示。选择“形状”工具，选中并向右拖曳右侧的节点到适当的位置，效果如图 3-133 所示。用相同的方法调整左侧节点，效果如图 3-134 所示。

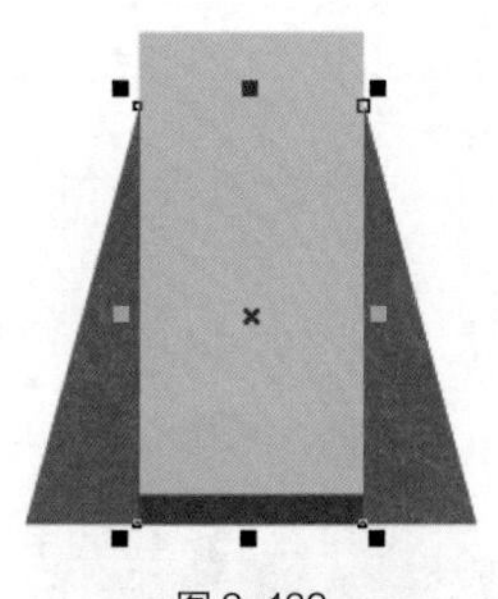

图 3-132

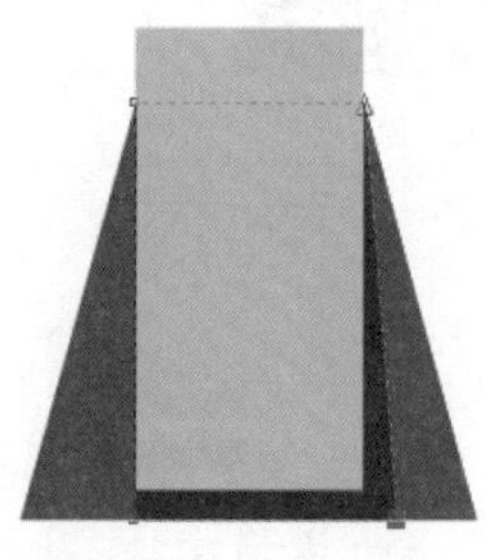

图 3-133

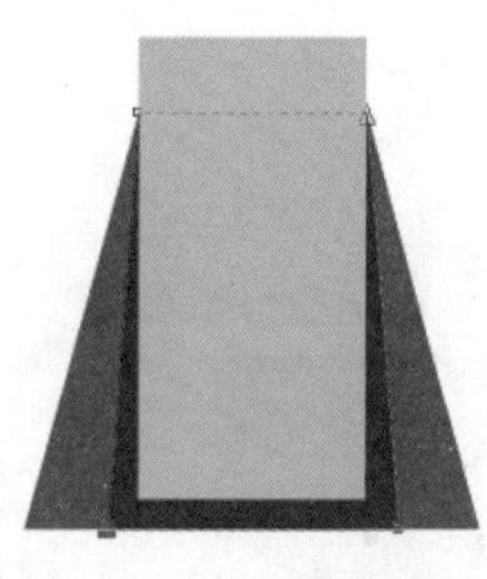

图 3-134

（7）选择“矩形”工具□，在适当的位置绘制一个矩形。设置图形颜色的 CMYK 值为 7、100、78、0，填充图形，并去除图形的轮廓线，效果如图 3-135 所示。

（8）选择“椭圆形”工具○，在按住 Ctrl 键的同时，在适当的位置绘制一个圆形。设置图形颜色的 CMYK 值为 9、97、67、0，填充图形，并去除图形的轮廓线，效果如图 3-136 所示。

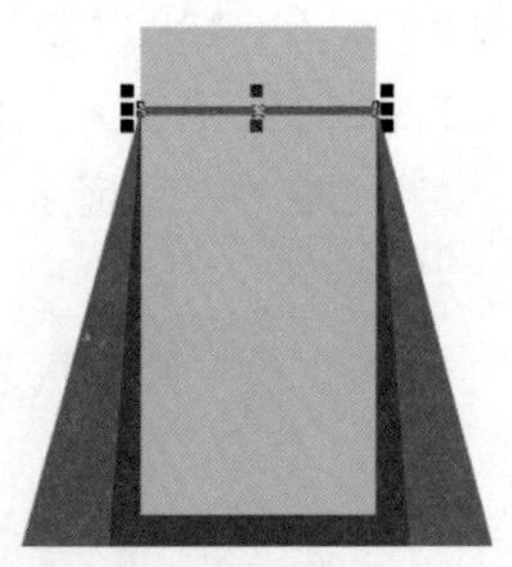

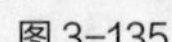

图 3-135

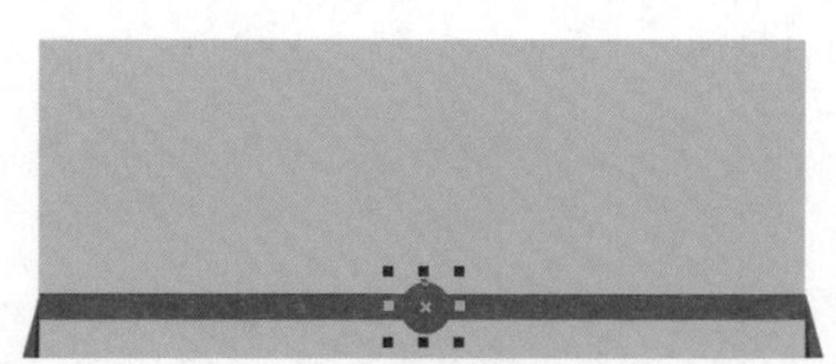

图 3-136

（9）选择“矩形”工具□，在适当的位置绘制一个矩形，如图 3-137 所示。在属性栏中将“转角半径”选项均设为 10 mm，按 Enter 键，效果如图 3-138 所示。设置图形颜色的 CMYK 值为 7、

100、78、0，填充图形，并去除图形的轮廓线，效果如图 3-139 所示。

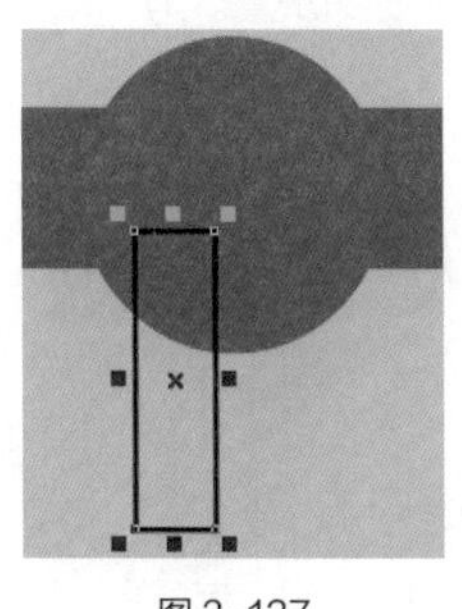
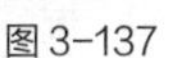
图 3-137

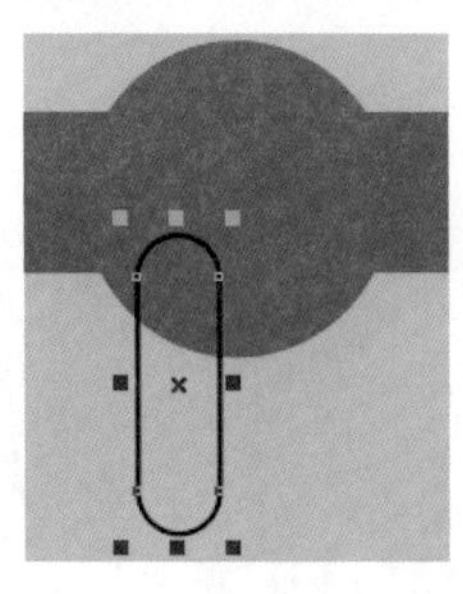
图 3-138

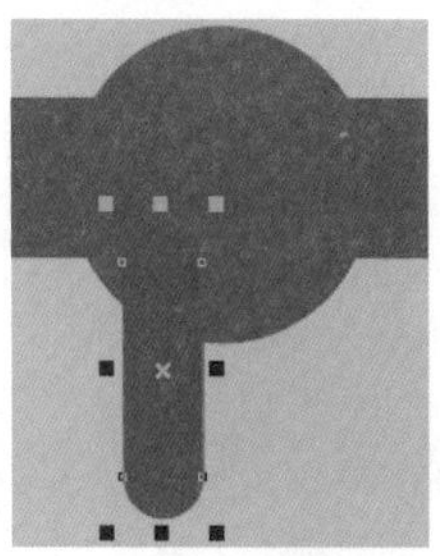
图 3-139

（10）按 Ctrl+PageDown 组合键，将图形向后移一层，效果如图 3-140 所示。按数字键盘上的 + 键，复制图形。选择“选择”工具，在按住 Shift 键的同时，水平向右拖曳复制的图形到适当的位置，效果如图 3-141 所示。向下拖曳圆角矩形下边中间的控制手柄到适当的位置，调整其大小，效果如图 3-142 所示。

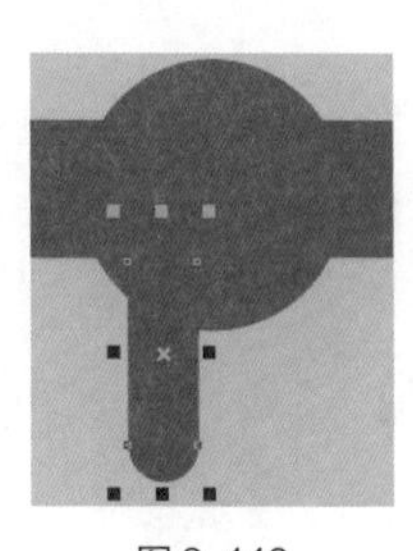
图 3-140

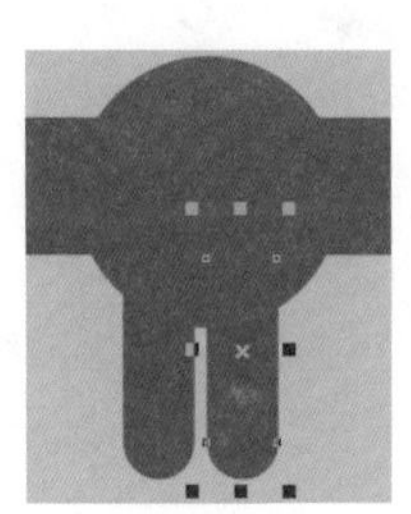
图 3-141

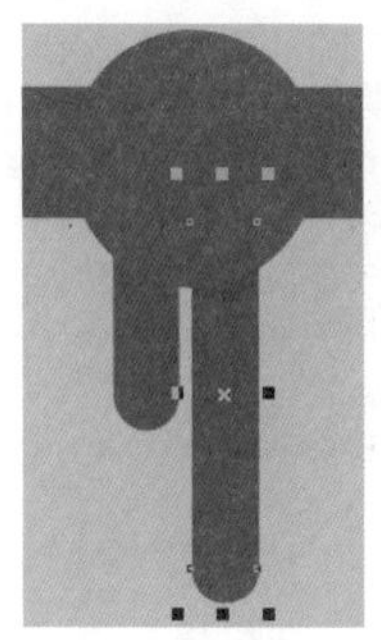
图 3-142

（11）选择“椭圆形”工具，在按住 Ctrl 键的同时，在适当的位置绘制一个圆形。设置图形颜色的 CMYK 值为 7、100、78、0，填充图形，并去除图形的轮廓线，效果如图 3-143 所示。

（12）按数字键盘上的 + 键，复制圆形。选择“选择”工具，在按住 Shift 键的同时，拖曳右上角的控制手柄，向中心等比例缩小圆形，效果如图 3-144 所示。设置图形颜色的 CMYK 值为 86、82、42、6，填充图形，效果如图 3-145 所示。

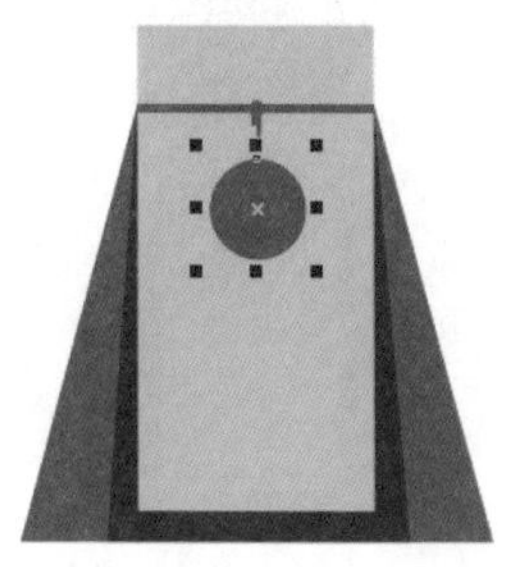
图 3-143

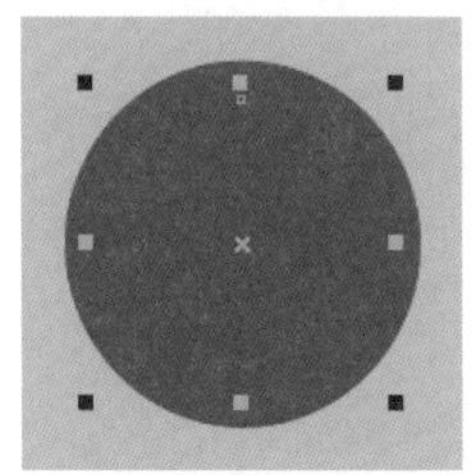
图 3-144

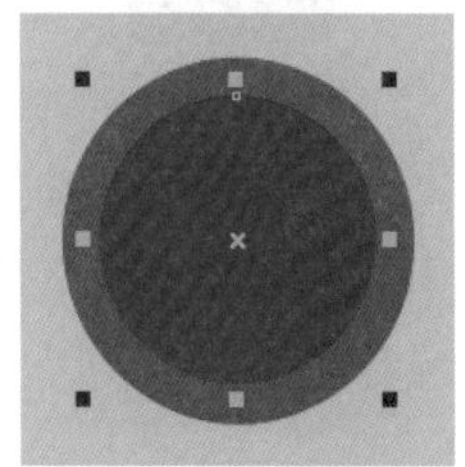
图 3-145

（13）选择“网状填充”工具，在圆形的中心位置单击添加网格，如图 3-146 所示。选择“窗口 > 泊坞窗 > 彩色”命令，弹出“颜色”泊坞窗，设置如图 3-147 所示。单击“填充”按钮，效果如图 3-148 所示。选择“椭圆形”工具，在按住 Shift+Ctrl 组合键的同时，以大圆中心为圆心绘制一个圆形，如图 3-149 所示。

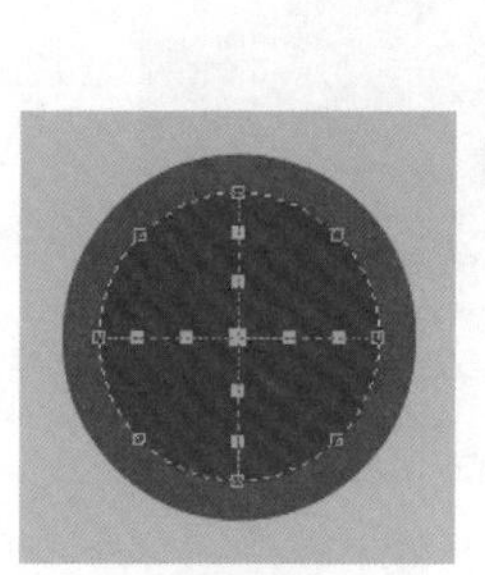

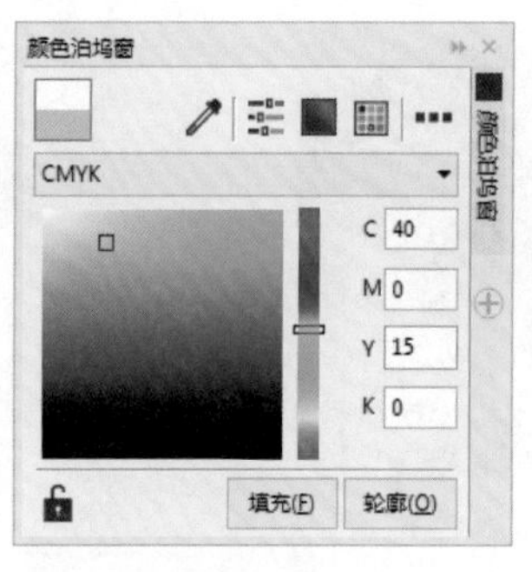

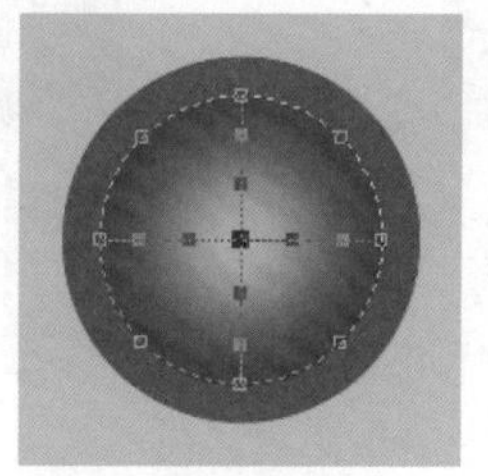

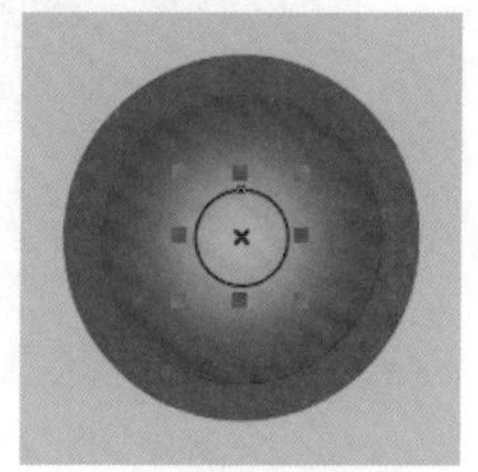

图 3-146　图 3-147　图 3-148　图 3-149

（14）按 Shift+F11 组合键，弹出“编辑填充”对话框。单击“PostScript 填充”按钮，切换到相应的面板中，选取需要的 PostScript 底纹样式，其他选项的设置如图 3-150 所示。单击“确定”按钮，填充图形，并去除图形的轮廓线，效果如图 3-151 所示。

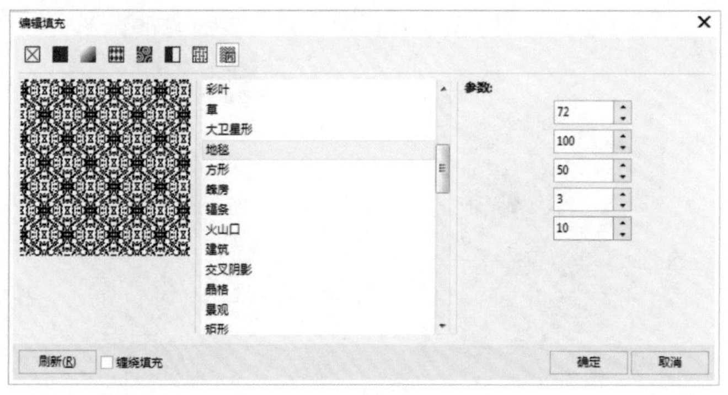

图 3-150

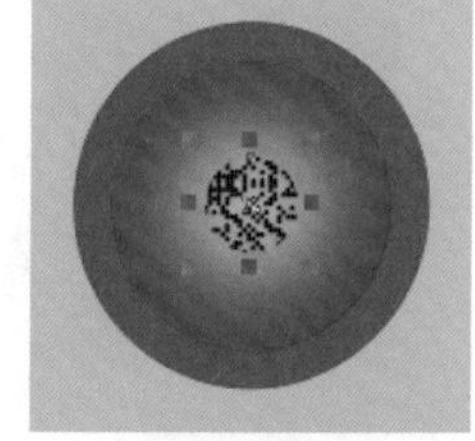

图 3-151

（15）选择“矩形”工具，在适当的位置绘制一个矩形。填充图形为黑色，并去除图形的轮廓线，效果如图 3-152 所示。在属性栏中将“转角半径”选项设为 40 mm，如图 3-153 所示。按 Enter 键，效果如图 3-154 所示。

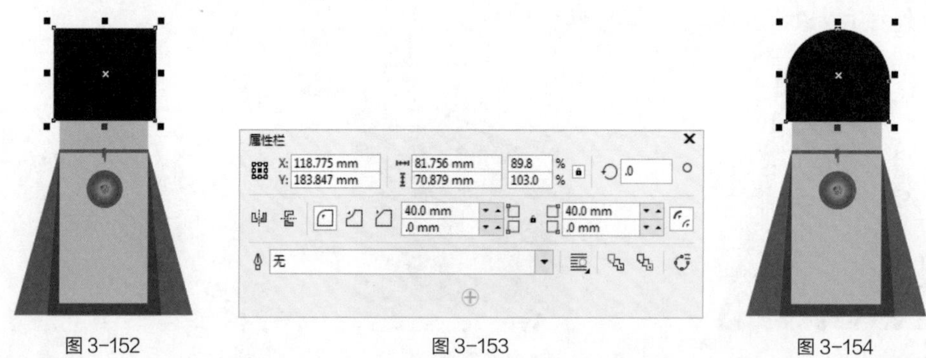

图 3-152　图 3-153　图 3-154

（16）选择“贝塞尔”工具，在适当的位置分别绘制不规则图形，如图 3-155 所示。选择“选择”工具，在按住 Shift 键的同时，将绘制的图形同时选取。设置图形颜色的 CMYK 值为 44、0、15、0，填充图形，并去除图形的轮廓线，效果如图 3-156 所示。

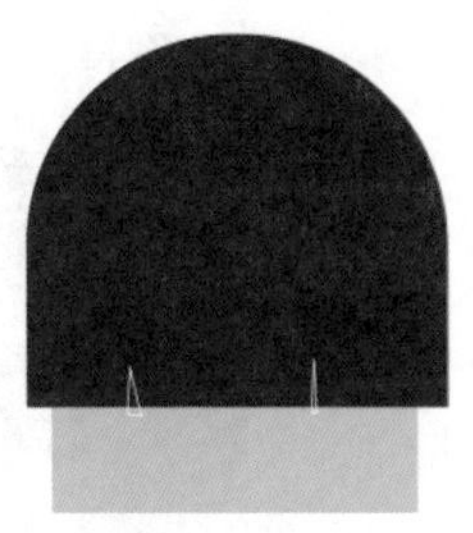

图 3-155

图 3-156

（17）选择“2 点线”工具，在按住 Ctrl 键的同时，在适当的位置绘制一条竖线，如图 3-157 所示。按 F12 键，弹出“轮廓笔”对话框。在“颜色”选项中设置轮廓线颜色的 CMYK 值为 0、0、0、100，其他选项的设置如图 3-158 所示。单击“确定”按钮，效果如图 3-159 所示。

图 3-157

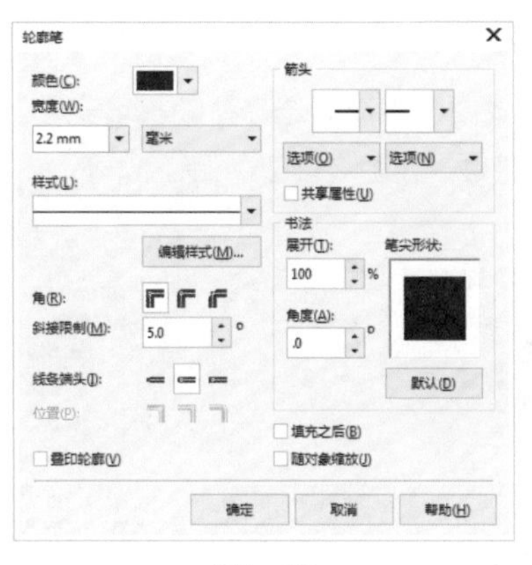

图 3-158

图 3-159

（18）按数字键盘上的 + 键，复制竖线。选择“选择”工具，在按住 Shift 键的同时，水平向右拖曳复制的竖线到适当的位置，效果如图 3-160 所示。选择“贝塞尔”工具，在适当的位置绘制一条曲线，如图 3-161 所示。

（19）选择“属性滴管”工具，将鼠标指针放置在左侧竖线上，指针变为图标，如图 3-162 所示。在图形上单击鼠标吸取属性，指针变为图标，在曲线上单击鼠标左键，填充图形，效果如图 3-163 所示。

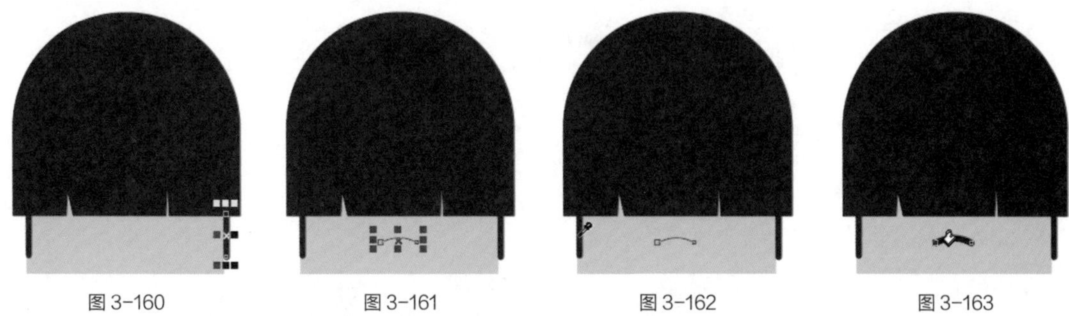

图 3-160　　图 3-161　　图 3-162　　图 3-163

（20）选择“选择”工具，用圈选的方法将所绘制的图形全部选取。按 Ctrl+G 组合键，将其群组，拖曳群组图形到页面中适当的位置，效果如图 3-164 所示。

（21）选择“对象 > PowerClip > 置于图文框内部”命令，鼠标指针变为黑色箭头，如图 3-165

所示。在圆形背景上单击，将图形置入圆形背景中，如图 3-166 所示。T 恤图案绘制完成。

图 3-164

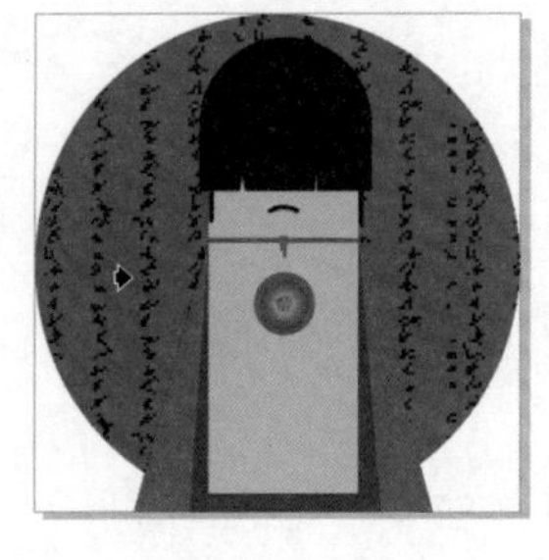
图 3-165

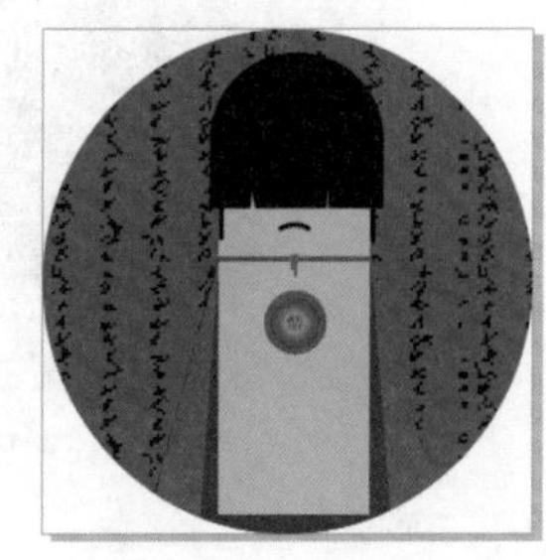
图 3-166

3.2.4 【相关工具】

1．图样填充

向量图样填充由矢量和线描式图像生成。选择“编辑填充”工具，在弹出的“编辑填充”对话框中单击“向量图样填充”按钮，如图 3-167 所示。

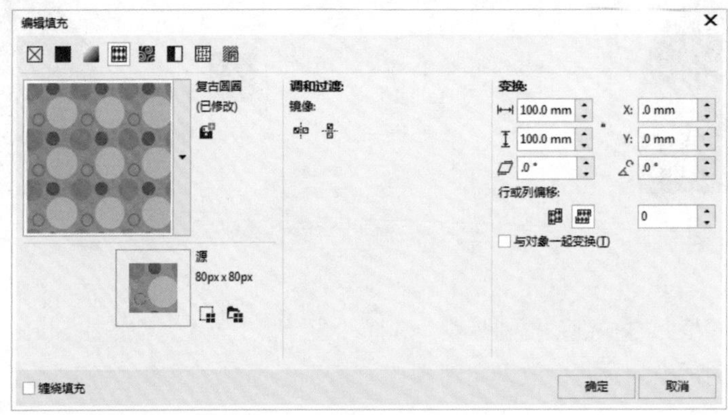

图 3-167

位图图样填充是使用位图图片进行填充。选择“编辑填充”工具，在弹出的“编辑填充”对话框中单击“位图图样填充”按钮，如图 3-168 所示。

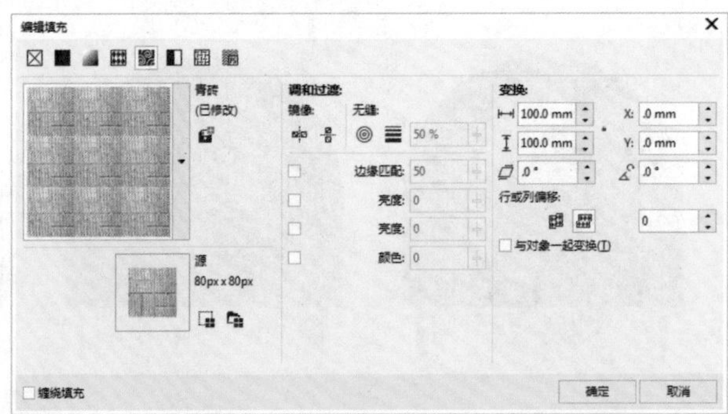

图 3-168

双色图样填充是用两种颜色构成的图案来填充，也就是通过设置前景色和背景色的颜色来填充。选择“编辑填充”工具，在弹出的“编辑填充”对话框中单击“双色图样填充”按钮，如图 3-169 所示。

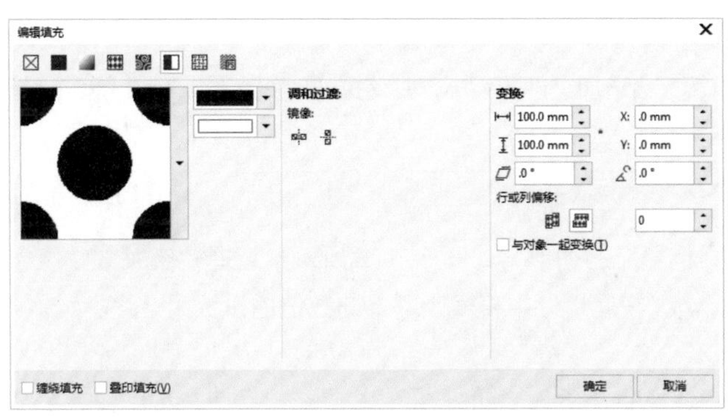

图 3-169

2. 底纹填充

选择“编辑填充”工具，弹出“编辑填充”对话框，单击“底纹填充”按钮。在对话框中，CorelDRAW X8 的底纹库提供了多个样本组和几百种预设的底纹填充图案，如图 3-170 所示。

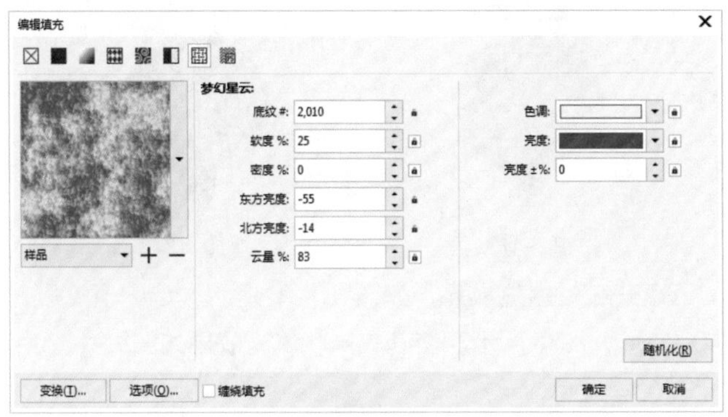

图 3-170

在对话框中的“底纹库”选项的下拉列表中可以选择不同的样本组。CorelDRAW X8 底纹库提供了 7 个样本组。选择样本组后，在上面的“预览”框中将显示底纹的效果，单击“预览”框右侧的按钮，在弹出的面板中可以选择需要的底纹图案。

绘制一个图形，在“底纹库”选项的下拉列表中选择需要的样本后，单击“预览”框右侧的按钮，在弹出的面板中选择需要的底纹效果，单击“确定”按钮，可以将底纹填充到图形对象中。几个填充了不同底纹的图形效果如图 3-171 所示。

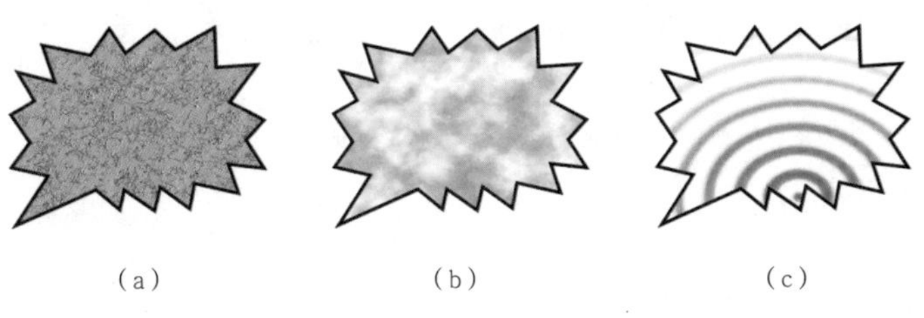

图 3-171

选择“交互式填充”工具，在属性栏中选择“底纹填充”选项，单击“填充挑选器”选项右侧的按钮，在弹出的下拉列表中可以选择底纹填充的样式。

底纹填充会增加文件的大小，并使操作时间增长，在对大型的图形对象使用底纹填充时要慎重。

3. 网状填充

绘制一个要进行网状填充的图形，如图 3-172 所示。选择“交互式填充”工具展开式工具栏中的“网状填充”工具，在属性栏中将横竖网格的数值均设置为 3，按 Enter 键，图形的网状填充效果如图 3-173 所示。

单击选中网格中需要填充的节点，如图 3-174 所示。在调色板中需要的颜色上单击鼠标左键，可以为选中的节点填充颜色，效果如图 3-175 所示。

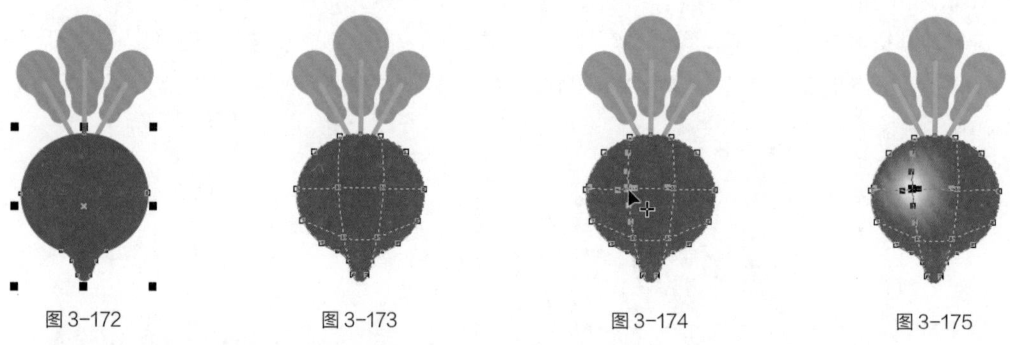

图 3-172　图 3-173　图 3-174　图 3-175

再依次选中需要的节点并进行颜色填充，如图 3-176 所示。选中节点后，拖曳节点的控制点可以扭曲颜色填充的方向，如图 3-177 所示。交互式网状填充效果如图 3-178 所示。

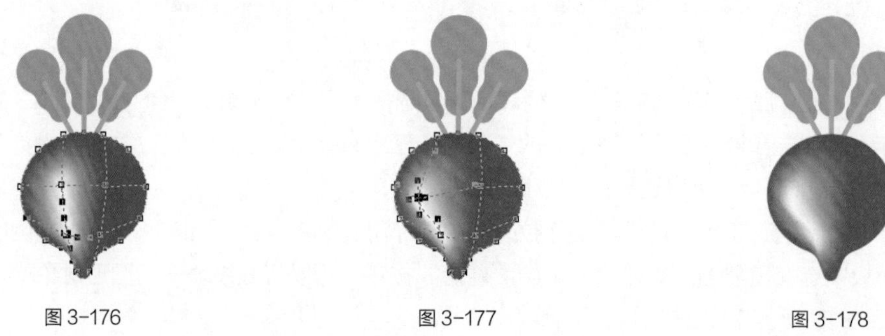

图 3-176　图 3-177　图 3-178

3.2.5 【实战演练】绘制蔬菜插画

3.2.5实战演练

绘制蔬菜插画1

绘制蔬菜插画2

绘制蔬菜插画3

3.3 综合演练——绘制家电 App 引导页插画

3.3综合演练

绘制家电App
引导页插画1

绘制家电App
引导页插画2

3.4 综合演练——绘制旅游插画

3.4综合演练

绘制旅游
插画1

绘制旅游
插画2

04 第 4 章 书籍封面设计

精美的书籍装帧设计可以使读者感受愉悦。书籍装帧设计又包括开本设计、封面设计、版本设计等内容。本章以制作不同类别书籍封面为例，介绍书籍封面的设计方法和制作技巧。

知识目标

- 了解书籍封面的设计思路
- 熟练掌握书籍封面的制作方法和技巧

能力目标

- 掌握美食图书封面的制作方法
- 掌握极限运动图书封面的制作方法
- 掌握旅游图书封面的制作方法
- 掌握茶鉴赏图书封面的制作方法
- 掌握花卉图书封面的制作方法

素质目标

- 培养收集和整合资源的能力
- 培养项目的流程管理和实施能力
- 培养能够科学解决问题的能力

4.1 制作美食图书封面

4.1.1 【案例分析】

本案例是为美食图书制作封面，图书的内容是面包烘焙，要求封面以面包图片为主要内容，合理搭配文字，使本书看起来更具吸引力。

4.1.2 【设计理念】

制作时，封面以面包烘焙图片为主，体现出本书主题；图片使用实景照片，增加画面的丰富感、真实感；通过对图文的排版设计表现出书籍时尚感、高端感，最终效果如图 4-1 所示（参看云盘中的“Ch04 > 效果 > 制作美食图书封面 .cdr”）。

图 4-1

制作美食图书封面1

制作美食图书封面2

4.1.3 【操作步骤】

1. 制作封面

（1）打开 CorelDRAW X8，按 Ctrl+N 组合键，弹出“创建新文档”对话框。设置文档的宽度为 440 mm，高度为 285 mm，取向为横向，原色模式为 CMYK，渲染分辨率为 300 dpi。单击“确定”按钮，创建一个文档。

（2）按 Ctrl+J 组合键，弹出“选项”对话框。选择“文档 > 页面尺寸”选项，在“出血”框中设置数值为 3.0，勾选“显示出血区域”复选框，如图 4-2 所示。单击“确定”按钮，页面效果如图 4-3 所示。

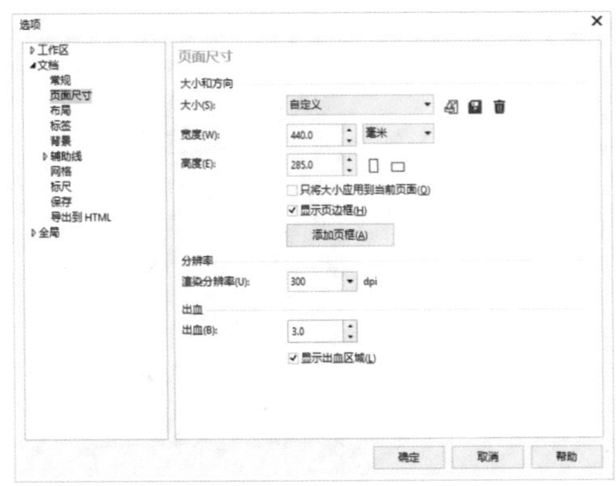

图 4-2

图 4-3

（3）选择“视图 > 标尺”命令，在视图中显示标尺。选择“选择”工具，在左侧标尺中拖曳一条垂直辅助线，在属性栏中将“X 位置”选项设为 210 mm，按 Enter 键，如图 4-4 所示。用相同的方法，在 230 mm 的位置上添加一条垂直辅助线，在页面空白处单击鼠标，如图 4-5 所示。

图 4-4　　图 4-5

（4）按 Ctrl+I 组合键，弹出“导入”对话框。选择云盘中的“Ch04 > 素材 > 制作美食图书封面 > 01”文件，单击“导入”按钮，在页面中单击导入图片。选择“选择”工具，拖曳图片到适当的位置，效果如图 4-6 所示。

（5）选择“效果 > 调整 > 色度 / 饱和度 / 亮度”命令，在弹出的对话框中进行设置，如图 4-7 所示。单击“确定”按钮，效果如图 4-8 所示。

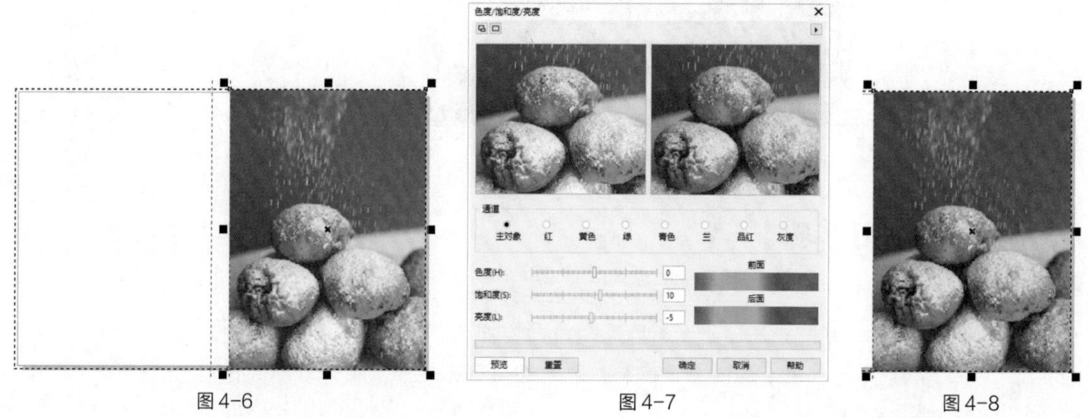

图 4-6　　图 4-7　　图 4-8

（6）选择“效果 > 调整 > 亮度 / 对比度 / 强度”命令，在弹出的对话框中进行设置，如图 4-9 所示。单击“确定”按钮，效果如图 4-10 所示。

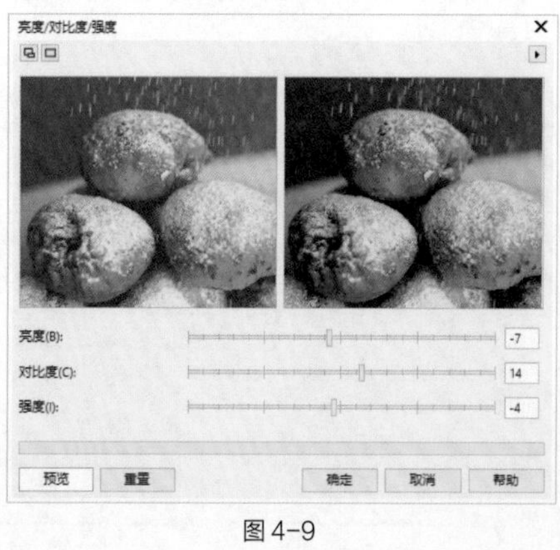

图 4-9

图 4-10

（7）选择“文本”工具字，在封面中分别输入需要的文字。选择“选择”工具，在属性栏中分别选取适当的字体并设置文字大小，填充文字为白色，效果如图 4-11 所示。选取文字“面包师”，选择“文本 > 文本属性”命令，在弹出的“文本属性”泊坞窗中进行设置，如图 4-12 所示。按 Enter 键，效果如图 4-13 所示。

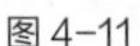
图 4-11

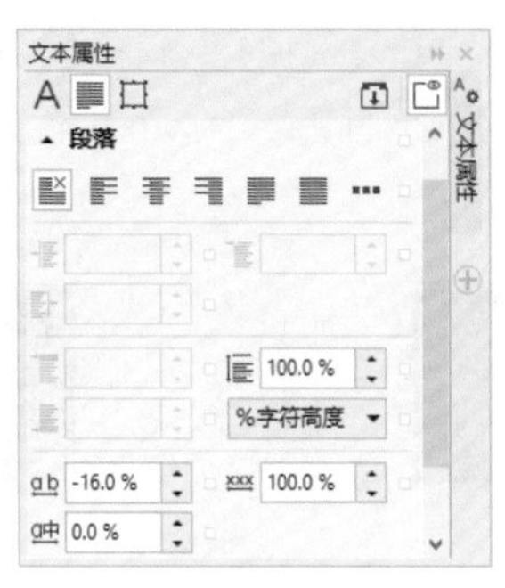

图 4-12

图 4-13

（8）选取文字“烘焙攻略”，在“文本属性”泊坞窗中进行设置，如图 4-14 所示。按 Enter 键，效果如图 4-15 所示。

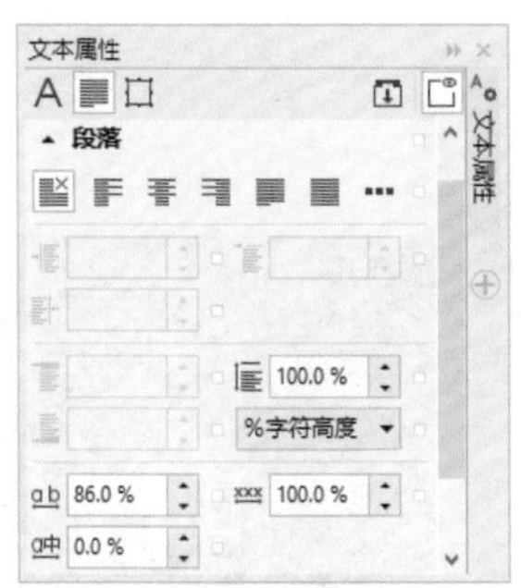

图 4-14

图 4-15

（9）选择“椭圆形”工具，在按住 Ctrl 键的同时，在适当的位置绘制一个圆形，如图 4-16 所示。按数字键盘上的 + 键，复制圆形。选择“选择”工具，在按住 Shift 键的同时，水平向右拖曳复制的圆形到适当的位置，效果如图 4-17 所示。连续按 Ctrl+D 组合键，按需要再复制 2 个圆形，效果如图 4-18 所示。（为了方便读者观看，这里以白色显示。）

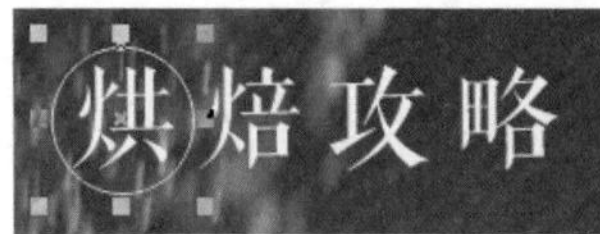

图 4-16

图 4-17

图 4-18

（10）选择“矩形”工具，在适当的位置绘制一个矩形，如图 4-19 所示。选择“选择”工具，在按住 Shift 键的同时，依次单击下方圆形将其同时选取，如图 4-20 所示。单击属性栏中的“合并”按钮，合并图形，如图 4-21 所示。

图 4-19

图 4-20

图 4-21

（11）保持图形的选取状态。设置图形颜色的 CMYK 值为 0、90、100、0，填充图形，并去除图形的轮廓线，效果如图 4-22 所示。按 Ctrl+PageDown 组合键，将图形向后移一层，效果如图 4-23 所示。

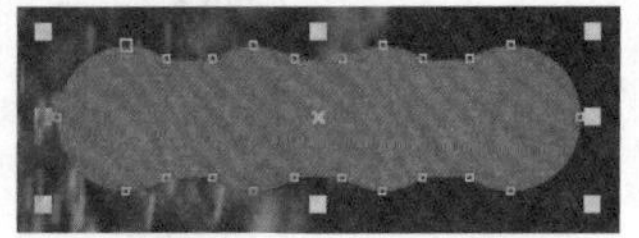

图 4-22

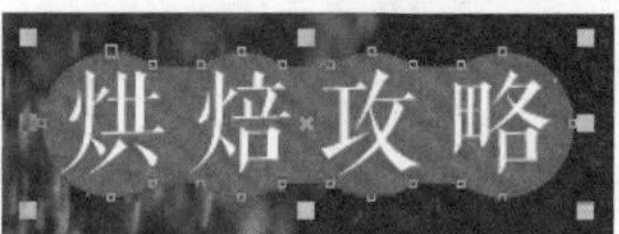

图 4-23

（12）选择“文本”工具，在适当的位置分别输入需要的文字。选择“选择”工具，在属性栏中分别选取适当的字体并设置文字大小，填充文字为白色，效果如图 4-24 所示。选取文字“109 道手工面包”，在“文本属性”泊坞窗中，选项的设置如图 4-25 所示。按 Enter 键，效果如图 4-26 所示。

图 4-24

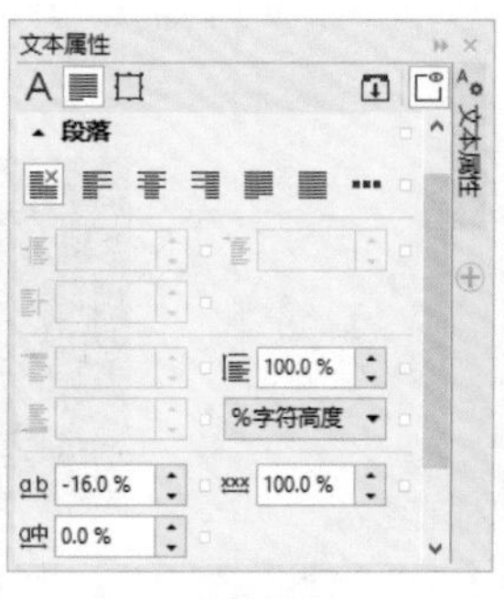

图 4-25

图 4-26

（13）选取右侧需要的文字，单击属性栏中的“文本对齐”按钮，在弹出的下拉列表中选择“右”选项，如图 4-27 所示，文本右对齐效果如图 4-28 所示。选择“文本”工具，在文字“纳”右侧单击插入光标，如图 4-29 所示。

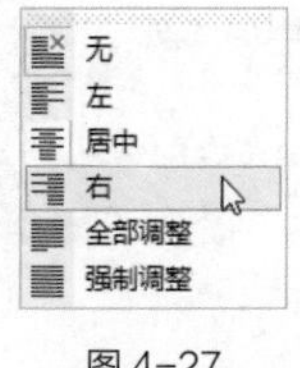

图 4-27

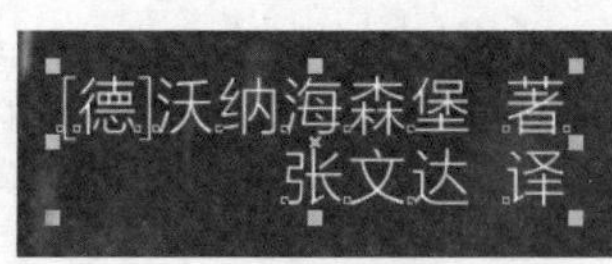

图 4-28

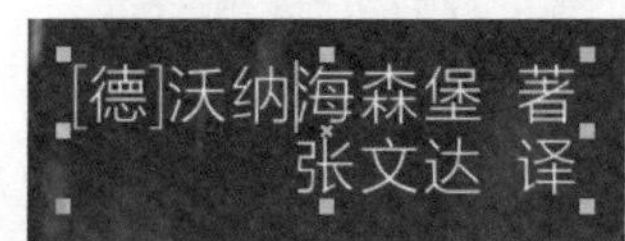

图 4-29

（14）选择“文本 > 插入字符”命令，弹出“插入字符”泊坞窗，在泊坞窗中按需要进行设置并选择需要的字符，如图 4-30 所示。双击选取的字符。插入字符，效果如图 4-31 所示。

图 4-30

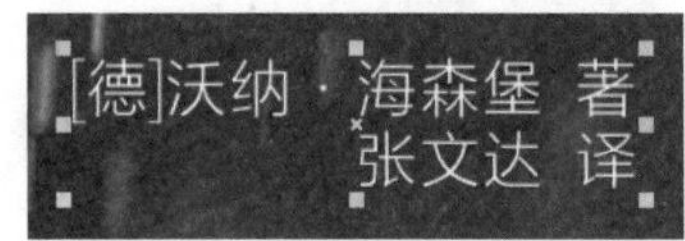

图 4-31

（15）选择“手绘”工具，在按住 Ctrl 键的同时，在适当的位置绘制一条直线，效果如图 4-32 所示。按 F12 键，弹出“轮廓笔”对话框，在“颜色”选项中设置轮廓线颜色为白色，其他选项的设置如图 4-33 所示。单击“确定”按钮，效果如图 4-34 所示。

图 4-32

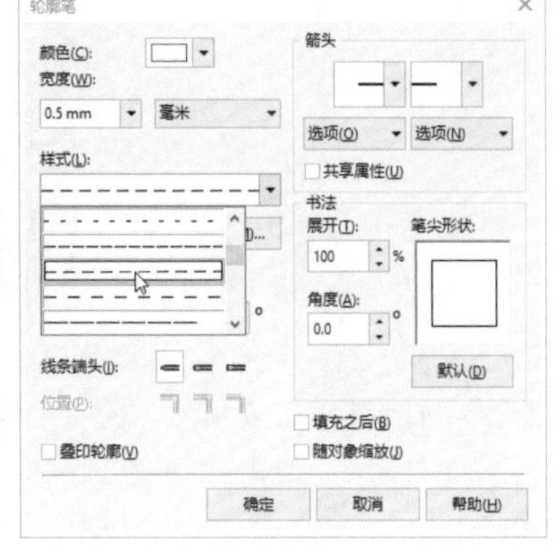

图 4-33

图 4-34

（16）选择“矩形”工具，在适当的位置绘制一个矩形，如图 4-35 所示。在属性栏中将“转角半径”选项均设为 8.0 mm，如图 4-36 所示。按 Enter 键，效果如图 4-37 所示。

图 4-35

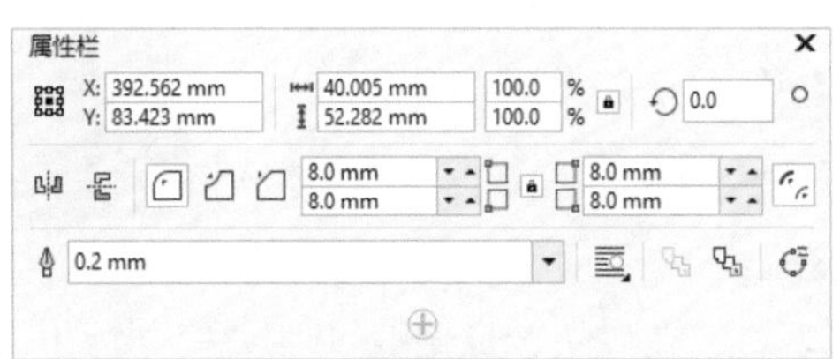

图 4-36

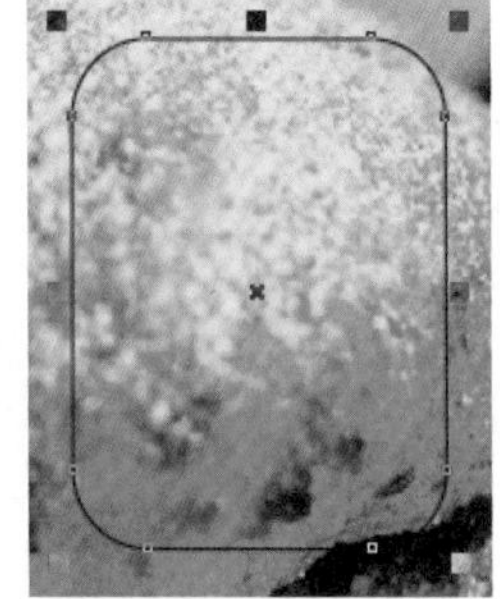

图 4-37

（17）选择“椭圆形”工具，在适当的位置绘制一个椭圆形，如图 4-38 所示。选择“选择”工具，在按住 Shift 键的同时，单击下方圆角矩形将其同时选取，如图 4-39 所示。单击属性栏中的“合并”按钮，合并图形，如图 4-40 所示。

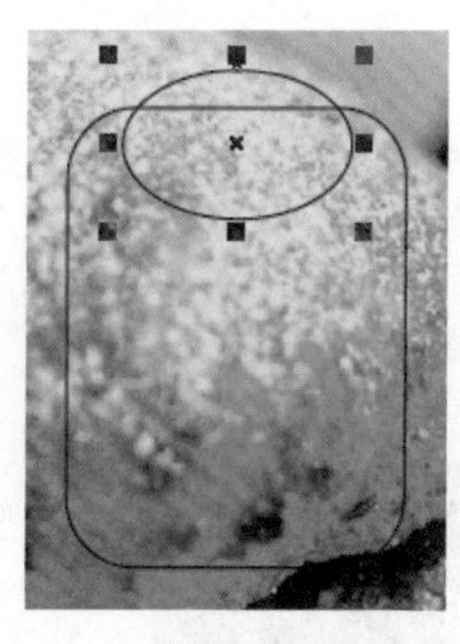

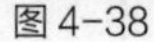
图 4-38

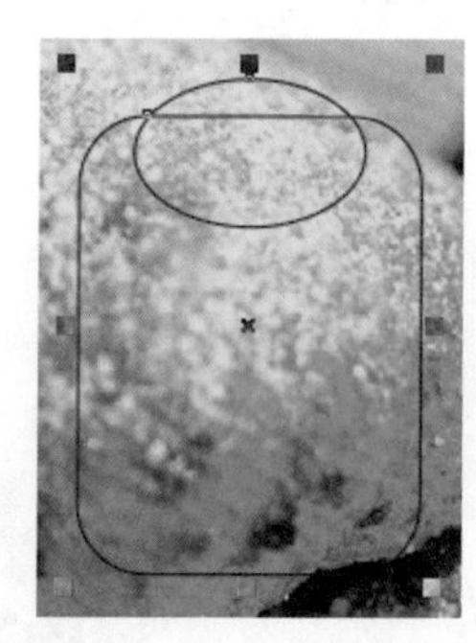
图 4-39

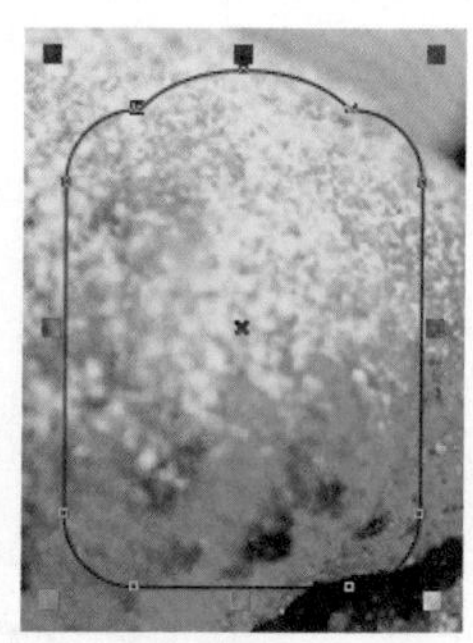
图 4-40

（18）按 Alt+F9 组合键，弹出“变换”泊坞窗，选项的设置如图 4-41 所示。再单击 应用 按钮，缩小并复制图形，效果如图 4-42 所示。

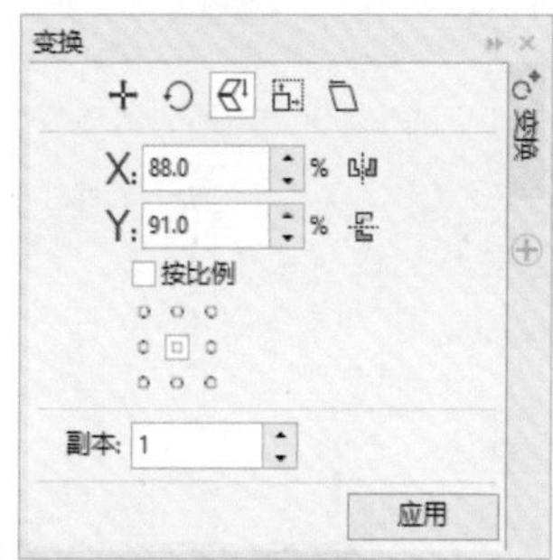

图 4-41

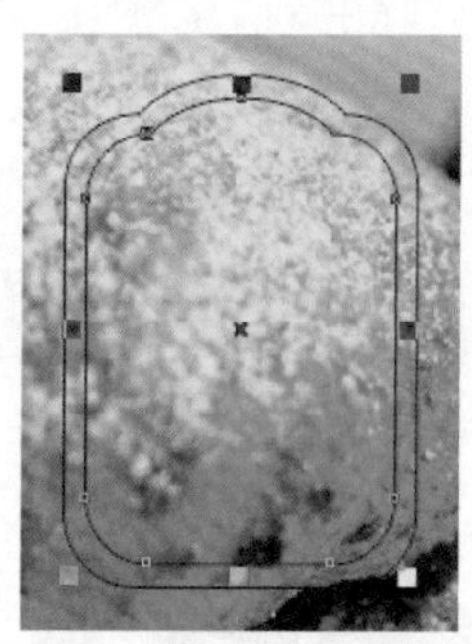
图 4-42

（19）按 F12 键，弹出“轮廓笔”对话框，在“颜色”选项中设置轮廓线颜色的 CMYK 值为 0、90、100、0，其他选项的设置如图 4-43 所示。单击“确定”按钮，效果如图 4-44 所示。

图 4-43

图 4-44

（20）选择“椭圆形”工具，在按住 Ctrl 键的同时，在适当的位置绘制一个圆形，如图 4-45 所示。选择“选择”工具，在按住 Shift 键的同时，单击后方需要的图形将其同时选取，如图 4-46 所示。单击属性栏中的“移除前面对象”按钮，将两个图形剪切为一个图形，效果如图 4-47 所示。填充图形为白色，并去除图形的轮廓线，效果如图 4-48 所示。

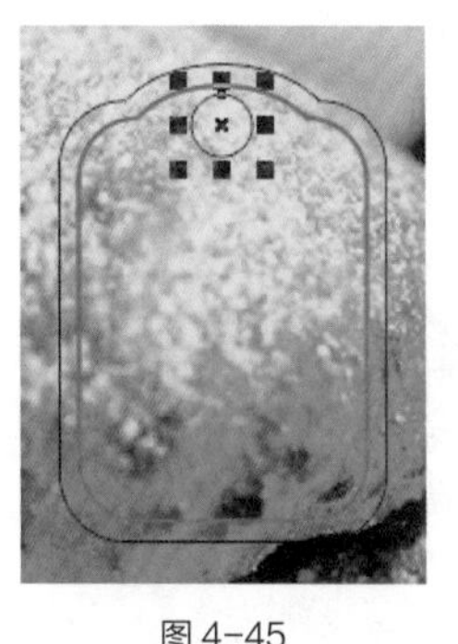
图 4-45

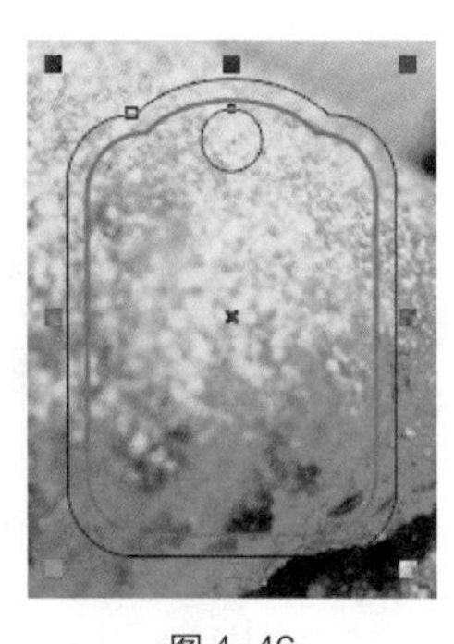
图 4-46

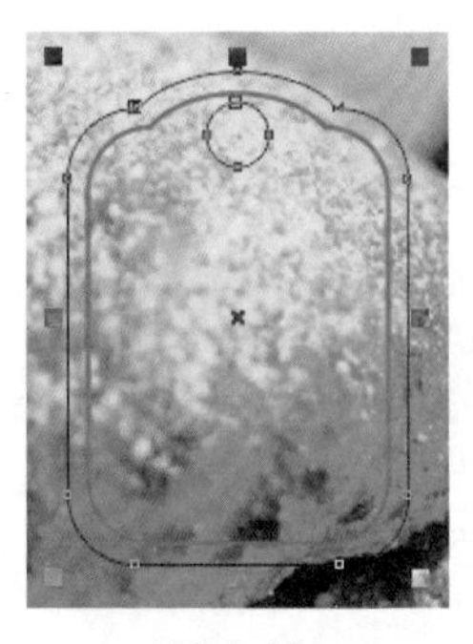
图 4-47

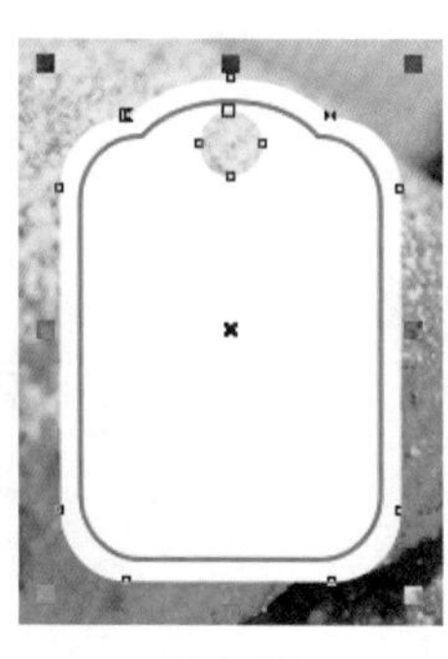
图 4-48

（21）选择“贝塞尔”工具，在适当的位置绘制一条曲线，如图 4-49 所示。选择“属性滴管”工具，将鼠标指针放置在下方图形轮廓上，指针变为图标，如图 4-50 所示。在轮廓上单击鼠标吸取属性，指针变为图标，在需要的图形上单击鼠标左键，填充图形，效果如图 4-51 所示。

图 4-49

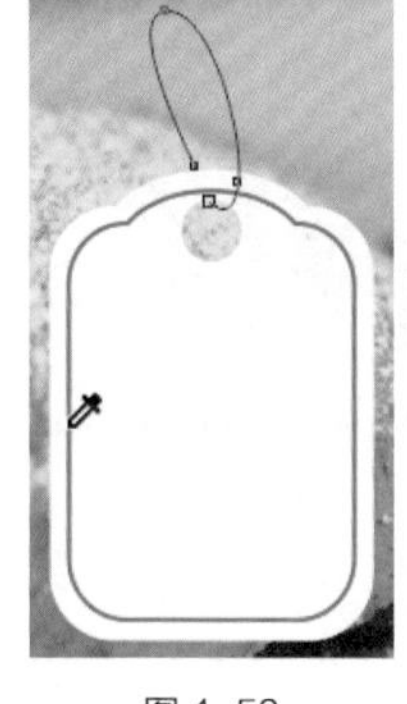
图 4-50

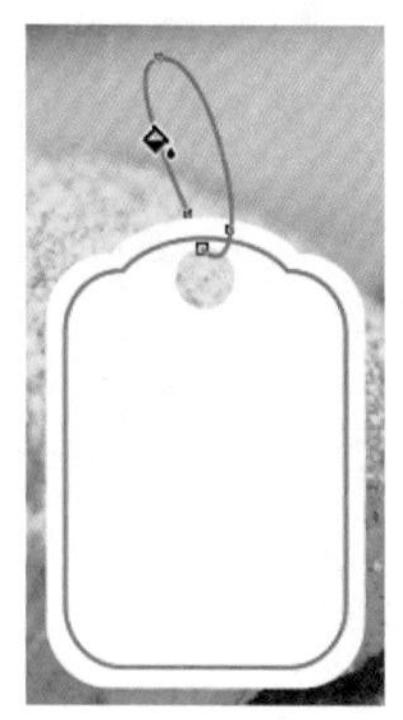
图 4-51

（22）选择“文本”工具，在适当的位置输入需要的文字。选择“选择”工具，在属性栏中选取适当的字体并设置文字大小，效果如图 4-52 所示。设置文字颜色的 CMYK 值为 65、96、100、62，填充文字，效果如图 4-53 所示。在“文本属性”泊坞窗进行设置，如图 4-54 所示。按 Enter 键，效果如图 4-55 所示。

图 4-52

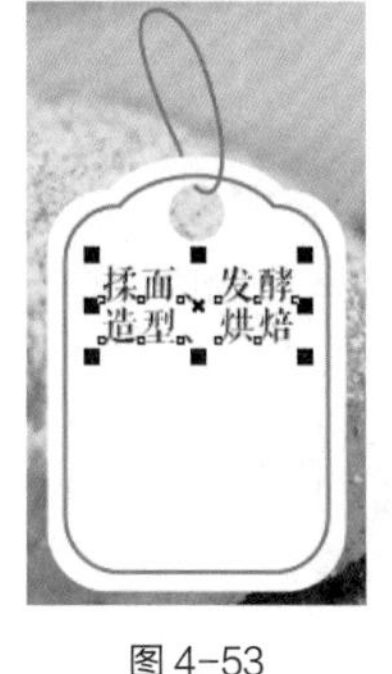

图 4-53

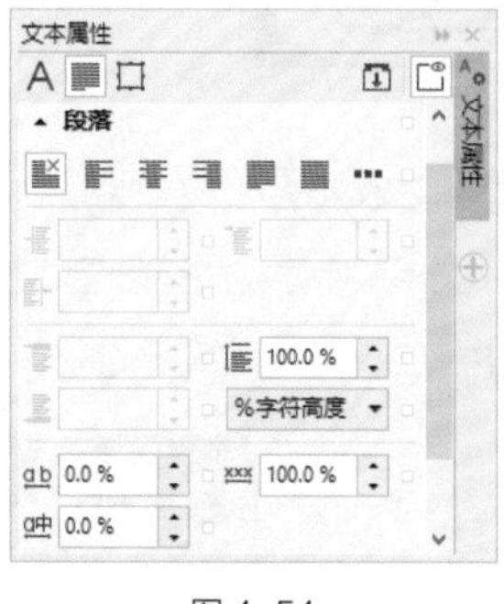

图 4-54

图 4-55

（23）选择“矩形”工具，在适当的位置绘制一个矩形。设置图形颜色的 CMYK 值为 0、90、100、0，填充图形，并去除图形的轮廓线，效果如图 4-56 所示。

（24）选择“文本”工具，在适当的位置分别输入需要的文字。选择“选择”工具，在属性栏中分别选取适当的字体并设置文字大小，填充文字为白色，效果如图 4-57 所示。

图 4-56

图 4-57

（25）选取文字“手工面包”，在“文本属性”泊坞窗进行设置，如图 4-58 所示。按 Enter 键，效果如图 4-59 所示。选择“椭圆形”工具，按住 Ctrl 键的同时，在适当的位置绘制一个圆形，设置轮廓线为白色，效果如图 4-60 所示。

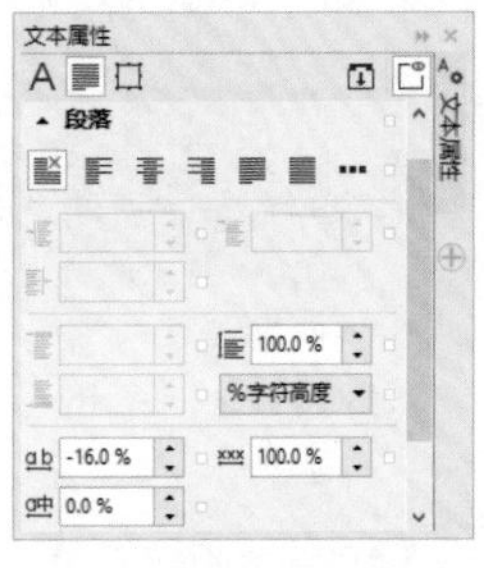

图 4-58

图 4-59

图 4-60

（26）选择“文本”工具，在适当的位置输入需要的文字。选择“选择”工具，在属性栏中选取适当的字体并设置文字大小，效果如图 4-61 所示。设置文字颜色的 CMYK 值为 0、90、100、0，填充文字，效果如图 4-62 所示。

图 4-61

图 4-62

（27）单击属性栏中的“文本对齐”按钮，在弹出的下拉列表中选择“居中”选项，如图 4-63 所示，文本右对齐效果如图 4-64 所示。选择“文本”工具，选取文字“看视频”，在属性栏中设置文字大小，效果如图 4-65 所示。

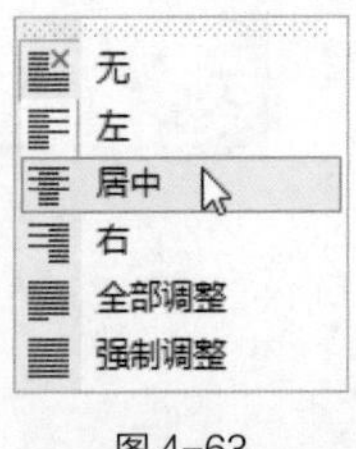

图 4-63

图 4-64

图 4-65

（28）选择“选择”工具，用圈选的方法将图形和文字同时选取，按 Ctrl+G 组合键，将其群组，如图 4-66 所示。在属性栏中的“旋转角度”框中设置数值为 16°。按 Enter 键，效果如图 4-67 所示。

图 4-66

图 4-67

（29）选择“阴影”工具，在图形中由上至下拖曳鼠标指针，为图形添加阴影效果，在属性栏中的设置如图 4-68 所示。按 Enter 键，效果如图 4-69 所示。

（30）选择“文本”工具，在适当的位置输入需要的文字。选择“选择”工具，在属性栏中选取适当的字体并设置文字大小，填充文字为白色，效果如图 4-70 所示。

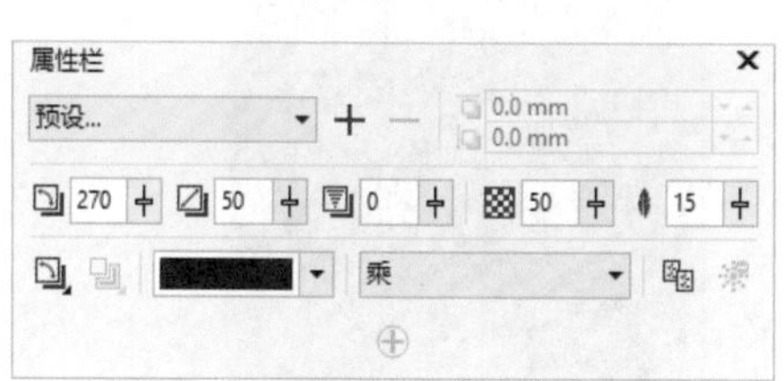

图 4-68

图 4-69

图 4-70

2. 制作封底和书脊

（1）按 Ctrl+I 组合键，弹出“导入”对话框，选择云盘中的“Ch04 > 素材 > 制作美食图书封面 > 02”文件。单击“导入”按钮，在页面中单击导入图片。选择“选择”工具，拖曳图片到适当的位置，效果如图 4-71 所示。

（2）选择“效果 > 调整 > 亮度 / 对比度 / 强度”命令，在弹出的对话框中进行设置，如图 4-72 所示。单击“确定”按钮，效果如图 4-73 所示。

图 4-71

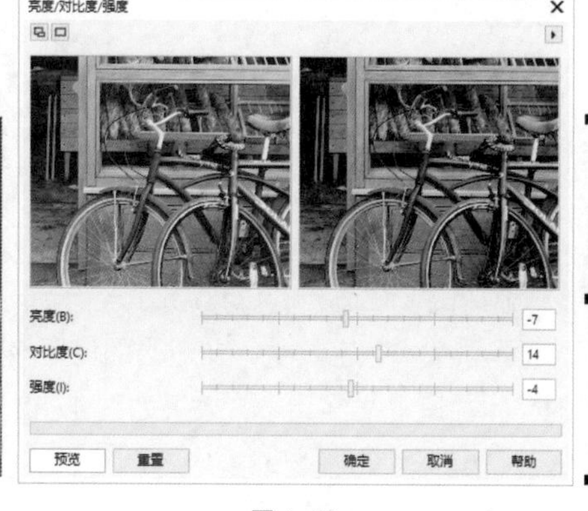

图 4-72

图 4-73

（3）选择“矩形”工具□，在适当的位置绘制一个矩形，填充图形为黑色，并去除图形的轮廓线，如图 4-74 所示。选择“透明度”工具，在属性栏中单击“均匀透明度”按钮，其他选项的设置如图 4-75 所示。按 Enter 键，透明效果如图 4-76 所示。

图 4-74

图 4-75

图 4-76

（4）选择“文本”工具字，在适当的位置拖曳出一个文本框，如图 4-77 所示。在文本框中输入需要的文字，在属性栏中选取适当的字体并设置文字大小，填充文字为白色，效果如图 4-78 所示。

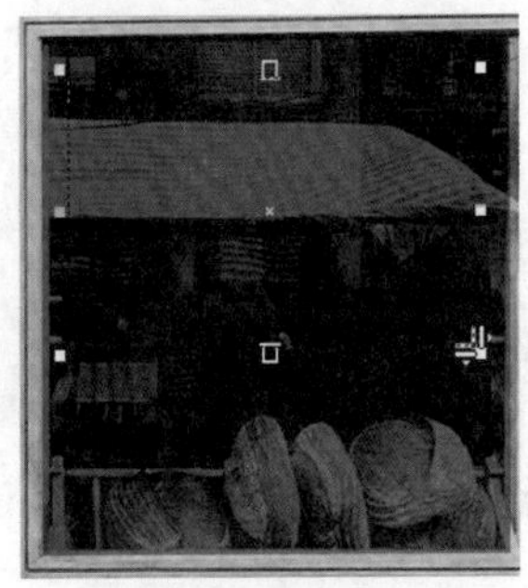
图 4-77

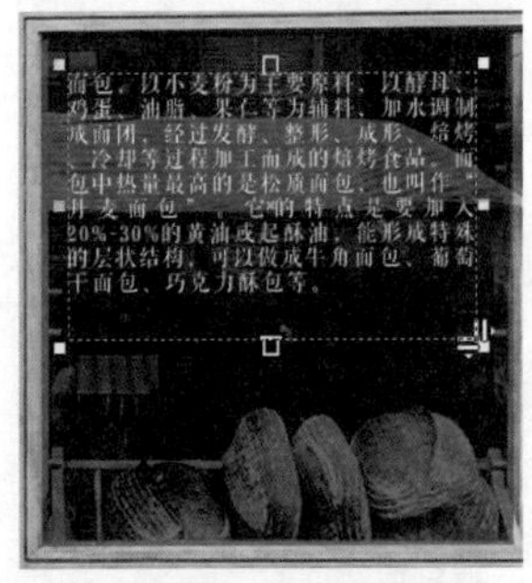
图 4-78

（5）在“文本属性”泊坞窗中，单击“两端对齐”按钮，其他选项的设置如图 4-79 所示。按 Enter 键，效果如图 4-80 所示。

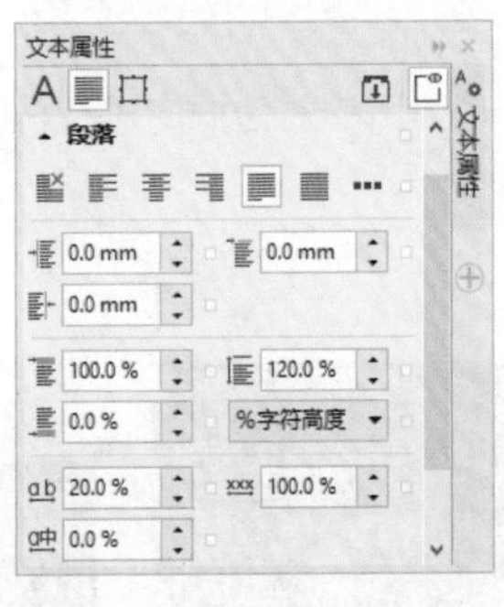

图 4-79

图 4-80

（6）选择“矩形”工具□，在适当的位置绘制一个矩形，填充图形为白色，并去除图形的轮廓线，如图 4-81 所示。选择“文本”工具字，在适当的位置输入需要的文字。选择“选择”工具，在属性栏中选取适当的字体并设置文字大小，效果如图 4-82 所示。

图 4-81

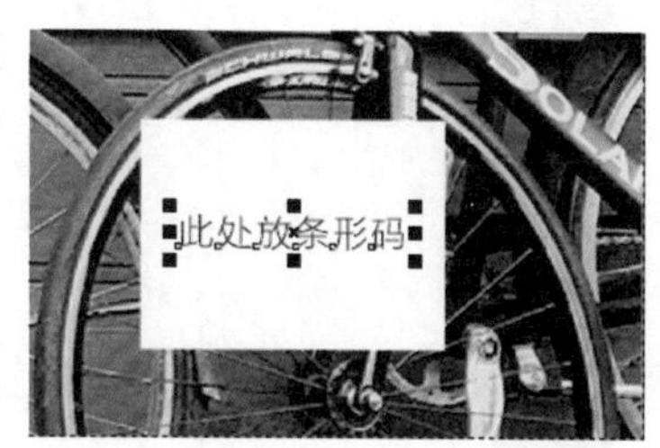

图 4-82

（7）选择“矩形”工具□，在适当的位置绘制一个矩形，如图 4-83 所示。设置图形颜色的 CMYK 值为 0、90、100、0，填充图形，并去除图形的轮廓线，效果如图 4-84 所示。

图 4-83

图 4-84

（8）选择“选择”工具，在封面中选取需要的图形，如图 4-85 所示。按数字键盘上的 + 键，复制图形。向左拖曳复制的图形到书脊中，拖曳右上角的控制手柄，等比例缩小图形。按 Shift+PageUp 组合键，将图形移至图层前面，填充图形为白色，效果如图 4-86 所示。在属性栏中的“旋转角度” .0 °框中设置数值为 -90° 。按 Enter 键，效果如图 4-87 所示。

图 4-85

图 4-86

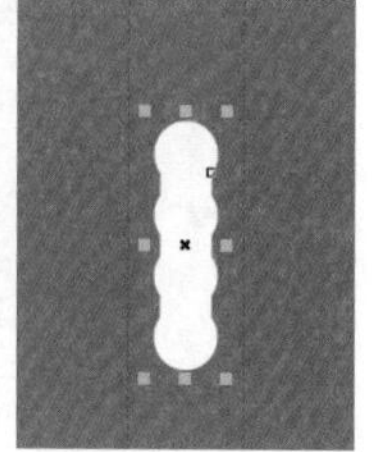

图 4-87

（9）用相同的方法分别复制封面中其他图形和文字到书脊中，填充相应的颜色，效果如图 4-88 所示。美食图书封面制作完成，效果如图 4-89 所示。

图 4-88

图 4-89

4.1.4 【相关工具】

1. 创建文本

CorelDRAW X8 中的文本有两种类型，分别是美术字文本和段落文本。它们在使用方法、应用编辑格式、应用特殊效果等方面有很大的区别。

◎ 输入美术字文本

选择“文本”工具字，在绘图页面中单击鼠标左键，出现“I”形定位符，这时属性栏显示为“文本”属性栏，选择字体，设置字号和字符属性，如图 4-90 所示。设置好后，直接输入美术字文本，效果如图 4-91 所示。

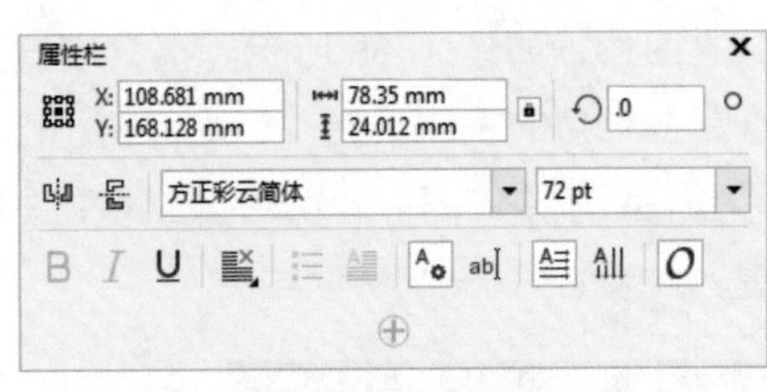

图 4-90

图 4-91

◎ 输入段落文本

选择“文本”工具字，在绘图页面中按住鼠标左键不放，沿对角线拖曳指针，出现一个矩形的文本框，松开鼠标左键，文本框如图 4-92 所示。在属性栏中选择字体，设置字号和字符属性，如图 4-93 所示。设置好后，直接在虚线框中输入段落文本，效果如图 4-94 所示。

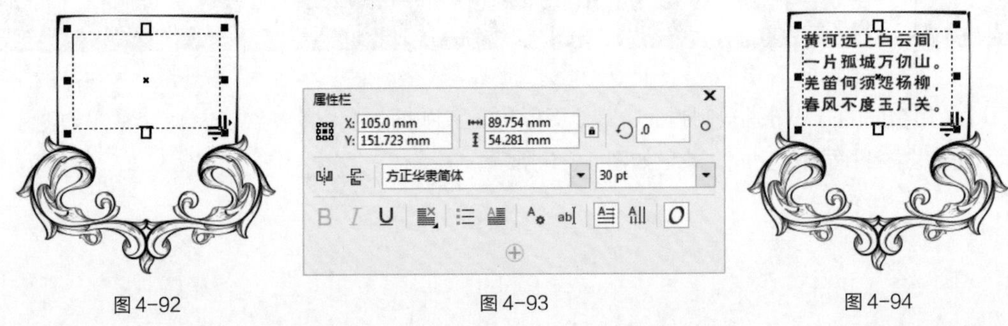

图 4-92　　图 4-93　　图 4-94

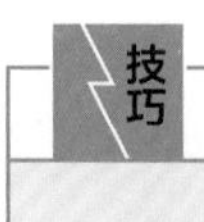

利用“剪切”“复制”和“粘贴”命令，可以将其他文本处理软件（如 Word）中的文本复制到 CorelDRAW X8 的文本框中。

◎ 转换文本模式

使用“选择”工具选中美术字文本，如图 4-95 所示。选择“文本 > 转换为段落文本”命令，或按 Ctrl+F8 组合键，可以将其转换为段落文本，如图 4-96 所示。再次按 Ctrl+F8 组合键，可以将其转换回美术字文本，如图 4-97 所示。

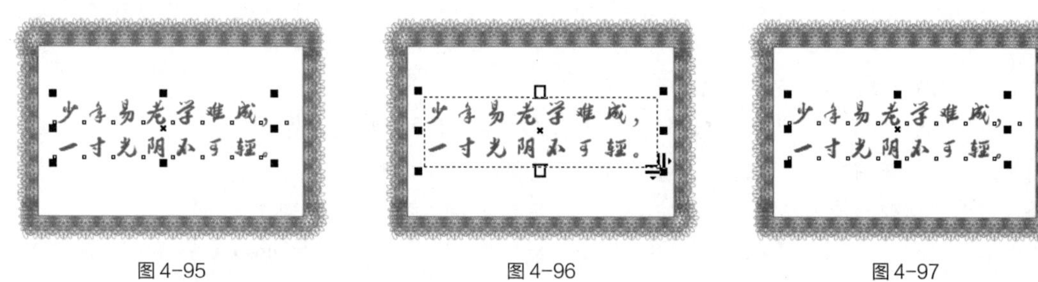

图 4-95　　图 4-96　　图 4-97

当美术字文本转换成段落文本后，它就不是图形对象了，也就不能再进行特殊效果的操作。当段落文本转换成美术字文本后，它会失去段落文本的格式。

2. 导入位图

选择“文件 > 导入”命令，或按 Ctrl+I 组合键，弹出“导入”对话框。在对话框中的“查找范围”列表框中选择需要的文件夹，在文件夹中选中需要的位图文件，如图 4-98 所示。

图 4-98

选中需要的位图文件后，单击“导入”按钮，鼠标指针变为 01.jpg，如图 4-99 所示。在绘图页面中单击鼠标左键，位图被导入到绘图页面中，如图 4-100 所示。

图 4-99

图 4-100

3．转换为位图

CorelDRAW X8 提供了将矢量图转换为位图的功能。下面介绍具体的操作方法。

打开一个矢量图并保持其选取状态，选择“位图 > 转换为位图”命令，弹出“转换为位图”对话框，如图 4-101 所示。其主要选项的功能如下。

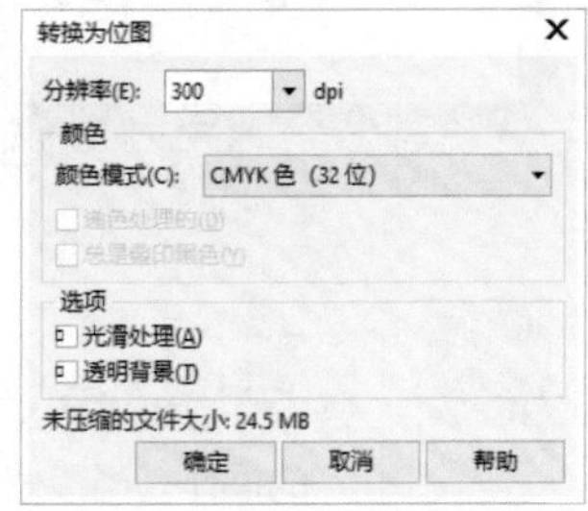

图 4-101

- 分辨率：在弹出的下拉列表中选择要转换为位图的分辨率。
- 颜色模式：在弹出的下拉列表中选择要转换的色彩模式。
- 光滑处理：可以在转换成位图后消除位图的锯齿。
- 透明背景：可以在转换成位图后保留原对象的通透性。

4．调整位图的颜色

在 CorelDRAW X8 中可以对导入的位图进行颜色调整，下面介绍具体的操作方法。

选中导入的位图，选择“效果 > 调整”子菜单下的命令，如图 4-102 所示，在弹出的对话框中可以对位图的颜色进行各种方式的调整。

选择“效果 > 变换”子菜单下的命令，如图 4-103 所示，在弹出的对话框中也可以对位图的颜色进行调整。

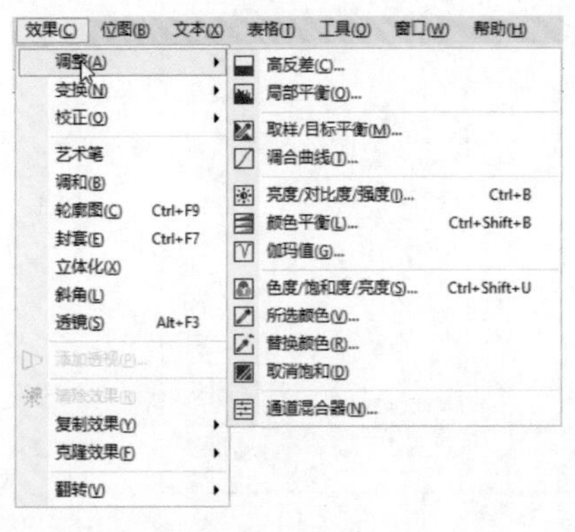

图 4-102

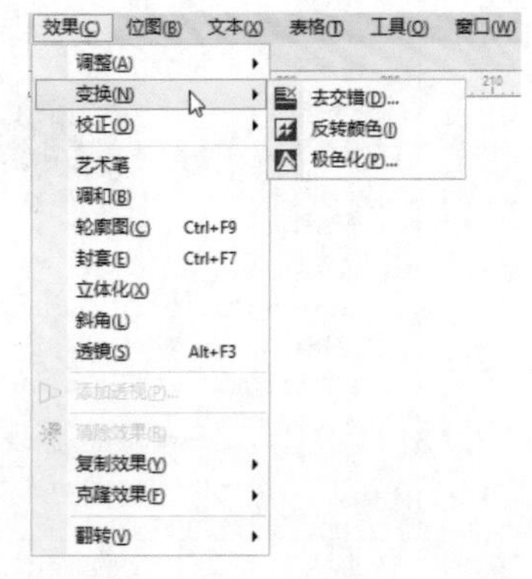

图 4-103

5．位图的色彩模式

导入位图后，选择“位图 > 模式”子菜单下的各种色彩模式，可以转换位图的色彩模式，如图 4-104 所示。不同的色彩模式会以不同的方式对位图的颜色进行分类和显示。

◎ 黑白模式

选中导入的位图，选择“位图 > 模式 > 黑白”命令，弹出“转换为 1 位”对话框，如图 4-105 所示。

在对话框上方的导入位图预览框中单击鼠标左键，可以放大预览图像。单击鼠标右键，可以缩小预览图像。

在对话框的“转换方法”列表框上单击，弹出下拉列表，可以在下拉列表中选择其他的转换方法。拖曳“选项”设置区中的“强度”滑块，可以设置转换的强度。

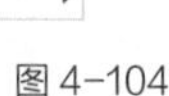
图 4-104

图 4-105

在“转换方法”下拉列表中选择不同的转换方法，可以使黑白位图产生不同的效果。设置完毕后，单击“预览”按钮，可以预览设置的效果。单击“确定”按钮，各种效果如图 4-106 所示。

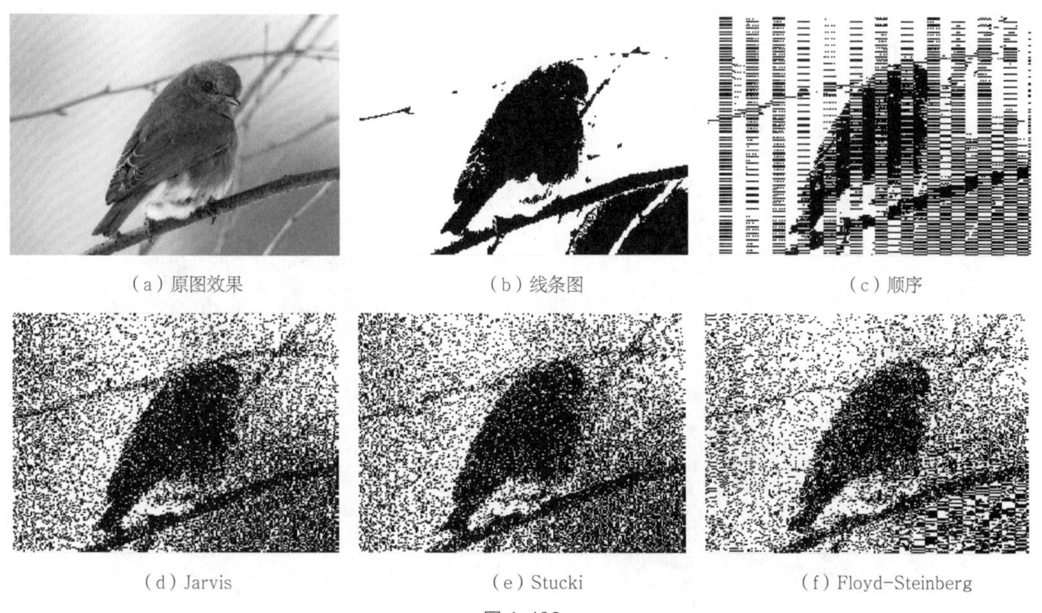

（a）原图效果　（b）线条图　（c）顺序

（d）Jarvis　（e）Stucki　（f）Floyd-Steinberg

图 4-106

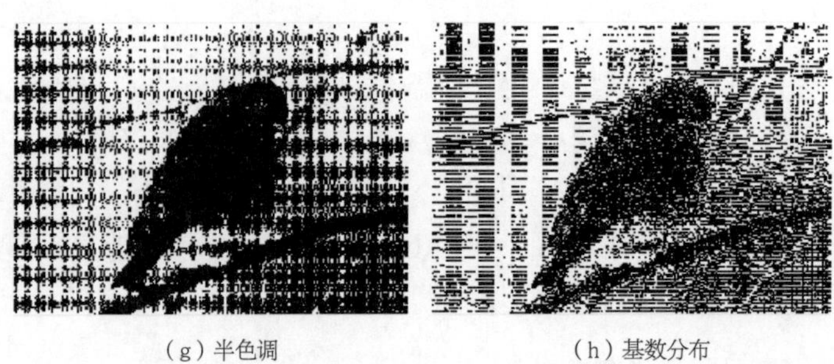

（g）半色调　　（h）基数分布

图 4-106（续）

提示

“黑白”模式只能用 1bit 的位分辨率来记录它的每一个像素，而且只能显示黑白两色，所以是最简单的位图模式。

◎ 灰度模式

选中导入的位图，如图 4-107 所示。选择“位图 > 模式 > 灰度”命令，位图将转换为 256 灰度模式，如图 4-108 所示。

图 4-107

图 4-108

位图转换为 256 灰度模式后，效果和黑白照片的效果类似，位图被不同灰度填充并失去了所有的颜色。

◎ 双色模式

选中导入的位图，如图 4-109 所示。选择“位图 > 模式 > 双色”命令，弹出“双色调”对话框，如图 4-110 所示。

图 4-109

图 4-110

在对话框的“类型”列表框上单击，弹出下拉列表，可以在下拉列表中选择其他的色调模式。

单击“装入”按钮，在弹出的对话框中可以将原来保存的双色调效果载入。单击“保存”按钮，在弹出的对话框中可以将设置好的双色调效果保存。

拖曳右侧显示框中的曲线，可以设置双色调的色阶变化。

在双色调的色标 PANTONE Process Yellow C 上双击，如图 4-111 所示，弹出“选择颜色”对话框。在“选择颜色”对话框中选择要替换的颜色，如图 4-112 所示。单击“确定”按钮，将双色调的颜色替换，如图 4-113 所示。

设置完毕后，单击“预览”按钮，可以预览双色调设置的效果。单击“确定”按钮，双色调位图的效果如图 4-114 所示。

图 4-111

图 4-112

图 4-113

图 4-114

4.1.5 【实战演练】制作极限运动图书封面

4.1.5实战演练

制作极限运动图书封面

4.2 制作旅游图书封面

4.2.1 【案例分析】

本案例是为旅游图书制作封面。现今的旅游类图书品种繁多，要想在众多的同类图书中脱颖而出，封面的设计至关重要，一定要有亮点，特色鲜明。

4.2.2 【设计理念】

制作时，封面整体以实景图为背景，舍弃其他繁杂的装饰，突出主体；使用简单的文字变化，使读者的视线都集中在书名上；在封底的设计上使用文字和图形组合的方式，丰富版面，最终效果如图 4-115 所示（参看云盘中的“Ch04 > 效果 > 制作旅游图书封面 .cdr”）。

图 4-115

制作旅游图书封面1

制作旅游图书封面2

4.2.3 【操作步骤】

1. 制作封面

（1）打开 CorelDRAW X8，按 Ctrl+N 组合键，弹出“创建新文档”对话框。设置文档的宽度为 378 mm，高度为 260 mm，取向为横向，原色模式为 CMYK，渲染分辨率为 300 dpi。单击“确定”按钮，创建一个文档。

（2）按 Ctrl+J 组合键，弹出“选项”对话框。选择“文档 > 页面尺寸”选项，在“出血”框中设置数值为 3.0，勾选“显示出血区域”复选框，如图 4-116 所示。单击“确定”按钮，页面效果如图 4-117 所示。

（3）选择“视图 > 标尺”命令，在视图中显示标尺。选择“选择”工具，在左侧标尺中拖曳一条垂直辅助线，在属性栏中将“X 位置”选项设为 184 mm，按 Enter 键。用相同的方法，在 194 mm 的位置上添加一条垂直辅助线，在页面空白处单击鼠标，如图 4-118 所示。

（4）按 Ctrl+I 组合键，弹出“导入”对话框。选择云盘中的“Ch04 > 素材 > 制作旅游图书封面 > 01”文件，单击“导入”按钮，在页面中单击导入图片。按 P 键，图片在页面中居中对齐，效果如图 4-119 所示。

图 4-116

图 4-117

图 4-118

图 4-119

（5）选择“文本”工具字，在页面中分别输入需要的文字。选择“选择”工具，在属性栏中选取适当的字体并设置文字大小，填充文字为白色，效果如图 4-120 所示。

（6）选择“文本”工具字，在适当的位置输入需要的文字。选择“选择”工具，在属性栏中选取适当的字体并设置文字大小。单击“将文本更改为垂直方向”按钮，更改文本方向，填充文字为白色，效果如图 4-121 所示。

图 4-120

图 4-121

（7）选择“文本 > 文本属性”命令，在弹出的“文本属性”泊坞窗中进行设置，如图 4-122 所示。按 Enter 键，效果如图 4-123 所示。

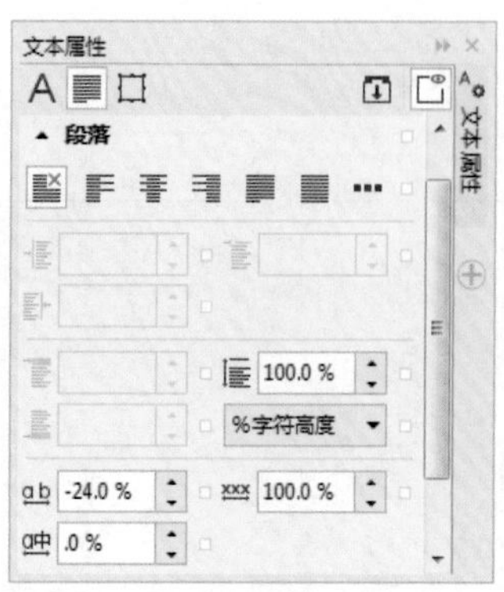

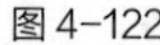
图 4-122

图 4-123

（8）选择“选择”工具，用圈选的方法将输入的文字全部选取，按 Ctrl+G 组合键，将其群组。再次单击群组文字，使其处于旋转状态，如图 4-124 所示。向上拖曳右边中间的控制手柄，将文字倾斜，效果如图 4-125 所示。用相同的方法输入并倾斜文字，效果如图 4-126 所示。

图 4-124

图 4-125

图 4-126

（9）选择“文本”工具，在适当的位置输入需要的文字。选择“选择”工具，在属性栏中选取适当的字体并设置文字大小，单击“将文本更改为水平方向”按钮，更改文本方向。填充文字为白色，效果如图 4-127 所示。选择“文本 > 文本属性”命令，在弹出的“文本属性”泊坞窗中进行设置，如图 4-128 所示。按 Enter 键，效果如图 4-129 所示。

图 4-127

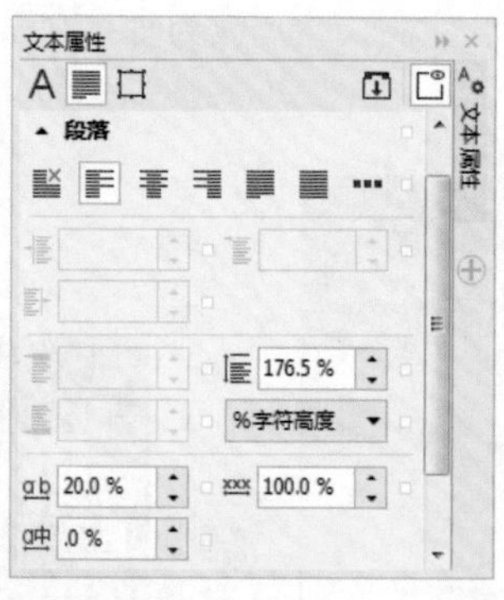

图 4-128

图 4-129

（10）选择“阴影”工具，在文字对象中由上至下拖曳鼠标指针，为文字添加阴影效果。在属性栏中的设置如图 4-130 所示，按 Enter 键，效果如图 4-131 所示。

（11）选择“椭圆形”工具，在按住 Ctrl 键的同时，在适当的位置绘制一个圆形，填充圆形为白色，效果如图 4-132 所示。按数字键盘上的 + 键，复制圆形。选择“选择”工具，在按住 Shift 键的同时，垂直向下拖曳复制的圆形到适当的位置，效果如图 4-133 所示。

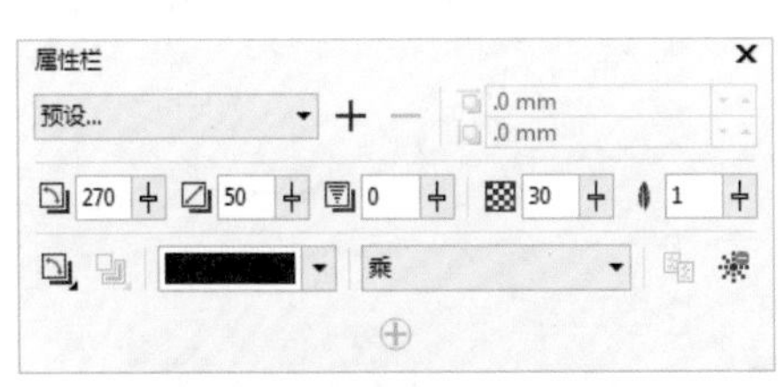

图 4-130

图 4-131

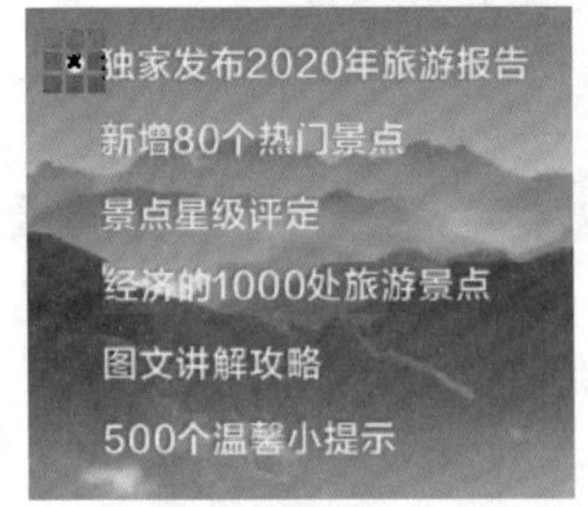

图 4-132

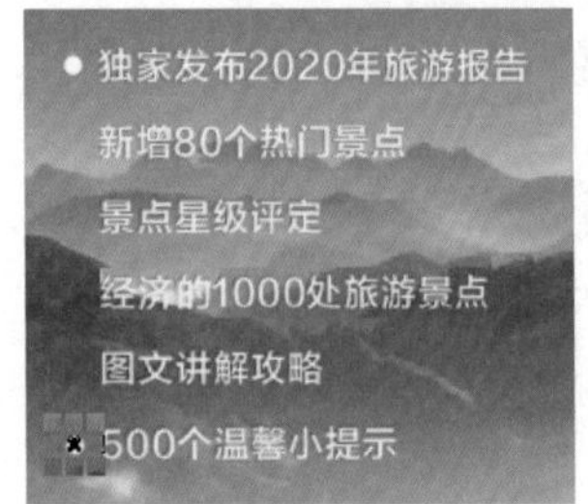

图 4-133

（12）选择“调和”工具，在两个白色圆形之间拖曳鼠标，在属性栏中的设置如图 4-134 所示。按 Enter 键，效果如图 4-135 所示。

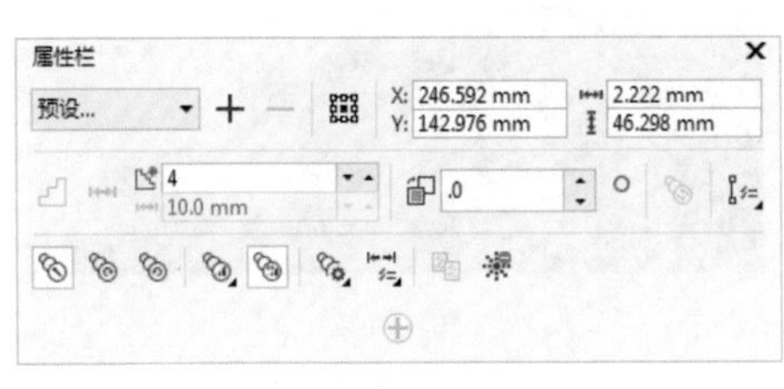

图 4-134

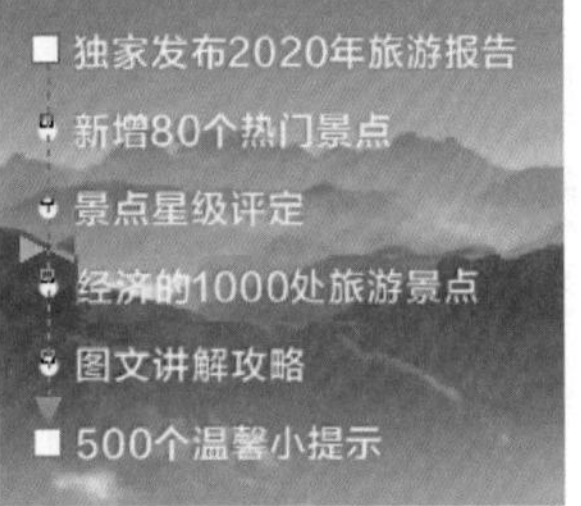

图 4-135

（13）选择“手绘”工具，按住 Ctrl 键的同时，在适当的位置绘制一条竖线。在“CMYK 调色板”中的“白”色块上单击鼠标右键，填充竖线轮廓线，效果如图 4-136 所示。

（14）选择“透明度”工具，在对象中由上至下拖曳鼠标指针，为文字添加透明度效果，在属性栏中的设置如图 4-137 所示。按 Enter 键，效果如图 4-138 所示。

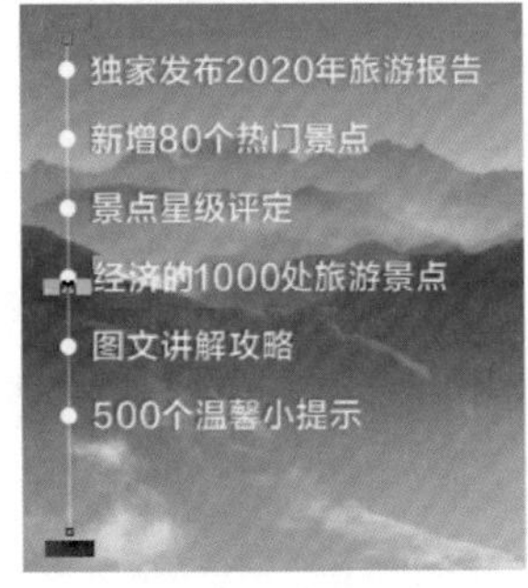

图 4-136

图 4-137

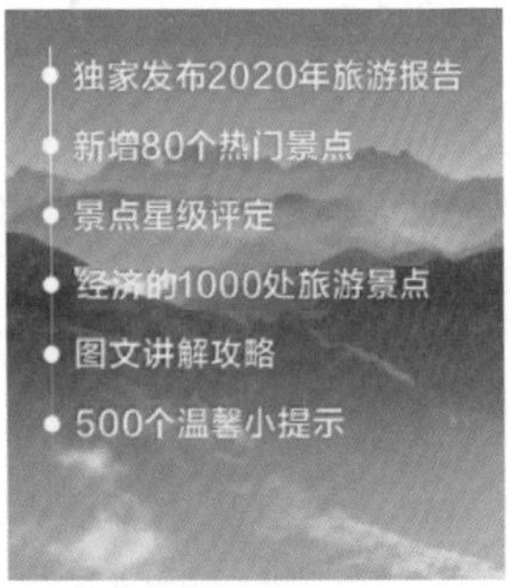

独家发布2020年旅游报告
新增80个热门景点
景点星级评定
经济的1000处旅游景点
图文讲解攻略
500个温馨小提示

图 4-138

（15）选择"文本"工具字，在适当的位置输入需要的文字。选择"选择"工具，在属性栏中选取适当的字体并设置文字大小，效果如图 4-139 所示。设置文字颜色的 CMYK 值为 100、82、45、6，填充文字，效果如图 4-140 所示。

图 4-139

图 4-140

（16）选择"文本 > 文本属性"命令，在弹出的"文本属性"泊坞窗中进行设置，如图 4-141 所示。按 Enter 键，效果如图 4-142 所示。

图 4-141

图 4-142

（17）选择"折线"工具，在适当的位置绘制折线，如图 4-143 所示。按 F12 键，弹出"轮廓笔"对话框，在"颜色"选项中设置轮廓线颜色的 CMYK 值为 100、82、45、6，其他选项的设置如图 4-144 所示。单击"确定"按钮，效果如图 4-145 所示。

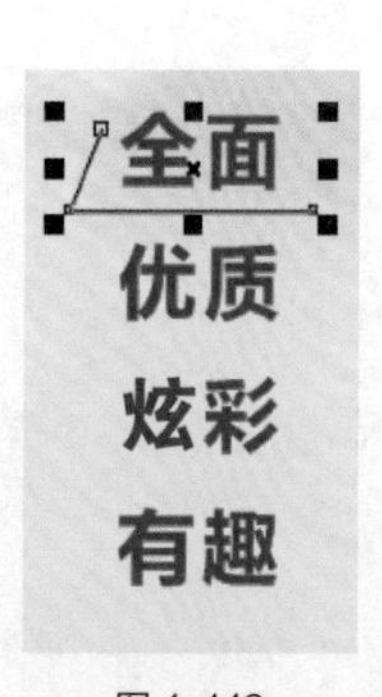

图 4-143

图 4-144

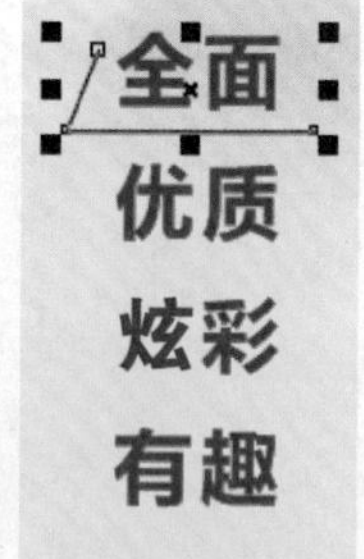

图 4-145

（18）按数字键盘上的 + 键，复制折线。选择“选择”工具，在按住 Shift 键的同时，垂直向下拖曳复制的折线到适当的位置，效果如图 4-146 所示。连续按 Ctrl+D 组合键，按需要再制折线，效果如图 4-147 所示。

（19）选择“文本”工具，在适当的位置输入需要的文字。选择“选择”工具，在属性栏中选取适当的字体并设置文字大小，填充文字为白色，效果如图 4-148 所示。

图 4-146

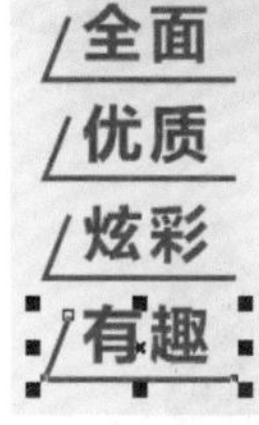

图 4-147

图 4-148

2．制作封底和书脊

（1）选择“选择”工具，选取右侧封面中需要的文字，如图 4-149 所示。按数字键盘上的 + 键，复制文字。拖曳复制的文字到封底上适当的位置，并调整其大小，效果如图 4-150 所示。

图 4-149

图 4-150

（2）选择“矩形”工具，在按住 Ctrl 键的同时，在适当的位置拖曳光标绘制一个正方形，如图 4-151 所示。设置轮廓线颜色为白色，并在属性栏中的“轮廓宽度” .2 mm 框中设置数值为 1.5 mm，按 Enter 键，效果如图 4-152 所示。

（3）按 Ctrl+I 组合键，弹出“导入”对话框，选择云盘中的“Ch04 > 素材 > 制作旅游图书封面 > 02”文件。单击“导入”按钮，在页面中单击导入图片，将其拖曳到适当的位置并调整其大小，效果如图 4-153 所示。按 Ctrl+PageDown 组合键，将图片向后移一层，效果如图 4-154 所示。

图 4-151

图 4-152

图 4-153

图 4-154

（4）选择“选择”工具，选择“对象 > PowerClip > 置于图文框内部”命令，鼠标指针变为黑色箭头形状，在矩形上单击鼠标左键，如图 4-155 所示。将图片置入矩形中，效果如图 4-156 所示。在属性栏中的“旋转角度”框中设置数值为 5.6，按 Enter 键，效果如图 4-157 所示。

图 4-155

图 4-156

图 4-157

（5）选择“文本”工具，在适当的位置输入需要的文字。选择“选择”工具，在属性栏中选取适当的字体并设置文字大小，填充文字为白色，效果如图 4-158 所示。选择“文本 > 文本属性”命令，在弹出的“文本属性”泊坞窗中进行设置，如图 4-159 所示。按 Enter 键，效果如图 4-160 所示。

图 4-158

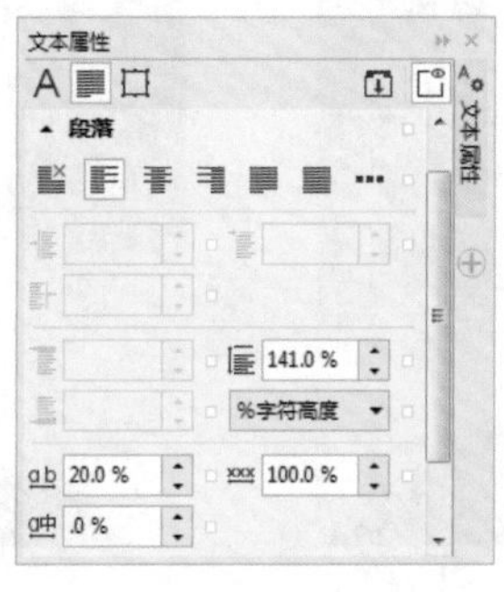

图 4-159

图 4-160

（6）选择“矩形”工具，在适当的位置绘制一个矩形，填充图形为白色，并去除图形的轮廓线，效果如图 4-161 所示。

（7）选择“文本”工具，在适当的位置输入需要的文字。选择“选择”工具，在属性栏中选取适当的字体并设置文字大小，效果如图 4-162 所示。

图 4-161

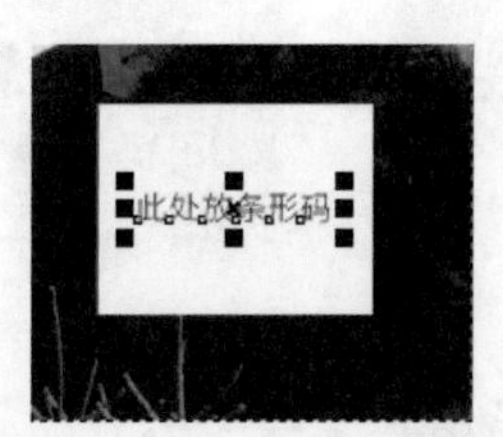

图 4-162

（8）选择“文本”工具字，在书脊上适当的位置分别输入需要的文字。选择“选择”工具，在属性栏中分别选取适当的字体并设置文字大小。单击属性栏中的“将文本更改为垂直方向”按钮，更改文本方向。填充文字为白色，效果如图 4-163 所示。旅游图书封面制作完成，效果如图 4-164 所示。

图 4-163

图 4-164

4.2.4 【相关工具】

输入美术字文本或段落文本，效果如图 4-165 所示。使用“形状”工具选中文本，文本的节点将处于编辑状态，如图 4-166 所示。

图 4-165

图 4-166

拖曳图标，可以调整文本中字符和字符的间距；拖曳图标，可以调整文本中行的间距，如图 4-167 所示。使用键盘上的方向键，可以对文本进行微调。按住 Shift 键，将段落中第二行文字下方的节点全部选中，如图 4-168 所示。

图 4-167

图 4-168

将鼠标指针放在黑色的节点上并拖曳鼠标，如图 4-169 所示，可以将第二行文字移动到需要的位置，效果如图 4-170 所示。使用相同的方法也可以对单个字进行移动调整。

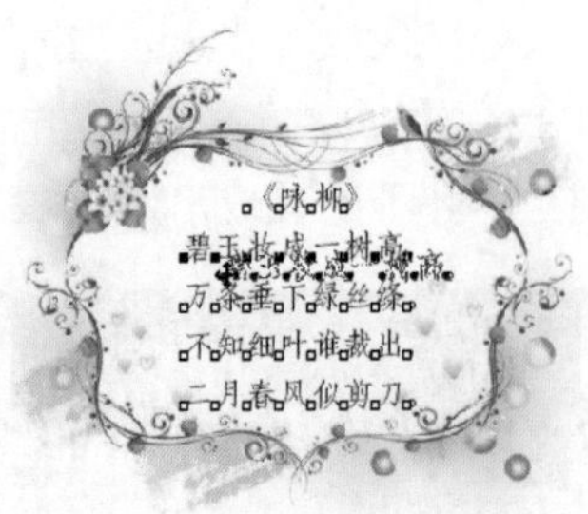

图 4-169

图 4-170

单击“文本”属性栏中的“文本属性”按钮，或选择“文本 > 文本属性”命令，弹出“文本属性”泊坞窗，在“字距调整范围”选项的数值框中可以设置字符的间距，在“段落”设置区的“行距”选项中可以设置行间距。

4.2.5 【实战演练】制作茶鉴赏图书封面

4.2.5实战演练

制作茶鉴赏图书封面

4.3 综合演练——制作花卉图书封面

4.3综合演练

制作花卉图书封面

05 第5章 画册设计

画册可以起到有效宣传企业或产品的作用，能够提高大众对企业和产品的认知度。本章主要介绍如何把握画册整体风格，制订设计细节，并详细地讲解了时尚家装画册封面、内页的制作方法和设计技巧。

知识目标

- 了解画册的设计思路
- 熟练掌握画册的制作方法和技巧

能力目标

- 掌握时尚家装画册封面的制作方法
- 掌握家居画册封面的制作方法
- 掌握时尚家装画册内页的制作方法
- 掌握家居画册内页的制作方法

素质目标

- 培养能够履行职责，为团队服务的责任意识
- 培养能够高效执行计划的能力
- 培养分析问题和解决问题的能力

5.1 制作时尚家装画册封面

5.1.1 【案例分析】

本案例是制作时尚家装画册封面，该画册能为客户提供参考，帮助客户定制属于自己风格的家装。封面设计要求简约、大气，能给客户带来赏心悦目的感受。

5.1.2 【设计理念】

在制作时，使用米色的底图作为背景，搭配家装的实景照片，营造舒适、放松的氛围；对画册名称进行艺术化处理，提升时尚感；简介文字相对集中紧凑，使页面布局合理有序，最终效果如图 5-1 所示（参看云盘中的“Ch05 > 效果 > 制作时尚家装画册封面 .cdr”）。

图 5-1

5.1.3 【操作步骤】

1. 制作画册封面名称

（1）打开 CorelDRAW X8，按 Ctrl+N 组合键，弹出“创建新文档”对话框。设置文档的宽度为 500 mm，高度为 250 mm，取向为横向，原色模式为 CMYK，渲染分辨率为 300 dpi。单击“确定”按钮，创建一个文档。

（2）按 Ctrl+J 组合键，弹出“选项”对话框。选择“文档 > 页面尺寸”选项，在“出血”框中设置数值为 3.0，勾选“显示出血区域”复选框，如图 5-2 所示。单击“确定”按钮，页面效果如图 5-3 所示。

（3）选择“视图 > 标尺”命令，在视图中显示标尺。选择“选择”工具，在左侧标尺中拖曳一条垂直辅助线，在属性栏中将“× 位置”选项设为 250 mm，按 Enter 键，如图 5-4 所示。

（4）选择“矩形”工具，在页面中绘制一个矩形。在“CMYK 调色板”中的“10% 黑”色块上单击鼠标左键，填充图形，并去除图形的轮廓线，效果如图 5-5 所示。

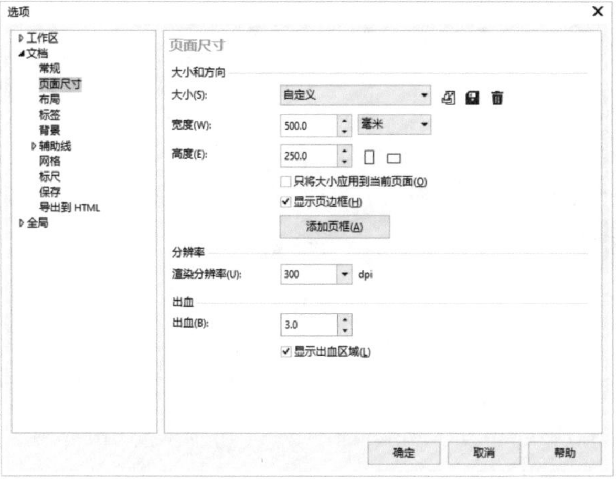

图 5-2 　　　　图 5-3

图 5-4　　　　图 5-5

（5）按 Ctrl+I 组合键，弹出“导入”对话框，选择云盘中的“Ch05 > 效果 > 时尚家装画册封面设计 > 时尚家装画册封面底图 .jpg”文件，单击“导入”按钮，在页面中单击导入图片。选择“选择”工具，拖曳图片到适当的位置并调整其大小，效果如图 5-6 所示。选择“矩形”工具，在适当的位置绘制一个矩形，效果如图 5-7 所示。

图 5-6　　　　图 5-7

（6）选择“选择”工具，选取下方图片，选择“对象 > PowerClip > 置于图文框内部”命令，鼠标指针变为黑色箭头形状，在矩形框上单击鼠标左键，如图 5-8 所示。将图片置入矩形框中，并去除图形的轮廓线，效果如图 5-9 所示。

图 5-8

图 5-9

（7）选择“矩形”工具□，在适当的位置绘制一个矩形，如图 5-10 所示。在属性栏中单击“倒棱角”按钮，将“转角半径”选项设为 6.0 mm 和 0.0 mm，如图 5-11 所示。按 Enter 键，效果如图 5-12 所示。

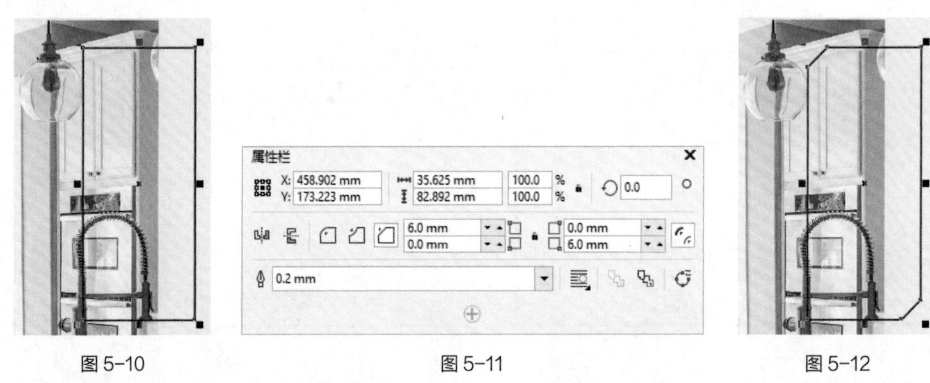

图 5-10　图 5-11　图 5-12

（8）保持图形的选取状态。设置图形颜色的 CMYK 值为 60、69、74、20，填充图形，并去除图形的轮廓线，效果如图 5-13 所示。

（9）选择“文本”工具字，在适当的位置分别输入需要的文字。选择“选择”工具，在属性栏中分别选择合适的字体并设置文字大小，单击“将文本更改为垂直方向”按钮，效果如图 5-14 所示。

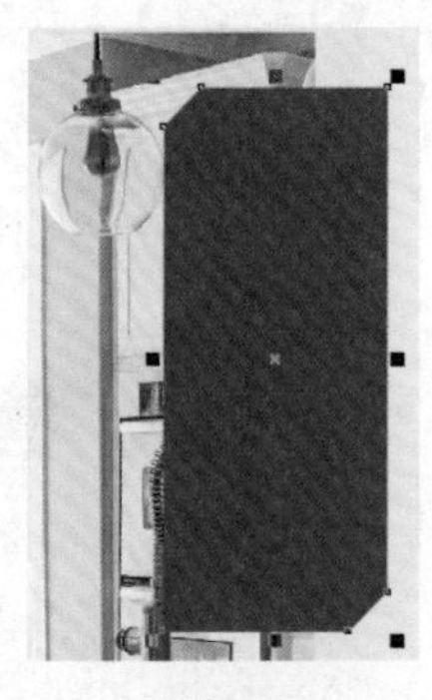

图 5-13

图 5-14

（10）选取文字“时尚家装”，选择“文本 > 文本属性”命令，在弹出的“文本属性”泊坞窗中进行设置，如图 5-15 所示。按 Enter 键，效果如图 5-16 所示。

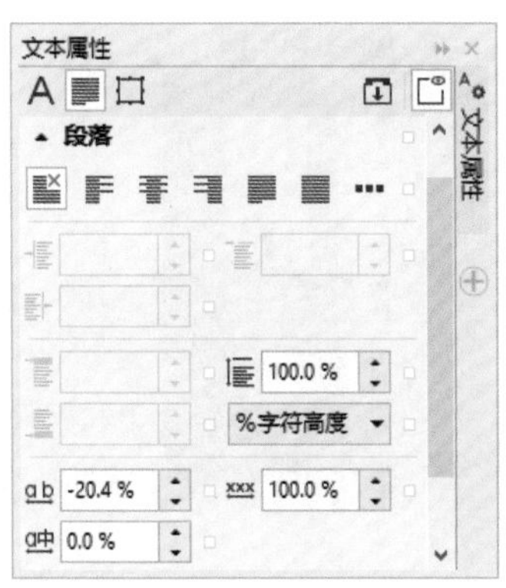

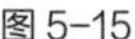

图5-15　　图5-16

（11）选取文字“点亮您的新家”，在“文本属性”泊坞窗中进行设置，如图5-17所示。按Enter键，效果如图5-18所示。

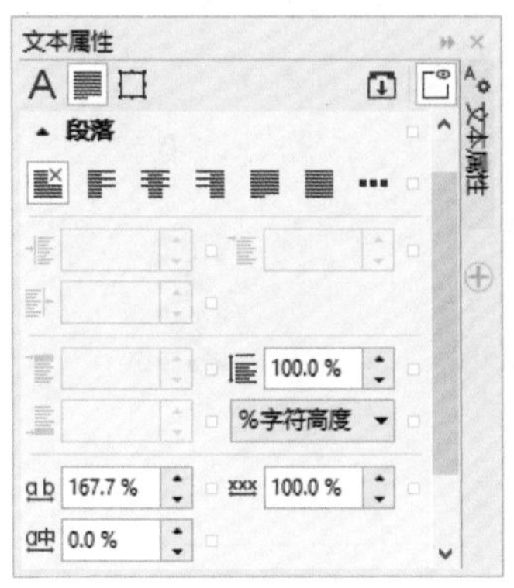

图5-17　　图5-18

（12）选取文字“FASHION”，在“文本属性”泊坞窗中进行设置，如图5-19所示。按Enter键，效果如图5-20所示。

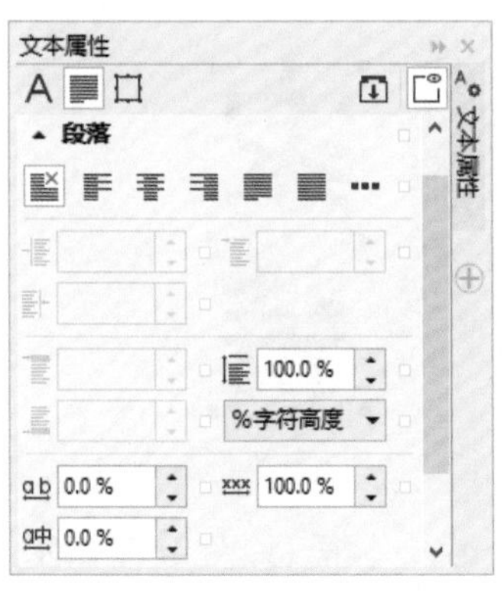

图5-19　　图5-20

（13）选择“选择”工具，用圈选的方法将文字和图形同时选取，如图5-21所示，单击属性栏中的“合并”按钮，合并图形和文字，效果如图5-22所示。

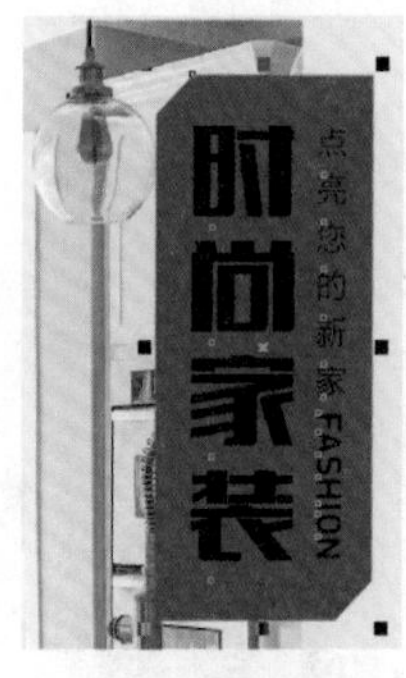

图 5-21

图 5-22

2．添加其他相关信息

（1）选择“文本”工具，在适当的位置输入需要的文字。选择“选择”工具，在属性栏中选择合适的字体并设置文字大小，效果如图 5-23 所示。设置文字颜色的 CMYK 值为 60、69、74、20，填充文字，效果如图 5-24 所示。

图 5-23

图 5-24

（2）在“文本属性”泊坞窗中进行设置，如图 5-25 所示。按 Enter 键，效果如图 5-26 所示。

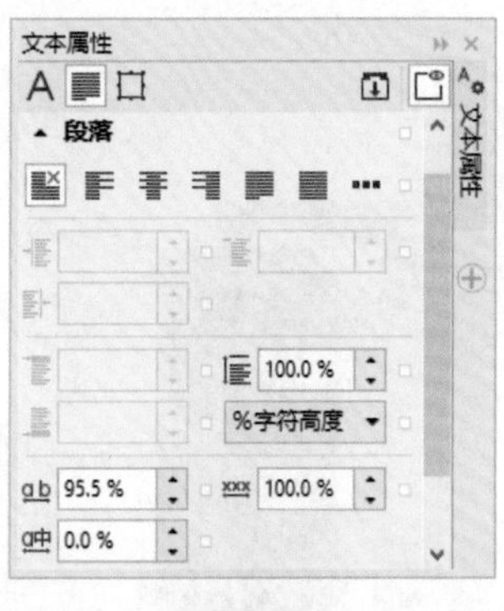

图 5-25

图 5-26

（3）选择“文本”工具，在适当的位置拖曳出一个文本框，如图 5-27 所示。在文本框中输入需要的文字，选择“选择”工具，在属性栏中选取适当的字体并设置文字大小，单击“将文本更改为水平方向”按钮，效果如图 5-28 所示。设置文字颜色的 CMYK 值为 60、69、74、20，填充文字，效果如图 5-29 所示。

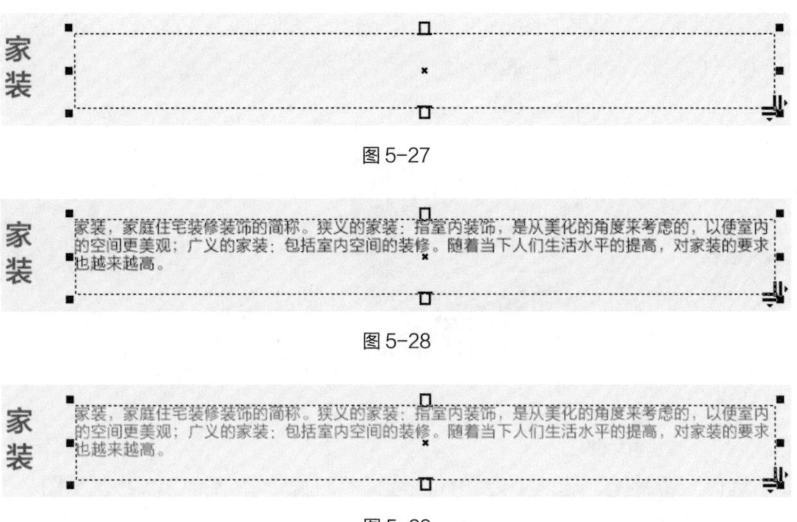

图 5-27

图 5-28

图 5-29

（4）在“文本属性”泊坞窗中进行设置，如图 5-30 所示。按 Enter 键，效果如图 5-31 所示。

图 5-30

图 5-31

（5）选择“2 点线”工具，在按住 Ctrl 键的同时，在适当的位置绘制一条竖线，如图 5-32 所示。按 F12 键，弹出“轮廓笔”对话框，在“颜色”选项中设置轮廓线颜色的 CMYK 值为 60、69、74、20，其他选项的设置如图 5-33 所示。单击“确定”按钮，效果如图 5-34 所示。

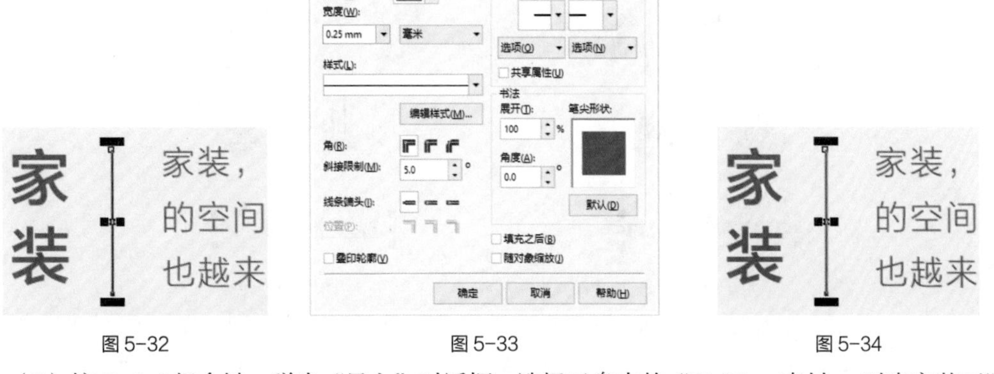

图 5-32

图 5-33

图 5-34

（6）按 Ctrl+I 组合键，弹出“导入”对话框，选择云盘中的“Ch05 > 素材 > 时尚家装画册封面设计 > 02”文件，单击“导入”按钮，在页面中单击导入图片。选择“选择”工具，拖曳图片到适当的位置并调整其大小，效果如图 5-35 所示。选择“椭圆形”工具，在按住 Ctrl 键的同时，在适当的位置绘制一个圆形，如图 5-36 所示。

图 5-35

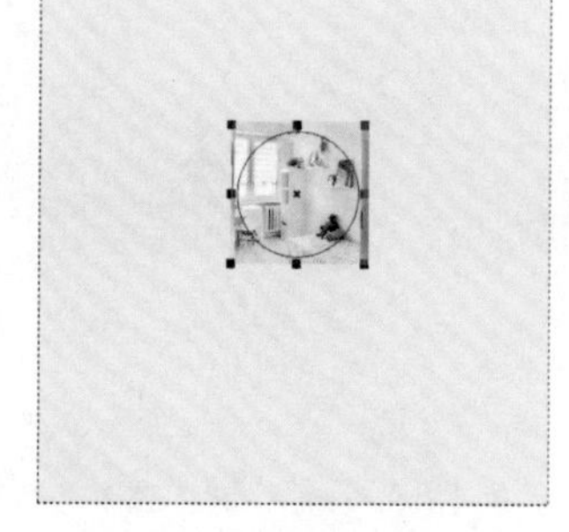

图 5-36

（7）选择“选择”工具，选取下方图片。选择“对象 > PowerClip > 置于图文框内部”命令，鼠标指针变为黑色箭头形状，在圆形上单击鼠标左键，如图 5-37 所示。将图片置入圆形中，并去除图形的轮廓线，效果如图 5-38 所示。

图 5-37

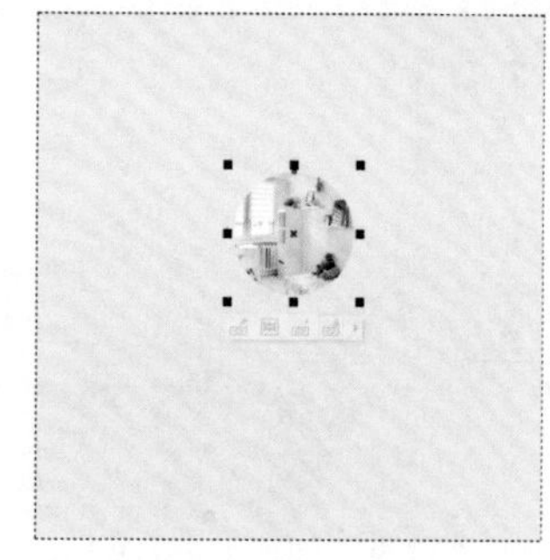

图 5-38

（8）选择“文本”工具，在适当的位置输入需要的文字。选择“选择”工具，在属性栏中选择合适的字体并设置文字大小，效果如图 5-39 所示。设置文字颜色的 CMYK 值为 60、69、74、20，填充文字，效果如图 5-40 所示。

图 5-39

图 5-40

（9）时尚家装画册封面制作完成，如图 5-41 所示。按 Ctrl+S 组合键，弹出“保存图形”对话框，将制作好的图像命名为“时尚家装画册封面”，保存为 CDR 格式。单击“保存”按钮，将图像保存。

图 5-41

5.1.4 【相关工具】

1. 设置文本嵌线

选中需要处理的文本，如图 5-42 所示。单击“文本”属性栏中的“文本属性”按钮，弹出“文本属性”泊坞窗，如图 5-43 所示。

图 5-42

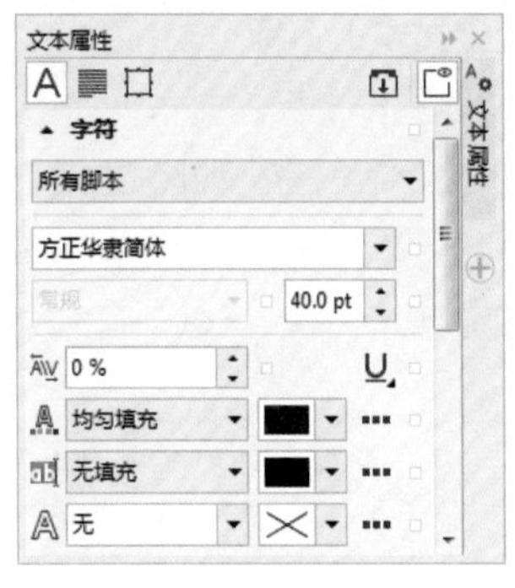

图 5-43

单击“下划线”按钮，在弹出的下拉列表中选择线型，如图 5-44 所示。文本下划线的效果如图 5-45 所示。

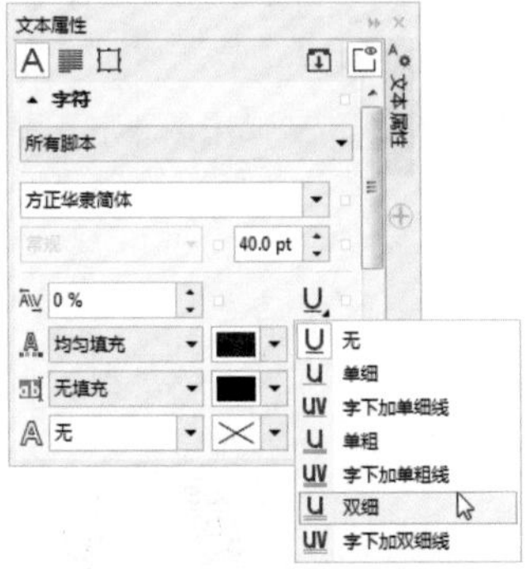

图 5-44

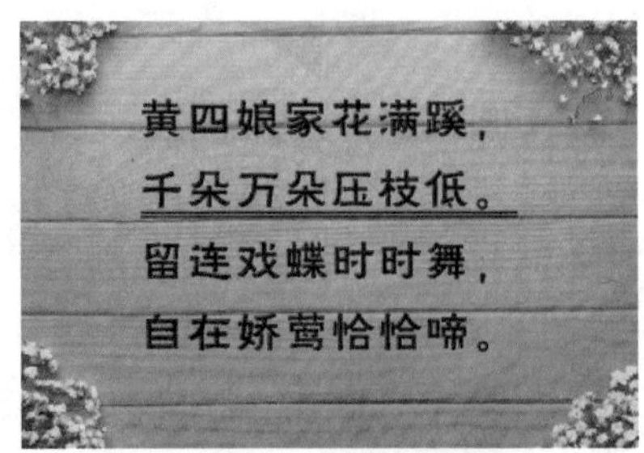

图 5-45

选中需要处理的文本，如图 5-46 所示。在“文本属性”泊坞窗的“字符删除线”ab (无) 选项的下拉列表中选择线型，如图 5-47 所示。文本删除线的效果如图 5-48 所示。

图 5-46

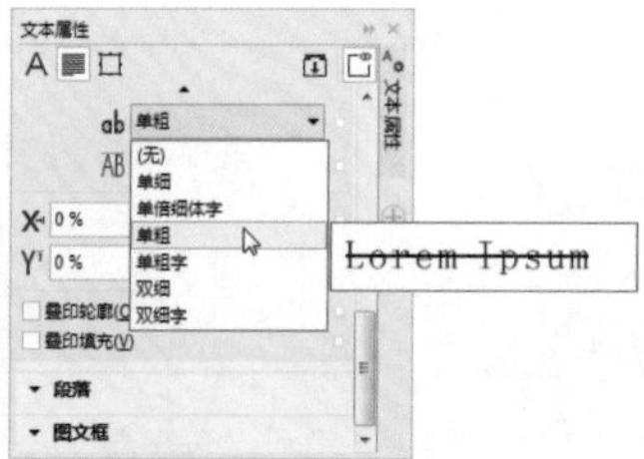

图 5-47

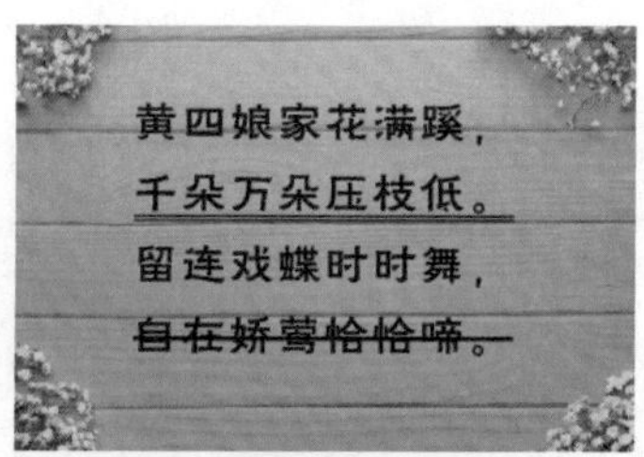

图 5-48

选中需要处理的文本，如图 5-49 所示。在“字符上划线” AB (无) 选项的下拉列表中选择线型，如图 5-50 所示。文本上划线的效果如图 5-51 所示。

图 5-49

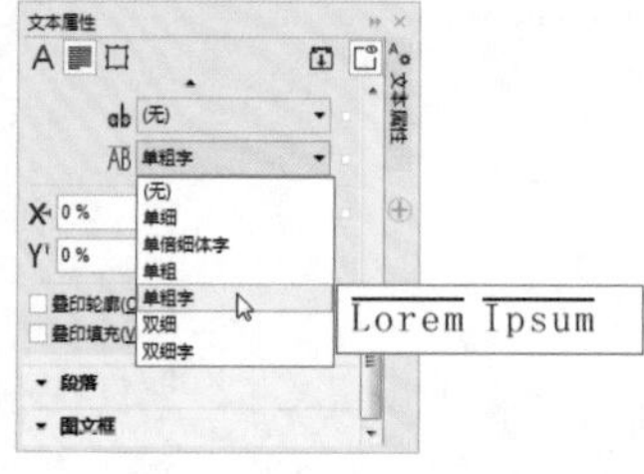

图 5-50

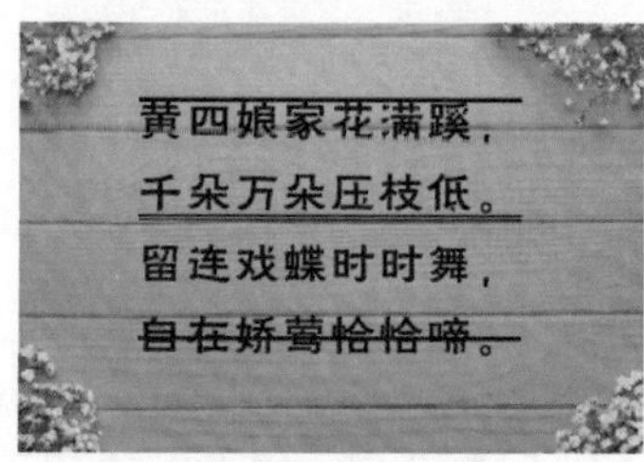

图 5-51

2．设置文本上下标

选中需要制作上标的文本，如图 5-52 所示。单击“文本”属性栏中的“文本属性”按钮，弹出“文本属性”泊坞窗，如图 5-53 所示。

单击“位置”按钮，在弹出的下拉列表中选择“上标”选项，如图 5-54 所示。设置上标的效果如图 5-55 所示。

图 5-52

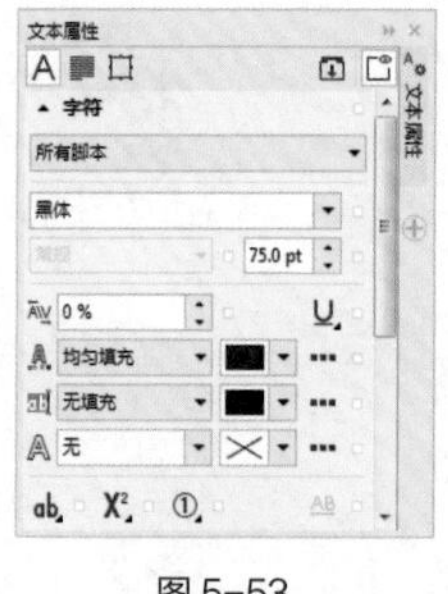

图 5-53

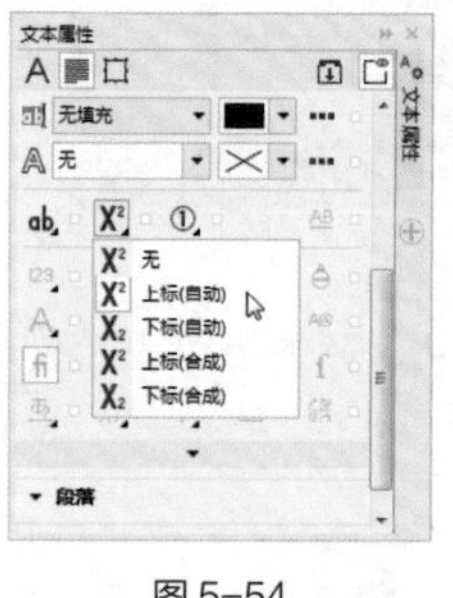

图 5-54

图 5-55

选中需要制作下标的文本，如图 5-56 所示。单击“位置”按钮，在弹出的下拉列表中选择“下标”选项，如图 5-57 所示。设置下标的效果如图 5-58 所示。

图 5-56

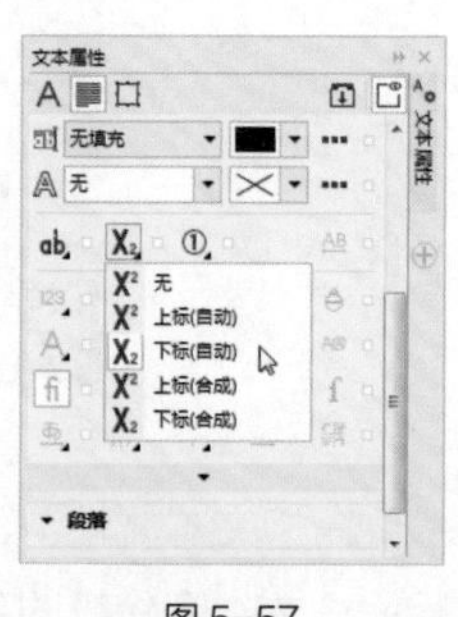

图 5-57

图 5-58

3. 设置文本的排列方向

选中文本，在“文本”属性栏中，单击“将文字更改为水平方向”按钮或“将文本更改为垂直方向”按钮，可以水平或垂直排列文本，如图 5-59 和图 5-60 所示。

选择“文本 > 文本属性”命令，弹出“文本属性”泊坞窗。在“图文框”选项中选择文本的排列方向，如图 5-61 所示。设置好后，可以改变文本的排列方向。

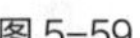
图 5-59

图 5-60

图 5-61

4. 设置制表位

◎ 通过“制表位设置”对话框设置制表位

选择“文本”工具，在绘图页面中绘制一个段落文本框，在上方的标尺上出现多个制表位，如图 5-62 所示。选择“文本 > 制表位”命令，弹出“制表位设置”对话框，如图 5-63 所示，在对话框中可以进行制表位的设置。

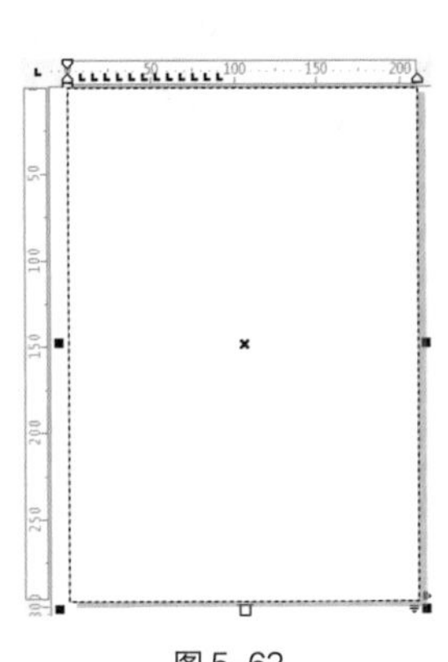
图 5-62

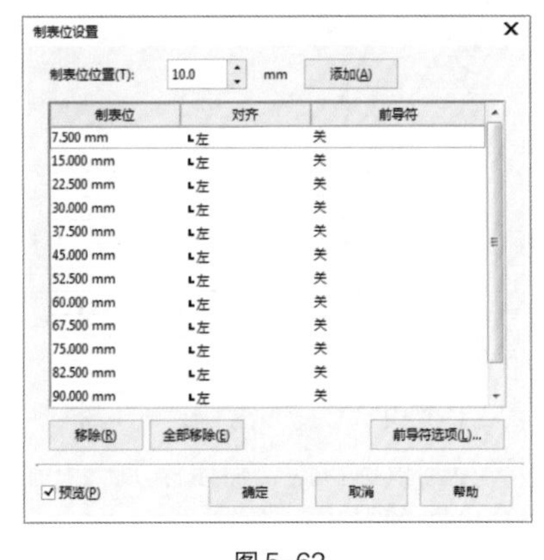

图 5-63

在数值框中输入数值或调整数值，可以设置制表位的距离，如图 5-64 所示。

在“制表位设置”对话框中，单击“对齐”选项，出现制表位对齐方式下拉列表，可以设置字符出现在制表位上的位置，如图 5-65 所示。

在“制表位设置”对话框中，选中一个制表位，单击“移除”或“全部移除”按钮，可以删除制表位，单击“添加”按钮，可以增加制表位。设置好制表位后，单击“确定”按钮，可以完成制表位的设置。

提示

在段落文本框中插入光标，每按一次 Tab 键，插入的光标就会按新设置的制表位移动。

图 5-64

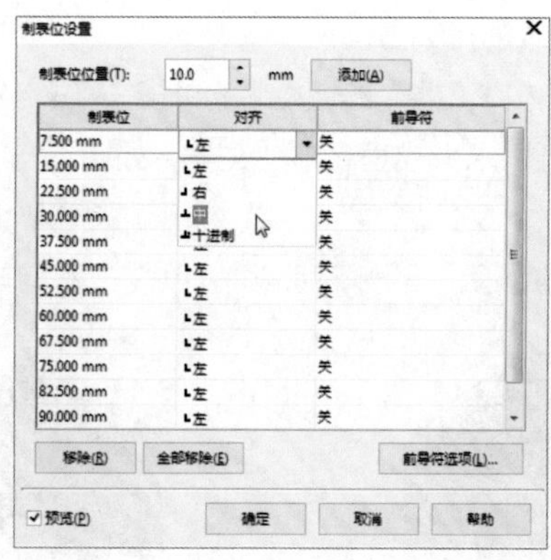

图 5-65

◎ 通过快捷菜单或鼠标拖动设置制表位

选择“文本”工具字，在绘图页面中绘制一个段落文本框，效果如图 5-66 所示。

在上方的标尺上出现多个“L”形滑块，就是制表符，效果如图 5-67 所示。在任意一个制表符上单击鼠标右键，弹出快捷菜单，在快捷菜单中可以选择该制表符的对齐方式，如图 5-68 所示，也可以对网格、标尺和辅助线进行设置。

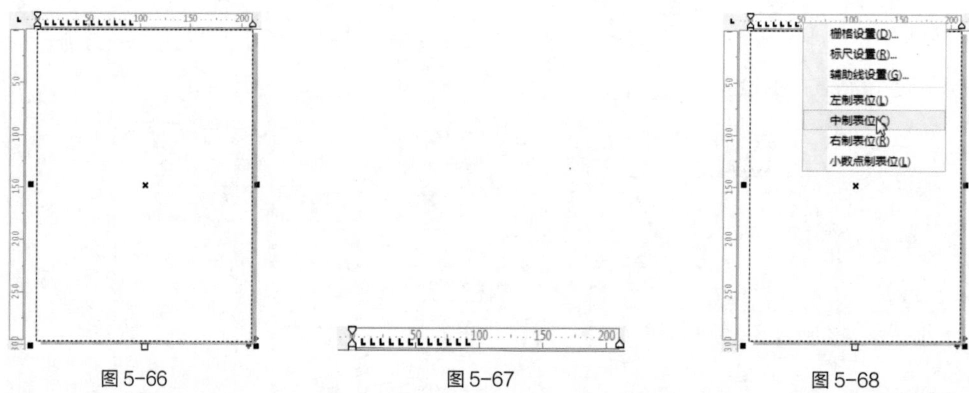

图 5-66　　图 5-67　　图 5-68

在上方的标尺上拖曳“L”形滑块，可以将制表符移动到需要的位置，效果如图 5-69 所示。在标尺上的任意位置单击鼠标左键，可以添加一个制表符，效果如图 5-70 所示。将制表符拖放到标尺外，就可以删除该制表符。

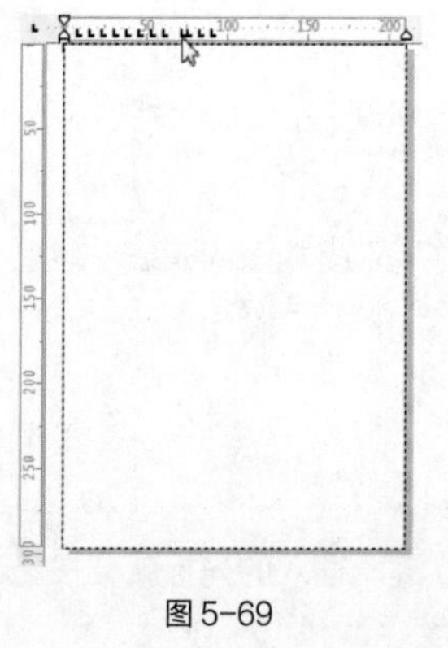

图 5-69

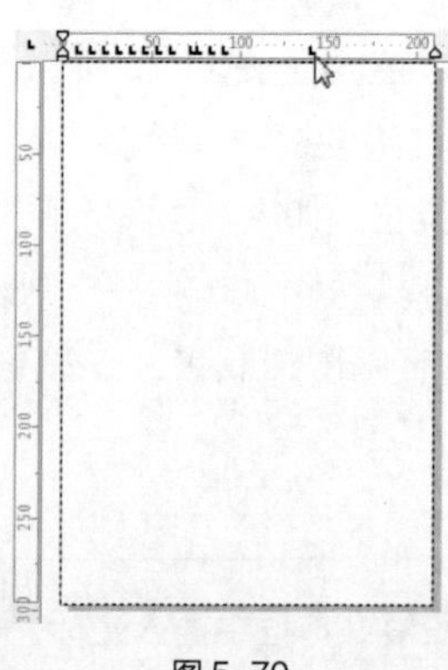

图 5-70

5.1.5 【实战演练】制作家居画册封面

5.1.5实战演练　　制作家居画册封面

5.2 制作时尚家装画册内页 1

5.2.1 【案例分析】

本案例是制作时尚家装画册的内页 1，要求展示多种家装风格，让客户了解家装风格分类，并找到符合自己心意的风格。

5.2.2 【设计理念】

在制作时，使用大篇幅的实景图片突出主题；使用草绿色的栏目标题，清新醒目；实景图片和简介文字合理编排，层次分明；整体色彩搭配简洁、大气，烘托时尚感，最终效果如图 5-71 所示（参看云盘中的“Ch05 > 效果 > 制作时尚家装画册内页 1.cdr”）。

图 5-71

5.2.3 【操作步骤】

1. 制作田园风格简介

（1）打开 CorelDRAW X8，按 Ctrl+N 组合键，弹出“创建新文档”对话框。设置文档的宽度为 500 mm，高度为 250 mm，取向为横向，原色模式为 CMYK，渲染分辨率为 300 dpi。单击“确定”按钮，创建一个文档。

（2）按 Ctrl+J 组合键，弹出“选项”对话框。选择“文档 > 页面尺寸”选项，在“出血”框中设置数值为 3.0，勾选“显示出血区域”复选框，如图 5-72 所示。单击“确定”按钮，页面效果如图 5-73 所示。

图 5-72

图 5-73

（3）选择“视图 > 标尺”命令，在视图中显示标尺。选择“选择”工具，在左侧标尺中拖曳一条垂直辅助线，在属性栏中将“× 位置”选项设为 250 mm。按 Enter 键，效果如图 5-74 所示。

（4）按 Ctrl+I 组合键，弹出“导入”对话框。选择云盘中“Ch05 > 素材 > 时尚家装画册内页 1 设计 > 01”文件，单击“导入”按钮，在页面中单击导入图片。选择“选择”工具，拖曳图片到适当的位置并调整其大小，效果如图 5-75 所示。

图 5-74

图 5-75

（5）选择“矩形”工具，在页面中绘制一个矩形，效果如图 5-76 所示。选择“选择”工具，选取下方图片，选择“对象 > PowerClip > 置于图文框内部”命令，鼠标指针变为黑色箭头形状，在矩形框上单击鼠标左键，如图 5-77 所示。将图片置入矩形框中，并去除图形的轮廓线，效果如图 5-78 所示。

图 5-76

图 5-77

图 5-78

（6）选择“矩形”工具□，在页面中绘制一个矩形，如图 5-79 所示。设置图形颜色的 CMYK 值为 40、0、100、0，填充图形，并去除图形的轮廓线，效果如图 5-80 所示。

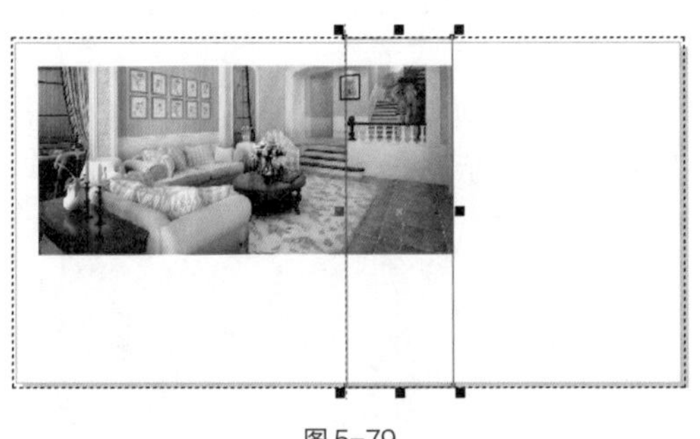

图 5-79

图 5-80

（7）按 Ctrl+Q 组合键，将图形转换为曲线。选择“形状”工具，向下拖曳矩形右上角的节点到适当的位置，效果如图 5-81 所示。用相同的方法调整左下角的节点，效果如图 5-82 所示。

图 5-81

图 5-82

（8）选择“透明度”工具，在属性栏中单击“均匀透明度”按钮，其他选项的设置如图 5-83 所示。按 Enter 键，效果如图 5-84 所示。

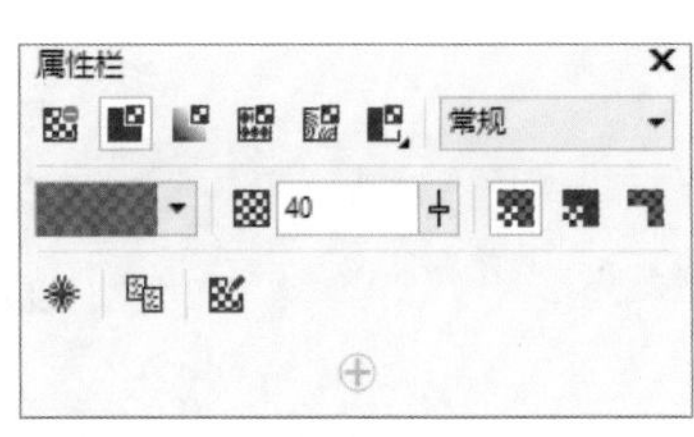

图 5-83

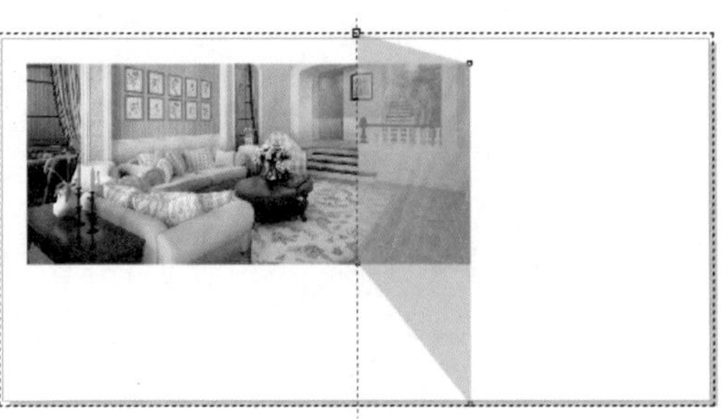

图 5-84

（9）选择“文本”工具字，在适当的位置分别输入需要的文字。选择“选择”工具，在属性栏中分别选择合适的字体并设置文字大小，效果如图 5-85 所示。将输入的文字同时选取，设置文字颜色的 CMYK 值为 40、0、100、0，填充文字，效果如图 5-86 所示。

图 5-85　　图 5-86

（10）选取英文“Countryside”，选择“文本 > 文本属性”命令，在弹出的“文本属性”泊坞窗中进行设置，如图 5-87 所示。按 Enter 键，效果如图 5-88 所示。

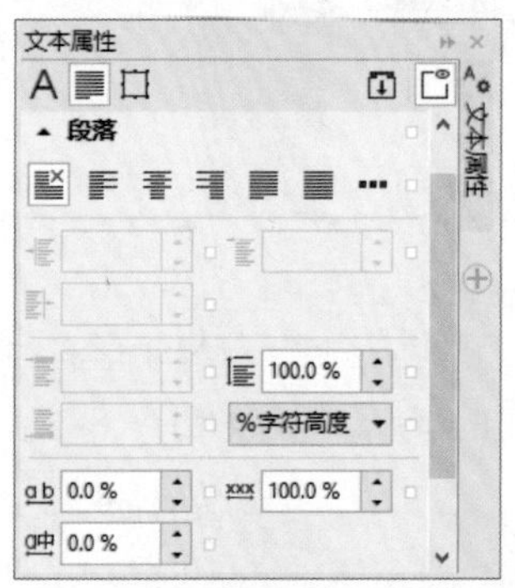

图 5-87

图 5-88

（11）选择“2 点线”工具，在按住 Ctrl 键的同时，在适当的位置绘制一条竖线，如图 5-89 所示。按 F12 键，弹出“轮廓笔”对话框，在“颜色”选项中设置轮廓线颜色的 CMYK 值为 40、0、100、0，其他选项的设置如图 5-90 所示。单击“确定”按钮，效果如图 5-91 所示。

图 5-89

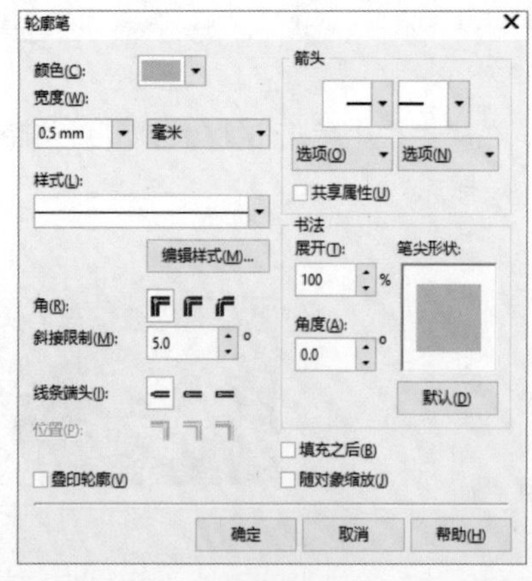

图 5-90

风格 C

图 5-91

（12）选择“文本”工具字，在适当的位置拖曳出一个文本框，如图 5-92 所示，在文本框中输入需要的文字。选择“选择”工具，在属性栏中选取适当的字体并设置文字大小，效果如图 5-93 所示。

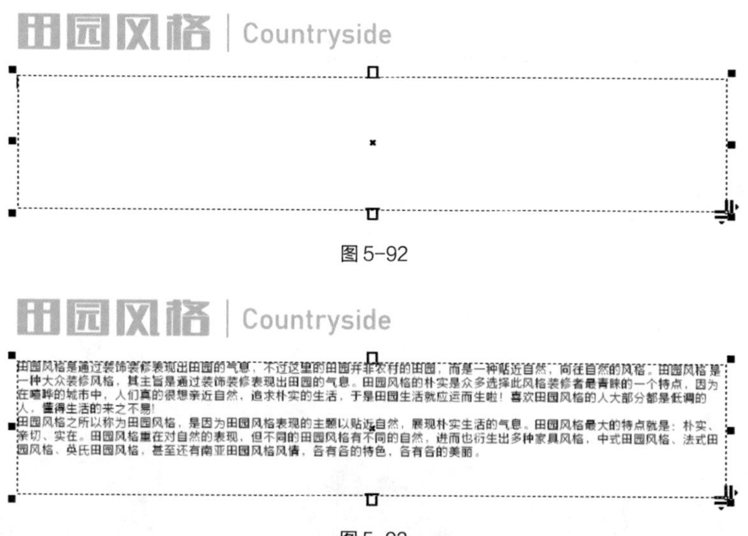

图 5-92

图 5-93

（13）在“文本属性”泊坞窗中，单击“两端对齐”按钮，其他选项的设置如图 5-94 所示。按 Enter 键，效果如图 5-95 所示。

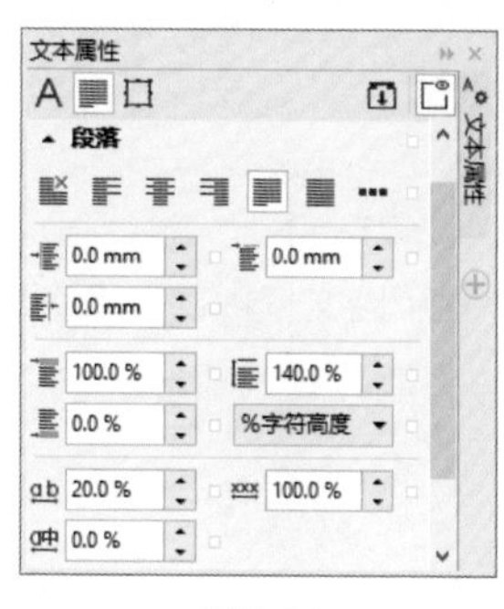

图 5-94

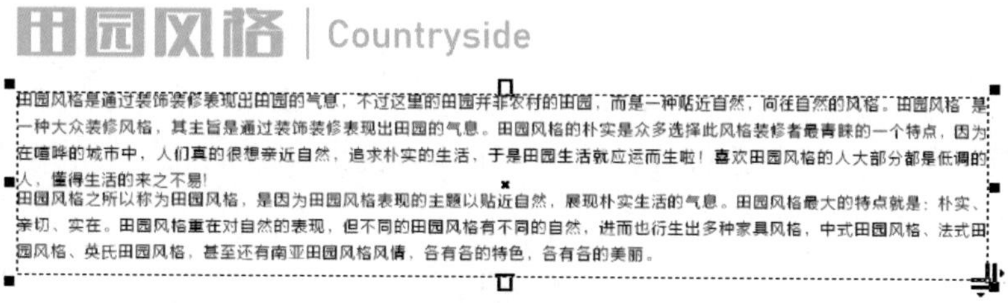

田园风格 | Countryside

图 5-95

（14）选择“文本 > 栏”命令，弹出“栏设置”对话框，各选项的设置如图 5-96 所示。单击“确定”按钮，效果如图 5-97 所示。

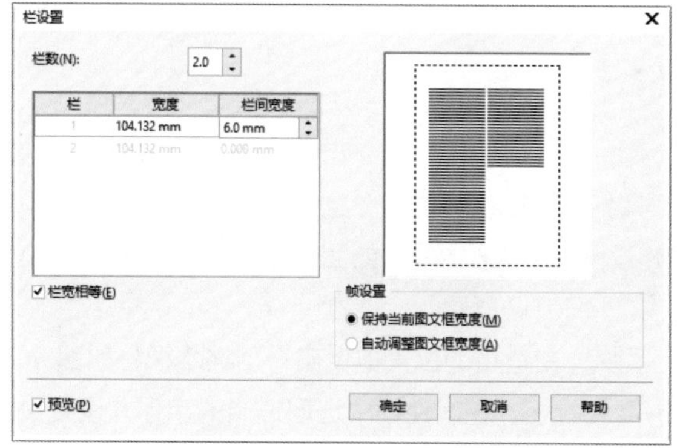

图 5-96

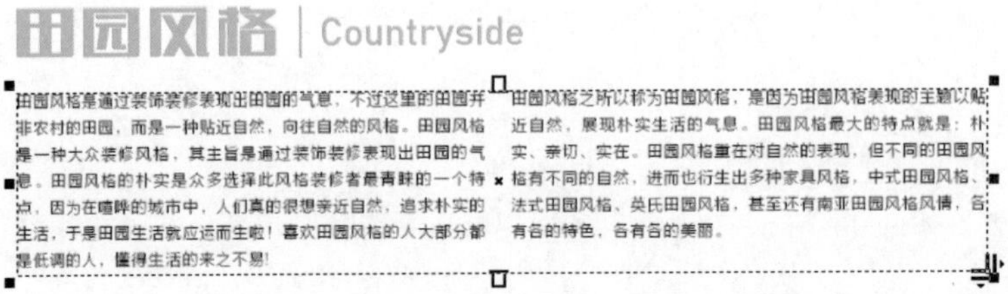

图 5-97

2. 制作中式田园风格

（1）按 Ctrl+I 组合键，弹出“导入”对话框，选择云盘中的“Ch05 > 素材 > 时尚家装画册内页 1 设计 > 02”文件。单击“导入”按钮，在页面中单击导入图片，选择“选择”工具，拖曳图片到适当的位置并调整其大小，效果如图 5-98 所示。

（2）选择“矩形”工具，在适当的位置绘制一个矩形，如图 5-99 所示。（为了方便读者观看，这里以白色显示。）

图 5-98

图 5-99

（3）选择“选择”工具，选取下方图片。选择“对象 > PowerClip > 置于图文框内部”命令，鼠标指针变为黑色箭头形状，在矩形框上单击鼠标左键，如图 5-100 所示。将图片置入矩形框中，并去除图形的轮廓线，效果如图 5-101 所示。

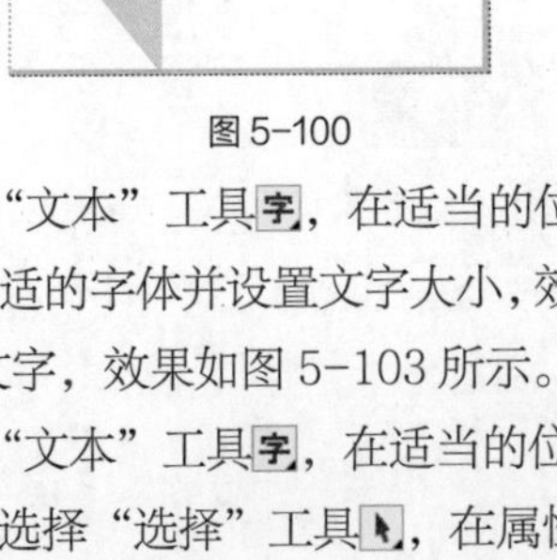

图 5-100

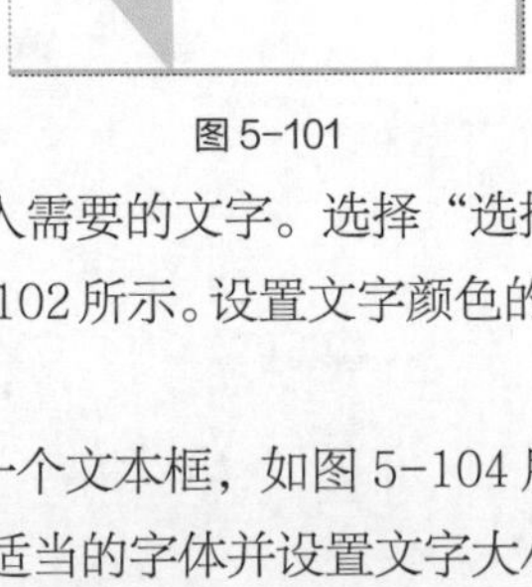

图 5-101

（4）选择“文本”工具，在适当的位置分别输入需要的文字。选择“选择”工具，在属性栏中分别选择合适的字体并设置文字大小，效果如图 5-102 所示。设置文字颜色的 CMYK 值为 40、0、100、0，填充文字，效果如图 5-103 所示。

（5）选择“文本”工具，在适当的位置拖曳出一个文本框，如图 5-104 所示，在文本框中输入需要的文字。选择“选择”工具，在属性栏中选取适当的字体并设置文字大小，效果如图 5-105 所示。

图 5-102

图 5-103

图 5-104

图 5-105

（6）在“文本属性”泊坞窗中，单击“两端对齐”按钮，其他选项的设置如图 5-106 所示。按 Enter 键，效果如图 5-107 所示。

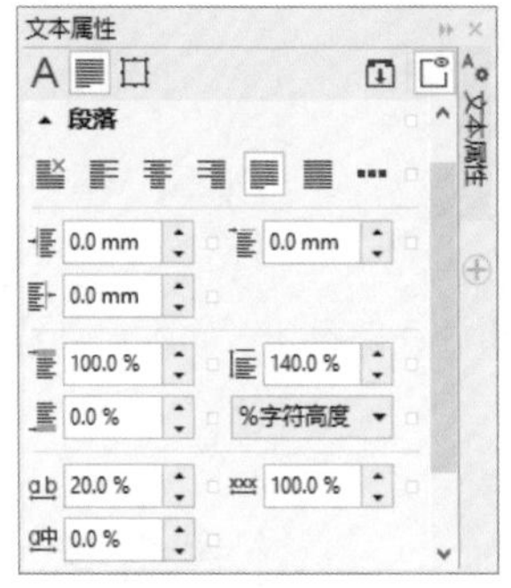

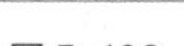

图 5-106

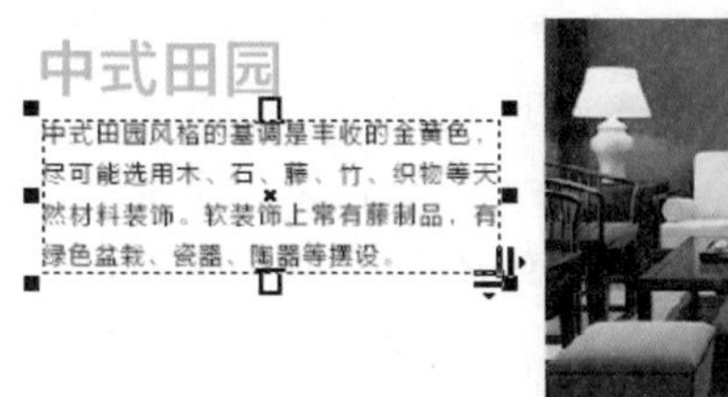

图 5-107

（7）选择“2 点线”工具，在按住 Ctrl 键的同时，在适当的位置绘制一条直线，如图 5-108 所示。按 F12 键，弹出“轮廓笔”对话框，在“颜色”选项中设置轮廓线颜色的 CMYK 值为 0、0、0、20，其他选项的设置如图 5-109 所示。单击“确定”按钮，效果如图 5-110 所示。

图 5-108

图 5-109

中式田园

中式田园风格的基调是丰收的金黄色，
尽可能选用木、石、藤、竹、织物等天
然材料装饰。软装饰上常有藤制品，有
绿色盆栽、瓷器、陶器等摆设。

图 5-110

（8）用相同的方法制作“法式田园”和“英式田园”效果，如图 5-111 所示。时尚家装画册内页 1 制作完成，效果如图 5-112 所示。

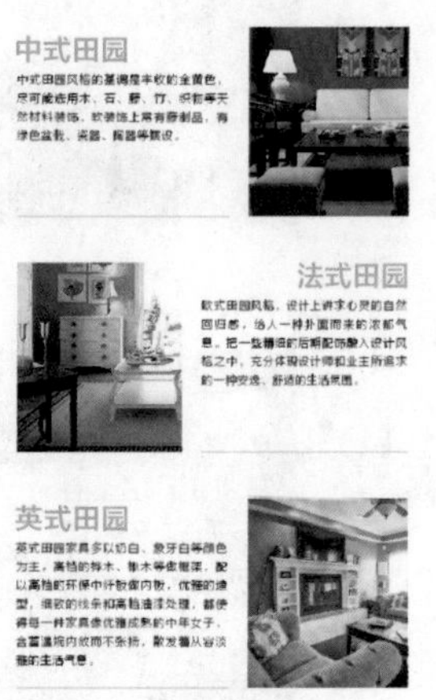

图 5-111

图 5-112

（9）按 Ctrl+S 组合键，弹出“保存图形”对话框。将制作好的图像命名为“时尚家装画册封面”，保存为 CDR 格式，单击“保存”按钮，将图像保存。

5.2.4 【相关工具】

1. 文本绕路径

选择“文本”工具，在绘图页面中输入美术字文本。使用“贝塞尔”工具，绘制一个路径，选中美术字文本，效果如图 5-113 所示。

选择“文本 > 使文本适合路径”命令，出现箭头图标，将箭头放在路径上，文本自动绕路径排列，如图 5-114 所示。单击鼠标左键确定，效果如图 5-115 所示。

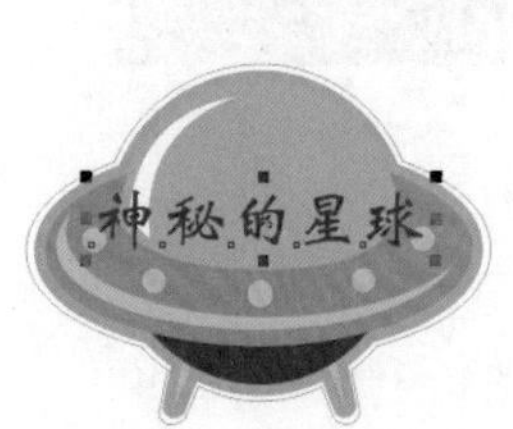

图 5-113

图 5-114

图 5-115

选中绕路径排列的文本，如图 5-116 所示。在图 5-117 所示的属性栏中可以设置“文字方向”“与路径距离”“水平偏移”选项。

图 5-116

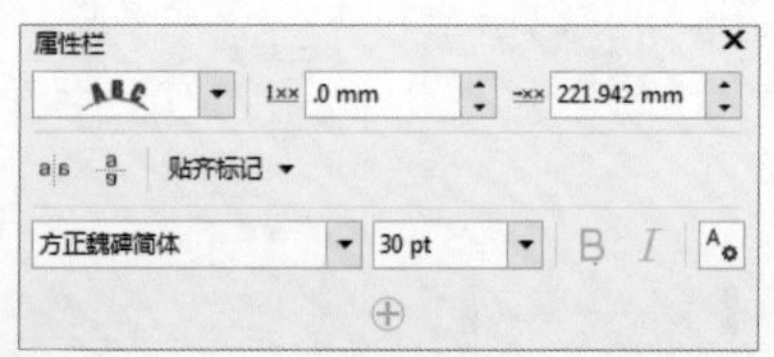

图 5-117

通过设置可以产生多种文本绕路径的效果，如图 5-118 所示。

图 5-118

2．文本绕图

CorelDRAW 提供了多种文本绕图的形式，应用好文本绕图可以使设计制作的杂志或报刊更加生动美观。

选择“文件 > 导入”命令，或按 Ctrl+I 组合键，弹出“导入”对话框。在对话框的“查找范围”列表框中选择需要的文件夹，在文件夹中选取需要的位图文件。单击“导入”按钮，在页面中单击鼠标左键，图形被导入到页面中，将其调整到段落文本中的适当位置，效果如图 5-119 所示。

在属性栏中单击“文本换行”按钮，在弹出的下拉菜单中选择需要的绕图方式，如图 5-120 所示。文本绕图效果如图 5-121 所示。在属性栏中单击“文本换行”按钮，在弹出的下拉菜单中可以设置换行样式，在“文本换行偏移”选项的数值框中可以设置偏移距离，如图 5-122 所示。

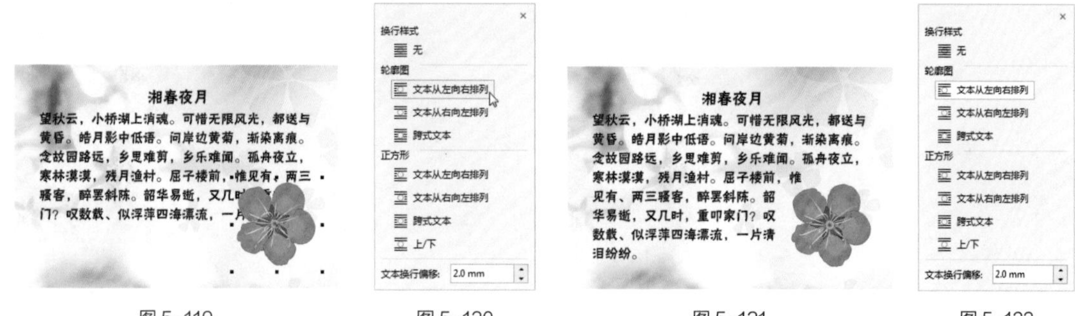

图 5-119　　图 5-120　　图 5-121　　图 5-122

3．段落分栏

选择一个段落文本，如图 5-123 所示。选择“文本 > 栏”命令，弹出“栏设置”对话框，将“栏数”选项设置为“2.0”，栏间宽度设置为“12 mm”，如图 5-124 所示。设置完成后，单击“确定”按钮，段落文本被分为两栏，效果如图 5-125 所示。

图 5-123

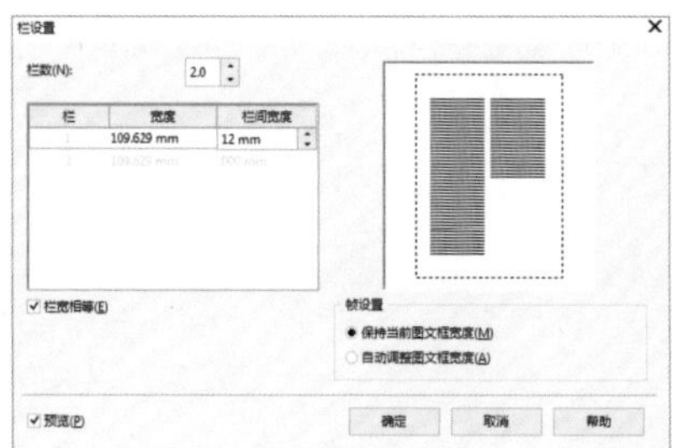

图 5-124

图 5-125

5.2.5 【实战演练】制作家居画册内页

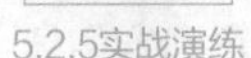
5.2.5实战演练

制作家居画册内页

5.3 综合演练——制作时尚家装画册内页 2

5.3综合演练

制作时尚家装画册内页2

06 第6章 宣传单设计

宣传单是直销广告的一种形式，可用于宣传活动、企业和商品，可以有效地将信息传达给目标受众。本章以制作不同主题的宣传单为例，讲解宣传单的设计方法和制作技巧。

知识目标

- 了解宣传单的设计思路
- 熟练掌握宣传单的制作方法和技巧

能力目标

- 掌握招聘宣传单的制作方法
- 掌握舞蹈宣传单的制作方法
- 掌握美食宣传单折页的制作方法
- 掌握文具用品宣传单的制作方法
- 掌握化妆品宣传单的制作方法

素质目标

- 培养能够与他人有效沟通的能力
- 培养专注、严谨的工作态度

6.1 制作招聘宣传单

6.1.1 【案例分析】

本案例是为一家视觉创意公司制作招聘宣传单。该公司专为客户提供设计方面的技术和创意支持，现公司需要新招一批专业设计人才，要求制作一款招聘宣传单，突出创意设计，符合公司特色。

6.1.2 【设计理念】

在制作时，使用淡黄色图案作为背景，给人明快的感觉；使用趣味卡通插画元素为画面主体，增加画面的活泼感；运用多彩的文字设计和活泼的排版方式与卡通插画相呼应，富有创意；与公司主营业务相符，最终效果如图 6-1 所示（参看云盘中的“Ch06 > 效果 > 制作招聘宣传单 .cdr”）。

图 6-1

6.1.3 【操作步骤】

1. 制作宣传单正面

（1）打开 CorelDRAW X8，按 Ctrl+N 组合键，新建一个 A4 页面。按 Ctrl+I 组合键，弹出“导入”对话框，选择云盘中的“Ch06 > 素材 > 制作招聘宣传单 > 01”文件，单击“导入”按钮，在页面中单击导入图片，如图 6-2 所示。按 P 键，图片在页面中居中对齐，效果如图 6-3 所示。

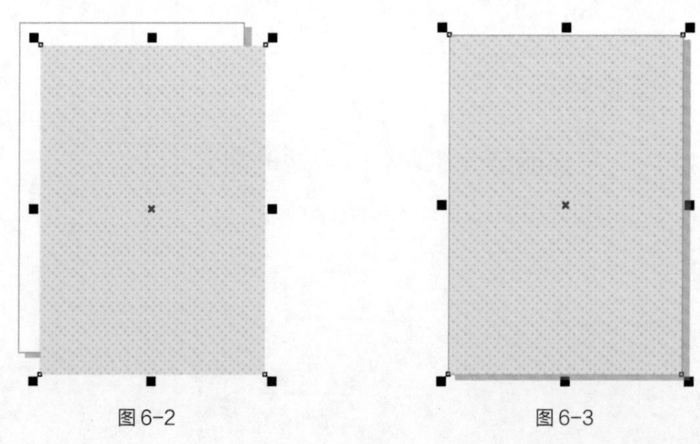

图 6-2　　图 6-3

（2）选择“文本”工具字，在页面中输入需要的文字。选择“选择”工具，在属性栏中选取适当的字体并设置文字大小，填充文字为白色，效果如图 6-4 所示。

（3）按 F12 键，弹出“轮廓笔”对话框。在“颜色”选项中设置轮廓线颜色为黑色，其他选项的设置如图 6-5 所示。单击“确定”按钮，效果如图 6-6 所示。

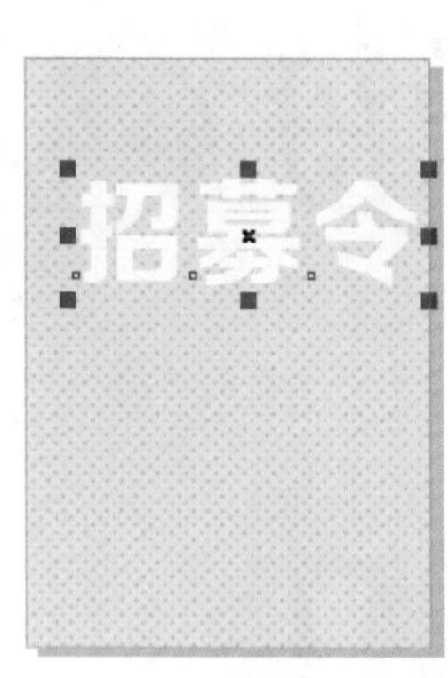

图 6-4

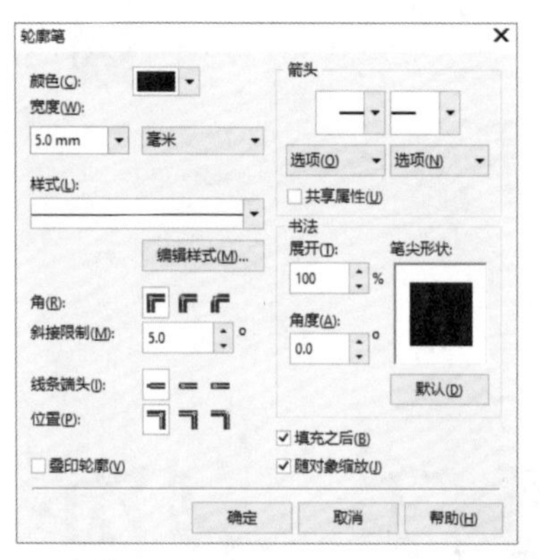

图 6-5

图 6-6

（4）按 Ctrl+K 组合键，将文字进行拆分，拆分完成后“招”字呈选中状态，如图 6-7 所示。选择“效果 > 添加透视”命令，文字周围出现控制线和控制点，如图 6-8 所示。分别拖曳控制点到适当的位置，透视文字效果如图 6-9 所示。用相同的方法分别调整其他文字的透视效果，如图 6-10 所示。

图 6-7

图 6-8

图 6-9

图 6-10

（5）选择“贝塞尔”工具，在适当的位置分别绘制不规则图形，如图 6-11 所示。选择“选择”工具，用圈选的方法将所绘制的图形同时选取。按 F12 键，弹出“轮廓笔”对话框，在“颜色”选项中设置轮廓线颜色为黑色，其他选项的设置如图 6-12 所示。单击“确定”按钮，并填充图形为白色，效果如图 6-13 所示。

（6）单击属性栏中的“合并”按钮，合并图形，如图 6-14 所示。连续按 Ctrl+PageDown 组合键，将图形向后移至适当的位置，效果如图 6-15 所示。

图 6-11

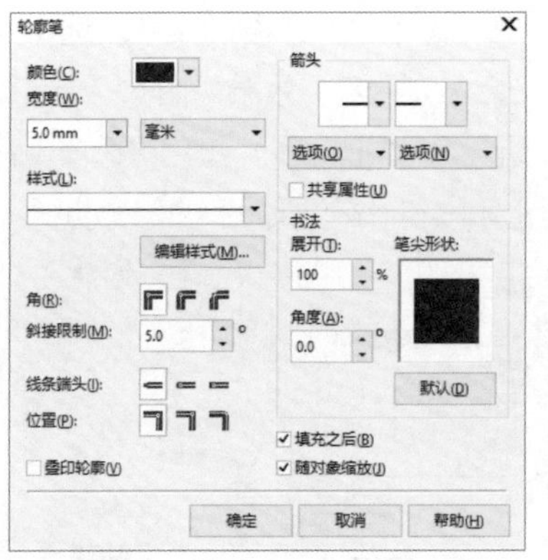

图 6-12

图 6-13

图 6-14　　图 6-15

（7）选择“矩形”工具，在适当的位置绘制一个矩形，如图 6-16 所示。设置图形颜色的 CMYK 值为 71、94、97、69，填充图形，并去除图形的轮廓线，效果如图 6-17 所示。

图 6-16　　图 6-17

（8）选择“阴影”工具，在属性栏中单击“预设列表”选项，在弹出的菜单中选择“平面右下”，其他选项的设置如图 6-18 所示。按 Enter 键，效果如图 6-19 所示。

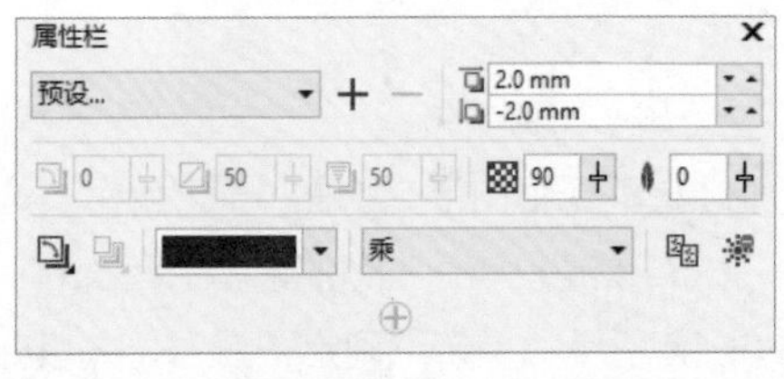

图 6-18　　图 6-19

（9）选择“文本”工具，在适当的位置输入需要的文字。选择“选择”工具，在属性栏中选取适当的字体并设置文字大小，填充文字为白色，效果如图 6-20 所示。选择“形状”工具，向右拖曳文字下方的图标，调整文字的间距，效果如图 6-21 所示。

图 6-20

图 6-21

（10）按 Ctrl+I 组合键，弹出“导入”对话框。选择云盘中的“Ch06 > 素材 > 制作招聘宣传单 > 02”文件，单击“导入”按钮，在页面中单击导入图片。选择“选择”工具，拖曳图片到适当的位置，效果如图 6-22 所示。

（11）选择“文本”工具，在适当的位置输入需要的文字。选择“选择”工具，在属性栏中选取适当的字体并设置文字大小，效果如图 6-23 所示。

图 6-22

图 6-23

（12）选择“椭圆形”工具，在按住 Ctrl 键的同时，在页面外绘制一个圆形，填充图形为白色，如图 6-24 所示。在属性栏中的“轮廓宽度” 0.2 mm 框中设置数值为 2.5 mm，按 Enter 键，效果如图 6-25 所示。

（13）选择“变形”工具，单击属性栏中“推拉变形”按钮，在圆形中心单击并按住鼠标左键不放向右侧拖曳鼠标，将图形变形，效果如图 6-26 所示。选择“选择”工具，在属性栏中的“旋转角度” .0 °框中设置数值为 -45。按 Enter 键，效果如图 6-27 所示。

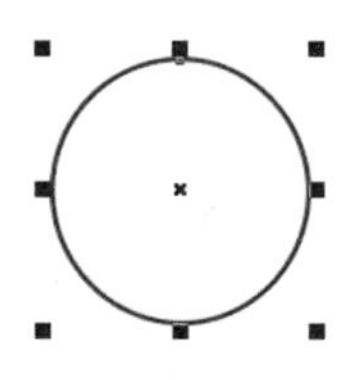

图 6-24

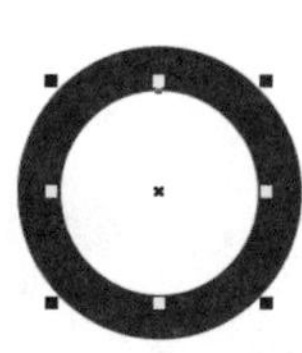

图 6-25

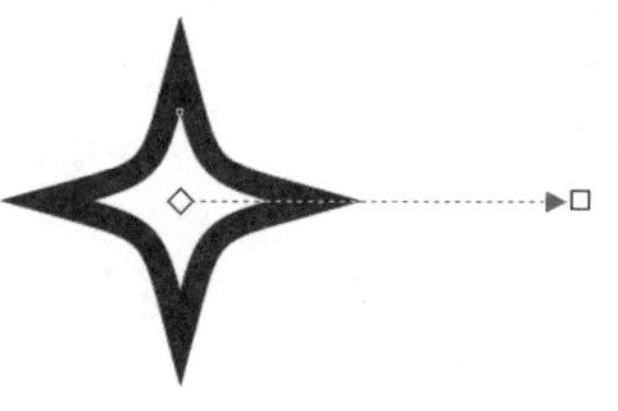

图 6-26

图 6-27

（14）拖曳变形的星形到页面中适当的位置，效果如图 6-28 所示。按数字键盘上的 + 键，复制星形。向右拖曳复制的星形到适当的位置，并调整其大小，效果如图 6-29 所示。用相同的方法分别复制其他星形，并调整其大小，效果如图 6-30 所示。

（15）按 Ctrl+I 组合键，弹出“导入”对话框。选择云盘中的“Ch06 > 素材 > 制作招聘宣传单 > 03”文件，单击“导入”按钮，在页面中单击导入图片。选择“选择”工具，拖曳图片到适当的位置，并调整其大小，效果如图 6-31 所示。

（16）选择“阴影”工具，在图片中从上向下拖曳鼠标指针，为图片添加阴影效果。在属性栏中的设置如图 6-32 所示。按 Enter 键，效果如图 6-33 所示。

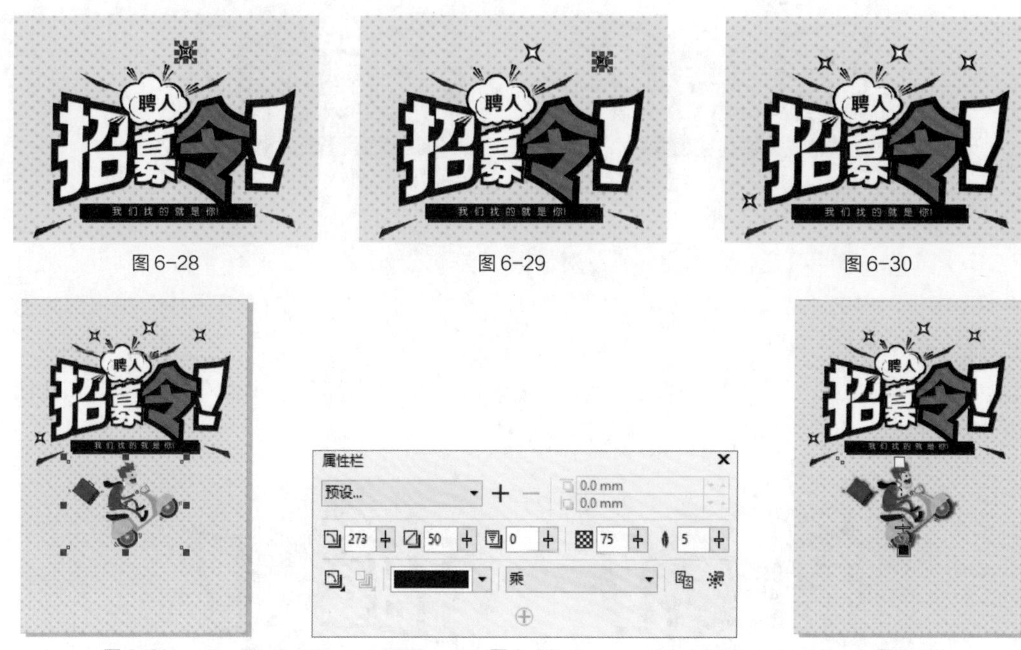

图 6-28　图 6-29　图 6-30

图 6-31　图 6-32　图 6-33

（17）选择“矩形”工具，在适当的位置绘制一个矩形。设置图形颜色的 CMYK 值为 71、94、97、69，填充图形，并去除图形的轮廓线，效果如图 6-34 所示。

（18）选择“阴影”工具，在属性栏中单击“预设列表”选项，在弹出的菜单中选择“平面右下”，其他选项的设置如图 6-35 所示。按 Enter 键，效果如图 6-36 所示。

（19）选择“文本”工具，在适当的位置输入需要的文字。选择“选择”工具，在属性栏中选取适当的字体并设置文字大小，填充文字为白色，效果如图 6-37 所示。

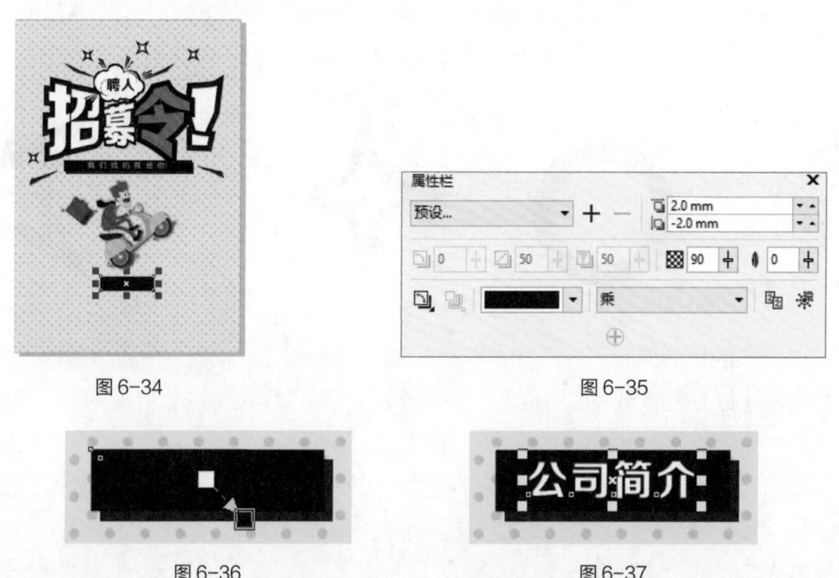

图 6-34　图 6-35

图 6-36　图 6-37

（20）选择“文本”工具，在适当的位置拖曳出一个文本框，如图 6-38 所示。在文本框中输入需要的文字，在属性栏中选取适当的字体并设置文字大小，效果如图 6-39 所示。

图 6-38

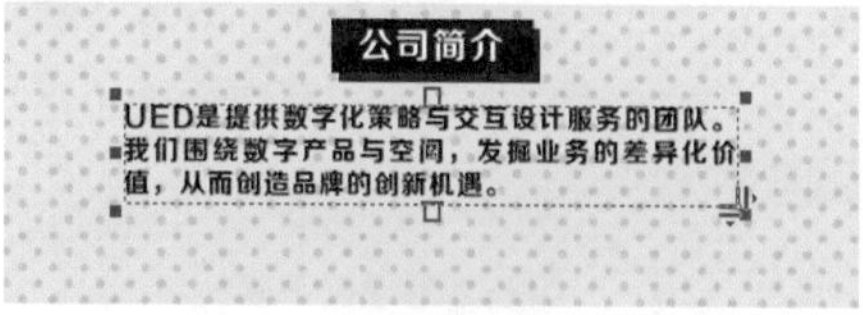

图 6-39

（21）选择“2 点线”工具，按住 Ctrl 键的同时，在适当的位置绘制一条直线，如图 6-40 所示。在属性栏中的“轮廓宽度” 0.2 mm 框中设置数值为 1.5 mm。按 Enter 键，效果如图 6-41 所示。

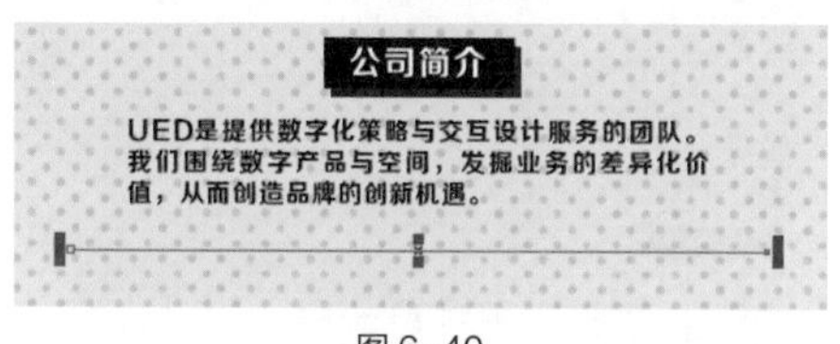

图 6-40

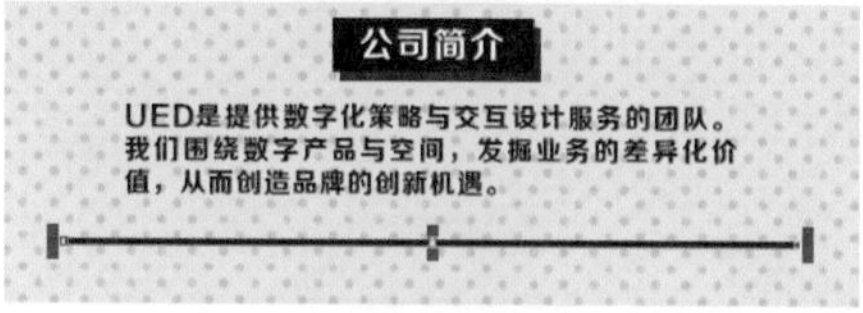

图 6-41

2．制作宣传单背面

（1）选择“布局 > 再制页面”命令，在弹出的对话框中选择需要的单选项，如图 6-42 所示。单击“确定”按钮，再制页面，如图 6-43 所示。

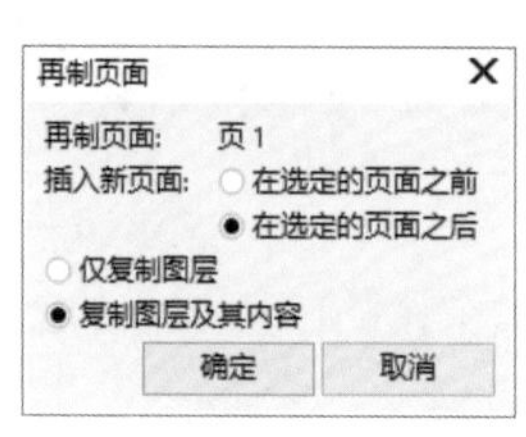

图 6-42

图 6-43

（2）选择“选择”工具，选取不需要的段落文字，如图 6-44 所示。按 Delete 键，删除选中的文字，如图 6-45 所示。分别调整余下的图形和文字到适当的位置，并调整其大小，效果如图 6-46 所示。

图 6-44

图 6-45

图 6-46

（3）选择“文本”工具，选取并重新输入文字“联系我们”，如图 6-47 所示。选择“选择”工具，按 Ctrl+I 组合键，弹出“导入”对话框。选择云盘中的“Ch06 > 素材 > 制作招聘宣传单 > 04”文件，单击“导入”按钮，在页面中单击导入图片。选择“选择”工具，拖曳图片到适当的位置，效果如图 6-48 所示。

图 6-47

图 6-48

（4）选择“矩形”工具，在适当的位置绘制一个矩形。在属性栏中的“轮廓宽度”框中设置数值为 0.5 mm。按 Enter 键，效果如图 6-49 所示。在“CMYK 调色板”中的“橘红”色块上单击鼠标左键，填充图形，效果如图 6-50 所示。

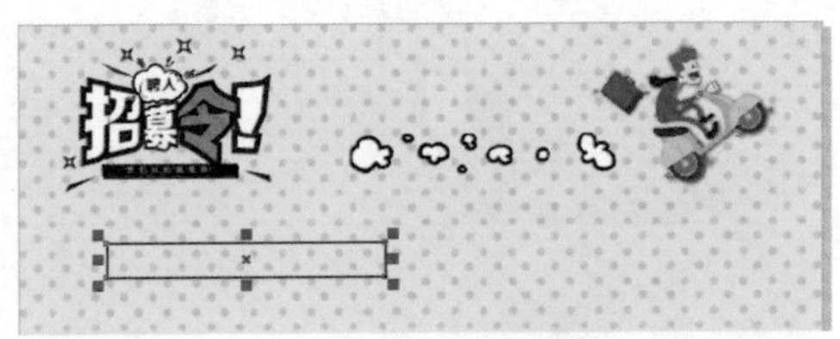

图 6-49

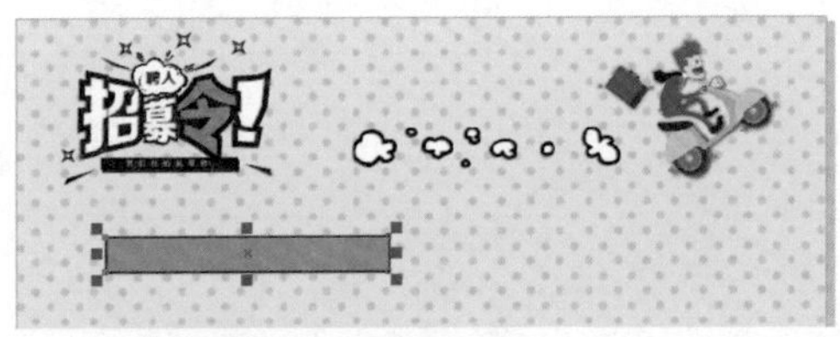

图 6-50

（5）选择“阴影”工具，在属性栏中单击“预设列表”选项，在弹出的菜单中选择“平面右下”，其他选项的设置如图 6-51 所示。按 Enter 键，效果如图 6-52 所示。

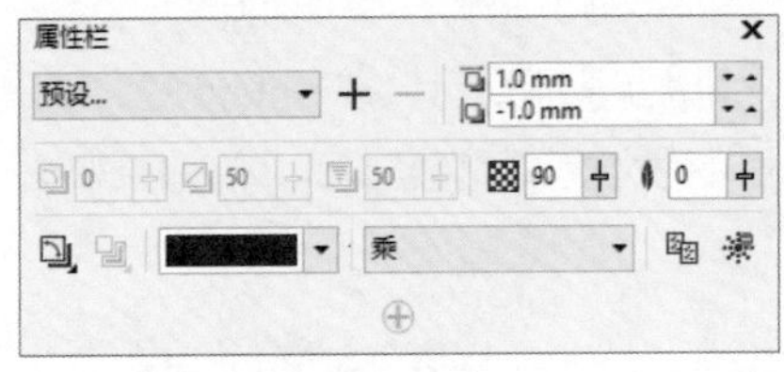

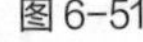
图 6-51

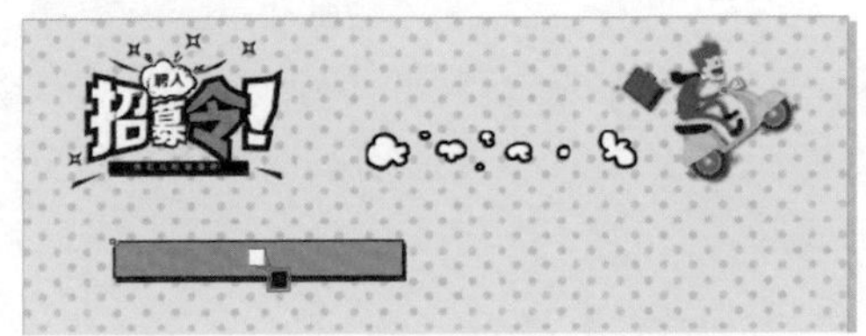

图 6-52

（6）选择“基本形状”工具，单击属性栏中的“完美形状”按钮，在弹出的下拉列表中选择需要的形状，如图 6-53 所示。在适当的位置拖曳鼠标绘制图形，填充图形为白色，并去除图形的轮廓线，如图 6-54 所示。

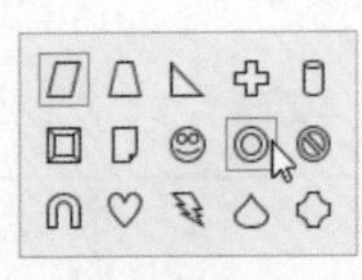

图 6-53

图 6-54

（7）选择“文本”工具字，在适当的位置分别输入需要的文字。选择“选择”工具，在属性栏中分别选取适当的字体并设置文字大小，效果如图 6-55 所示。选取文字“程序开发员”，填充文字为白色，效果如图 6-56 所示。

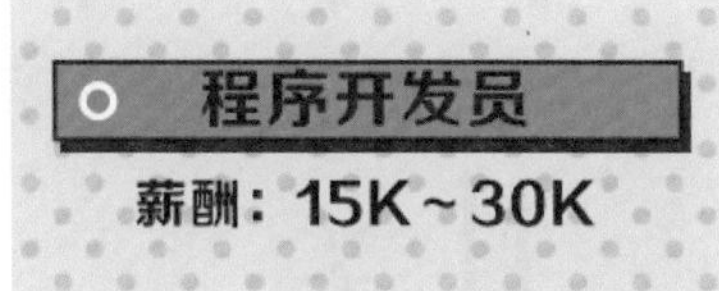

图 6-55

图 6-56

（8）选择“文本”工具字，在适当的位置拖曳出一个文本框，如图 6-57 所示。在文本框中输入需要的文字，在属性栏中选取适当的字体并设置文字大小，效果如图 6-58 所示。

图 6-57

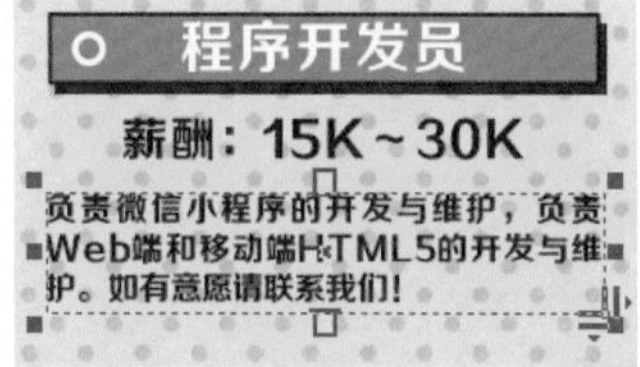

图 6-58

（9）用相同的方法添加其他职位信息，效果如图 6-59 所示。选择“文本”工具字，在适当的位置分别输入需要的文字。选择“选择”工具，在属性栏分别中选取适当的字体并设置文字大小，效果如图 6-60 所示。招聘宣传单制作完成。

图 6-59

图 6-60

6.1.4 【相关工具】

应用 CorelDRAW X8 的独特功能，可以轻松地创建出计算机字库中没有的汉字。下面介绍具体的创建方法。

选择“文本”工具字，输入两个具有创建文字所需偏旁的汉字，如图 6-61 所示。选择“选择”工具，选取文字，如图 6-62 所示。按 Ctrl+Q 组合键将文字转换为曲线，效果如图 6-63 所示。

按 Ctrl+K 组合键将转换为曲线的文字打散。选择“选择”工具，选中所需偏旁，将其移动到创建文字的位置，如图 6-64 所示。进行组合的效果如图 6-65 所示。

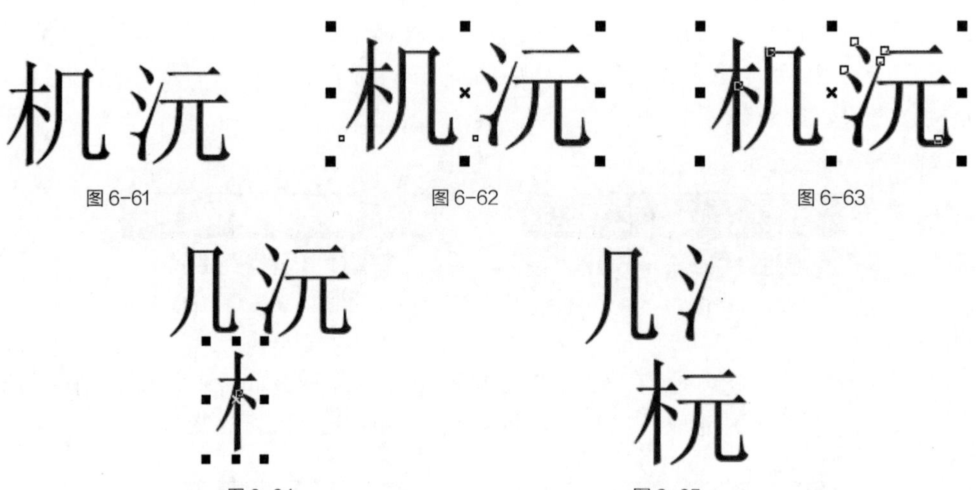

图 6-61　　图 6-62　　图 6-63

图 6-64　　图 6-65

组合好新文字后，选择“选择”工具，用圈选的方法选中新文字，如图 6-66 所示。再按 Ctrl+G 组合键将新文字组合，如图 6-67 所示。新文字制作完成，效果如图 6-68 所示。

图 6-66　　图 6-67　　图 6-68

6.1.5 【实战演练】制作舞蹈宣传单

6.1.5实战演练

制作舞蹈宣传单1

制作舞蹈宣传单2

6.2 制作美食宣传单折页

6.2.1 【案例分析】

本案例是为艾格斯兰美食厅制作宣传单折页，要求使用独特的设计手法将食品图片和宣传文字相结合，重点展示食物的品种丰富，性价比高。

6.2.2 【设计理念】

在制作时，通过浅色渐变背景搭配精美的产品图片，体现出产品选料精良、美味可口的特点；通过艺术设计的标题文字，展现出时尚和现代感，突出宣传主题，让人印象深刻。（最终效果参看云盘中的“Ch06 > 效果 > 制作美食宣传单折页 .cdr”，如图 6-69 所示。）

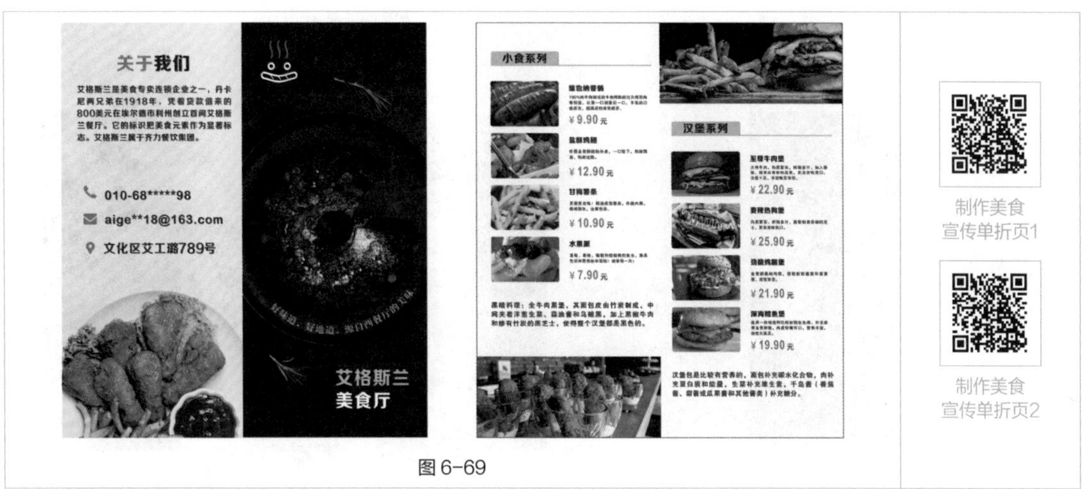

图 6-69

6.2.3 【操作步骤】

1. 制作折页 01 和 02

（1）打开 CorelDRAW X8，按 Ctrl+N 组合键，弹出“创建新文档”对话框。设置文档的宽度为 190 mm，高度为 210 mm，取向为横向，原色模式为 CMYK，渲染分辨率为 300 dpi，单击“确定”按钮，创建一个文档。

（2）按 Ctrl+J 组合键，弹出“选项”对话框。选择“文档 > 页面尺寸”选项，在“出血”框中设置数值为 3.0，勾选“显示出血区域”复选框，如图 6-70 所示。单击“确定”按钮，页面效果如图 6-71 所示。

（3）选择“视图 > 标尺”命令，在视图中显示标尺。选择“选择”工具，在左侧标尺中拖曳一条垂直辅助线，在属性栏中将“X 位置”选项设为 95 mm，按 Enter 键，效果如图 6-72 所示。

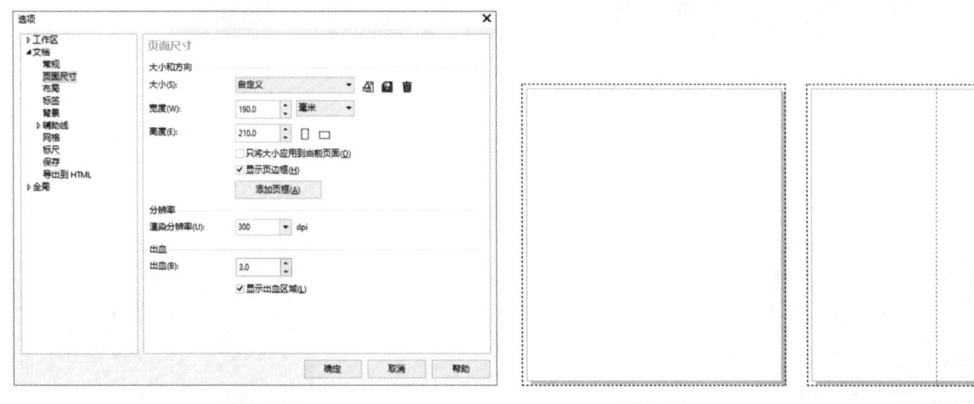

图 6-70　　图 6-71　　图 6-72

（4）按 Ctrl+I 组合键，弹出“导入”对话框。选择云盘中的“Ch06 > 素材 > 制作美食宣传单折页 > 01、02”文件，单击“导入”按钮，在页面中分别单击导入图片。选择“选择”工具，分别拖曳图片到适当的位置，效果如图 6-73 所示。

（5）选择“文本”工具，在页面中输入需要的文字。选择“选择”工具，在属性栏中选取适当的字体并设置文字大小，填充文字为白色，效果如图 6-74 所示。

（6）选择“文本”工具，选取文字“艾格斯兰”，设置文字颜色的 CMYK 值为 40、0、98、0，填充文字，效果如图 6-75 所示。

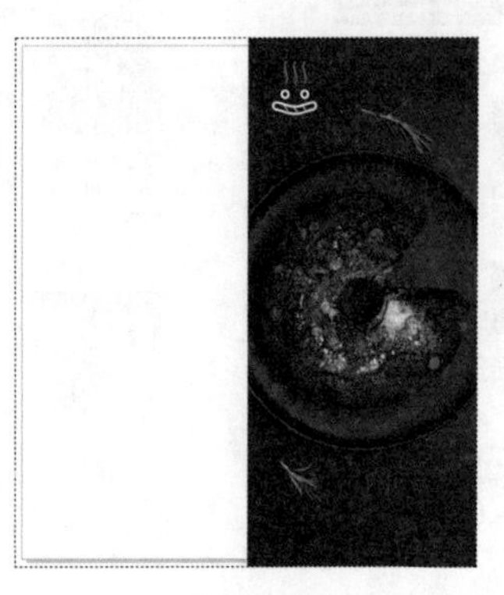
图 6-73

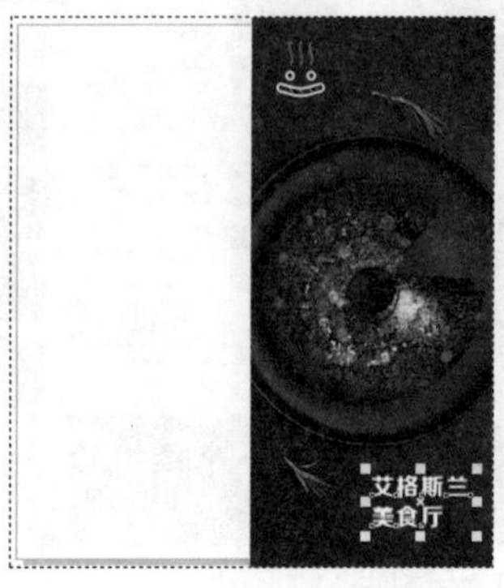

图 6-74

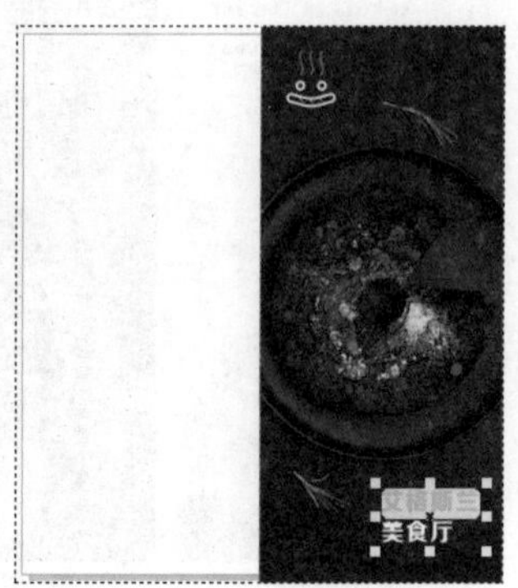

图 6-75

（7）选择“贝塞尔”工具，在适当的位置绘制一条曲线，如图 6-76 所示。选择“文本”工具，在适当的位置输入需要的文字。选择“选择”工具，在属性栏中选取适当的字体并设置文字大小。设置文字颜色的 CMYK 值为 40、0、98、0，填充文字，效果如图 6-77 所示。（为了方便读者观看，这里以白色显示。）

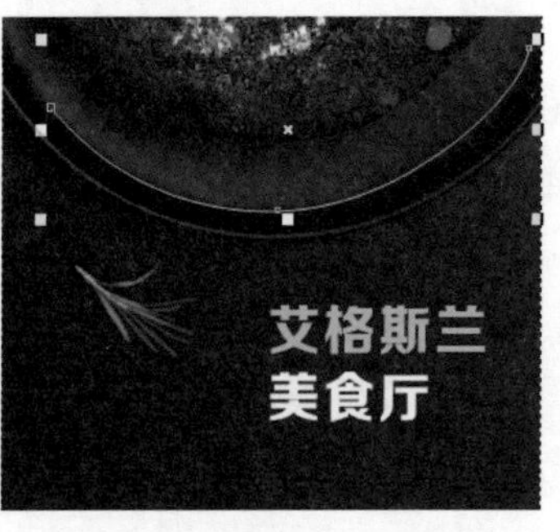

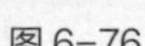
图 6-76

图 6-77

（8）保持文字的选取状态，选择“文本 > 使文本适合路径”命令，将鼠标指针置于曲线上，单击鼠标左键，文本自动绕路径排列，效果如图 6-78 所示。在属性栏中的设置如图 6-79 所示。按 Enter 键，效果如图 6-80 所示。

图 6-78

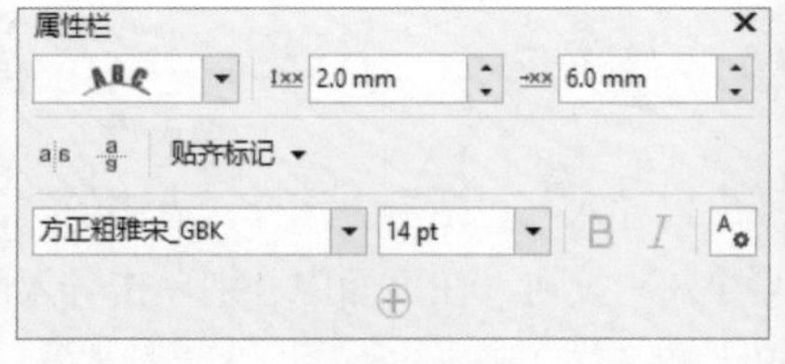

图 6-79

图 6-80

（9）按 Ctrl+I 组合键，弹出“导入”对话框。选择云盘中的“Ch06 > 素材 > 制作美食宣传单折页 > 03”文件，单击“导入”按钮，在页面中单击导入图片。选择“选择”工具，拖曳图片到适当的位置，效果如图 6-81 所示。

（10）选择“文本”工具字，在适当的位置输入需要的文字。选择“选择”工具，在属性栏中选取适当的字体并设置文字大小，效果如图 6-82 所示。

（11）选择“文本”工具字，选取文字“关于”，设置文字颜色的 CMYK 值为 13、61、89、0，填充文字，效果如图 6-83 所示。

图 6-81

图 6-82

图 6-83

（12）选择“文本”工具字，在适当的位置拖曳出一个文本框，如图 6-84 所示。在文本框中输入需要的文字，在属性栏中选取适当的字体并设置文字大小，效果如图 6-85 所示。

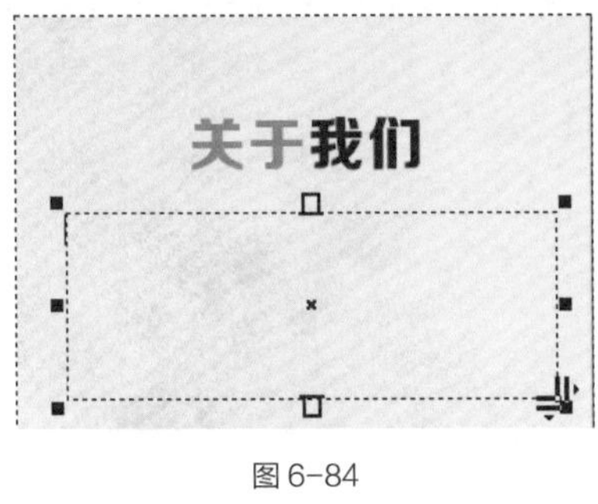

图 6-84

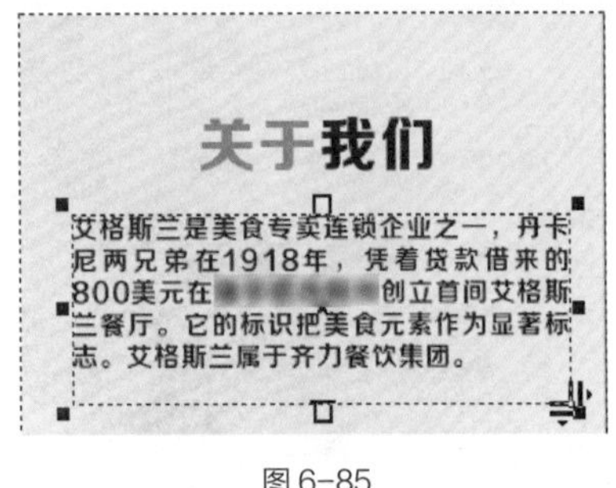

图 6-85

（13）按 Ctrl+T 组合键，弹出“文本属性”泊坞窗，单击“两端对齐”按钮，其他选项的设置如图 6-86 所示。按 Enter 键，效果如图 6-87 所示。

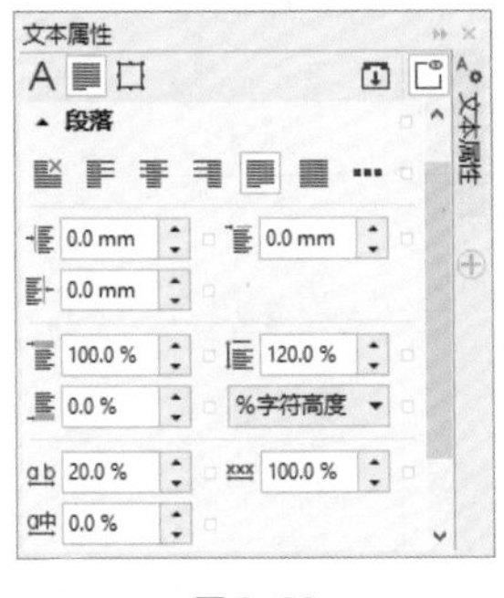

图 6-86

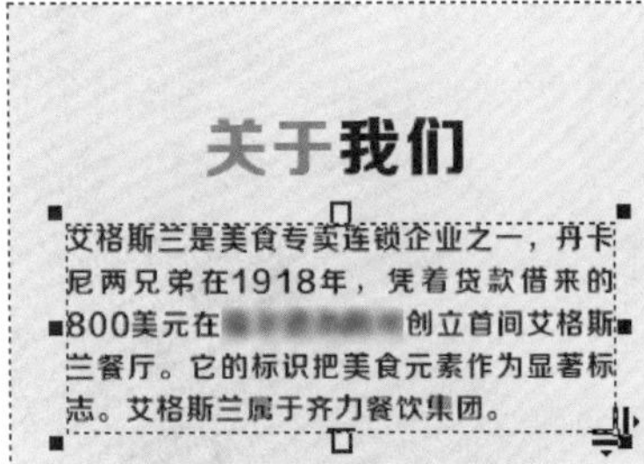

图 6-87

（14）按 Ctrl+I 组合键，弹出“导入”对话框。选择云盘中的“Ch06 > 素材 > 制作美食宣传单折页 > 04”文件，单击“导入”按钮，在页面中单击导入图片。选择“选择”工具，拖曳图片到适当的位置，效果如图 6-88 所示。

（15）选择“文本”工具字，在适当的位置分别输入需要的文字。选择“选择”工具，在属性栏分别中选取适当的字体并设置文字大小，效果如图 6-89 所示。

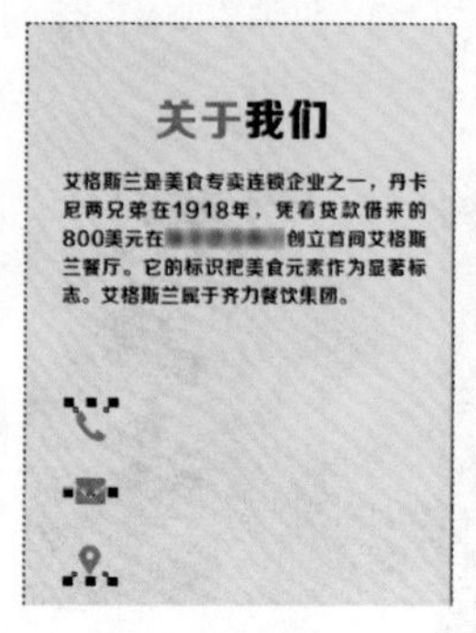

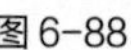

图 6-88

图 6-89

2．制作折页 03 和 04

（1）选择“布局 > 插入页面”命令，在弹出的对话框中进行设置，如图 6-90 所示。单击“确定”按钮，插入页面，如图 6-91 所示。

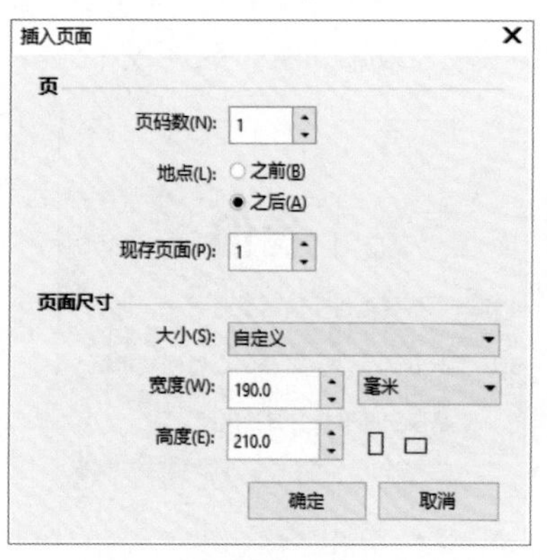

图 6-90

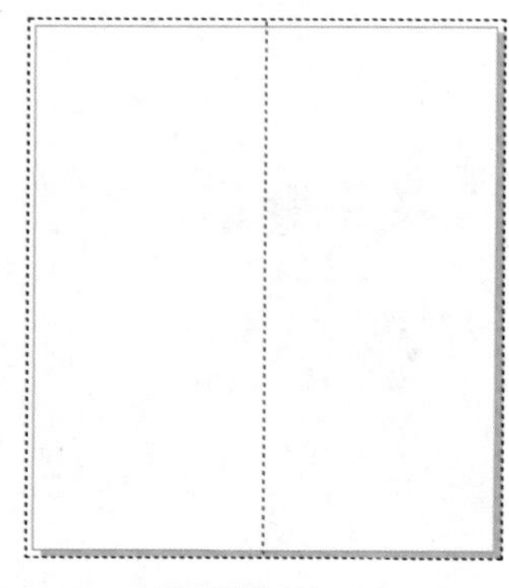

图 6-91

（2）按 Ctrl+I 组合键，弹出“导入”对话框。选择云盘中的“Ch06 > 素材 > 制作美食宣传单折页 > 05”文件，单击“导入”按钮，在页面中单击导入图片，如图 6-92 所示。按 P 键，图片在页面中居中对齐，效果如图 6-93 所示。

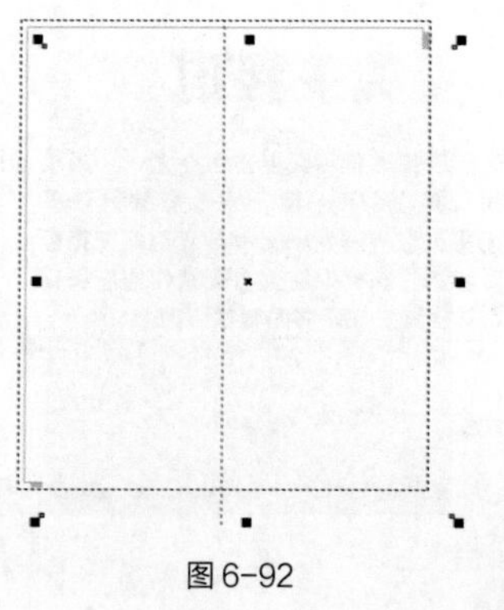

图 6-92

图 6-93

（3）选择“矩形”工具，在适当的位置绘制一个矩形，如图 6-94 所示。按 Ctrl+I 组合键，弹出“导入”对话框，选择云盘中的“Ch06 > 素材 > 制作美食宣传单折页 > 06”文件，单击“导入”按钮，在页面中单击导入图片。选择“选择”工具，拖曳图片到适当的位置，并调整其大小，效果如图 6-95 所示。按 Ctrl+PageDown 组合键，将图形向后移一层，效果如图 6-96 所示。

图 6-94　　图 6-95　　图 6-96

（4）选择“对象 > PowerClip > 置于图文框内部”命令，鼠标指针变为黑色箭头形状，在矩形框上单击鼠标左键，如图 6-97 所示。将图片置入矩形框中，效果如图 6-98 所示。

图 6-97　　图 6-98

（5）选择“矩形”工具，在适当的位置绘制一个矩形，如图 6-99 所示。设置图形颜色的 CMYK 值为 40、0、98、0，填充图形，并去除图形的轮廓线，效果如图 6-100 所示。

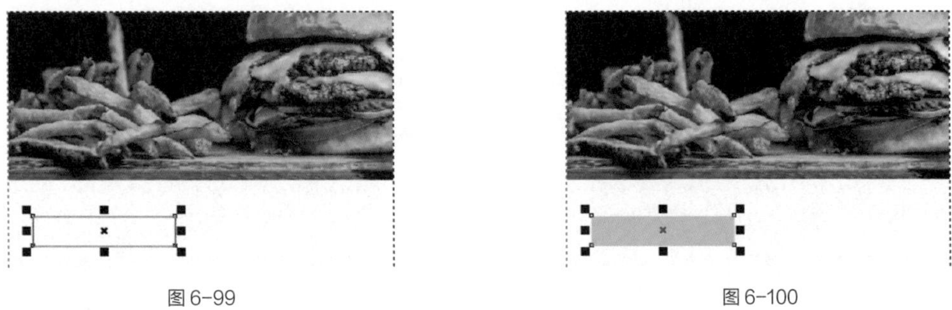

图 6-99　　图 6-100

（6）在属性栏中将“转角半径”选项设为 1.0 mm 和 0.0 mm，如图 6-101 所示。按 Enter 键，效果如图 6-102 所示。

（7）选择“文本”工具，在适当的位置输入需要的文字。选择“选择”工具，在属性栏中选取适当的字体并设置文字大小，效果如图 6-103 所示。选择“2 点线”工具，在按住 Ctrl 键的同时，在适当的位置绘制一条直线，如图 6-104 所示。

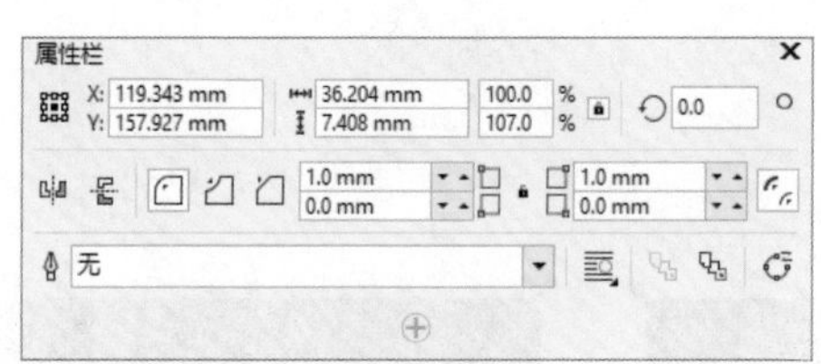

图 6-101

图 6-102

图 6-103

图 6-104

（8）按 F12 键，弹出“轮廓笔”对话框，在“颜色”选项中设置轮廓线颜色的 CMYK 值为 40、0、98、0，其他选项的设置如图 6-105 所示。单击“确定”按钮，效果如图 6-106 所示。

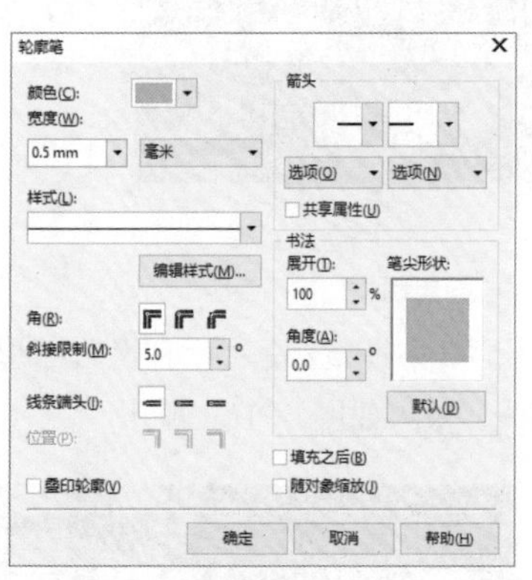

图 6-105

图 6-106

（9）按 Ctrl+I 组合键，弹出“导入”对话框。选择云盘中的“Ch06 > 素材 > 制作美食宣传单折页 > 07”文件，单击“导入”按钮，在页面中单击导入图片。选择“选择”工具，拖曳图片到适当的位置，并调整其大小，效果如图 6-107 所示。

（10）选择“矩形”工具，在适当的位置绘制一个矩形，如图 6-108 所示。在属性栏中将“转角半径”选项均设为 1.0 mm。按 Enter 键，效果如图 6-109 所示。（为了方便读者观看，这里以白色显示。）

（11）选择“选择”工具，选取下方汉堡包图片。选择“对象 > PowerClip > 置于图文框内部”命令，鼠标指针变为黑色箭头形状，在圆角矩形框上单击鼠标左键，如图 6-110 所示。将图片置入圆角矩形框中，效果如图 6-111 所示。

（12）选择“文本”工具字，在适当的位置输入需要的文字。选择“选择”工具，在属性栏中选取适当的字体并设置文字大小，效果如图 6-112 所示。

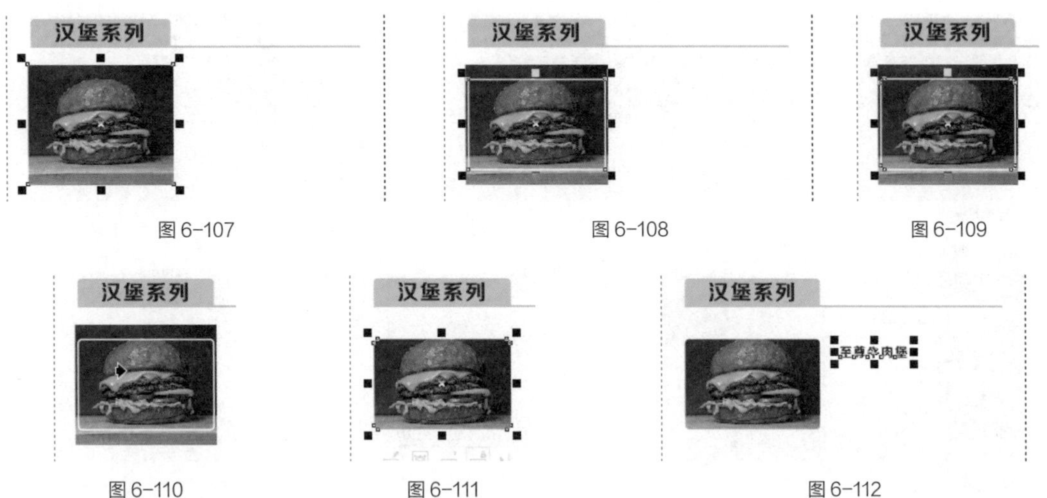

图 6-107　图 6-108　图 6-109

图 6-110　图 6-111　图 6-112

（13）选择“文本”工具字，在适当的位置拖曳出一个文本框，如图 6-113 所示。在文本框中输入需要的文字，在属性栏中选取适当的字体并设置文字大小，效果如图 6-114 所示。

图 6-113　图 6-114

（14）在“文本属性”泊坞窗中，单击“两端对齐”按钮，其他选项的设置如图 6-115 所示。按 Enter 键，效果如图 6-116 所示。

（15）选择“文本”工具字，在适当的位置输入需要的文字。选择“选择”工具，在属性栏中选取适当的字体并设置文字大小，效果如图 6-117 所示。

图 6-115　图 6-116　图 6-117

（16）选择“文本”工具字，选取数字“22.90”，在属性栏中选取适当的字体并设置文字大小，效果如图 6-118 所示。

（17）选取文字“元”，在属性栏中设置文字大小，效果如图 6-119 所示。选取文字“¥ 22.90”，设置文字颜色的 CMYK 值为 13、61、89、0，填充文字，效果如图 6-120 所示。

（18）用相同的方法导入其他图片，并制作图 6-121 所示的效果。选择“文本”工具字，在适当的位置拖曳出一个文本框，如图 6-122 所示。在文本框中输入需要的文字，在属性栏中选取适当的字体并设置文字大小，效果如图 6-123 所示。

图 6-118　　图 6-119　　图 6-120

图 6-121　　图 6-122　　图 6-123

（19）在“文本属性”泊坞窗中，单击“两端对齐”按钮，其他选项的设置如图 6-124 所示。按 Enter 键，效果如图 6-125 所示。用相同的方法制作“04”页面，效果如图 6-126 所示。美食宣传单折页制作完成。

图 6-124　　图 6-125　　图 6-126

6.2.4 【相关工具】

1. 对象的排序

在 CorelDRAW X8 中，绘制的图形对象都存在着重叠的关系，如果在绘图页面中的同一位置先后绘制两个不同的背景图形对象，后绘制的图形对象将位于先绘制图形对象的上方。使用 CorelDRAW X8 的排序功能可以安排多个图形对象的前后排序，也可以使用图层来管理图形对象。

在绘图页面中先后绘制几个不同的图形对象，效果如图 6-127 所示。使用“选择”工具选择要进行排序的图形对象，如图 6-128 所示。

图 6-127

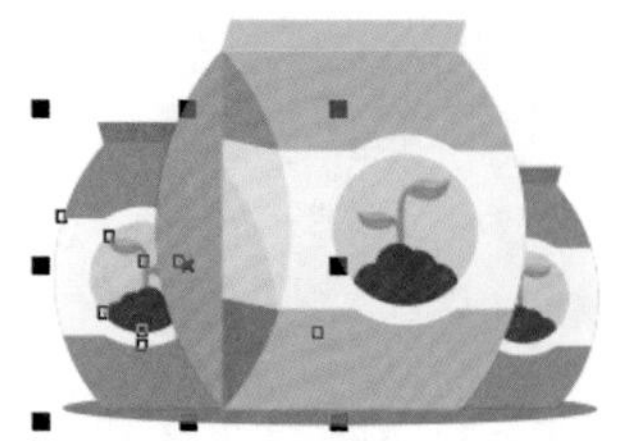

图 6-128

● 选择“对象 > 顺序”子菜单下的各个命令，如图 6-129 所示，可将已选择的图形对象排序。

● 选择“到图层前面”命令，可以将背景图形从当前层移动到绘图页面中其他图形对象的最前面，效果如图 6-130 所示。按 Shift+PageUp 组合键，也可以完成这个操作。

● 选择“到图层后面”命令，可以将背景图形从当前层移动到绘图页面中其他图形对象的最后面，如图 6-131 所示。按 Shift+PageDown 组合键，也可以完成这个操作。

图 6-129

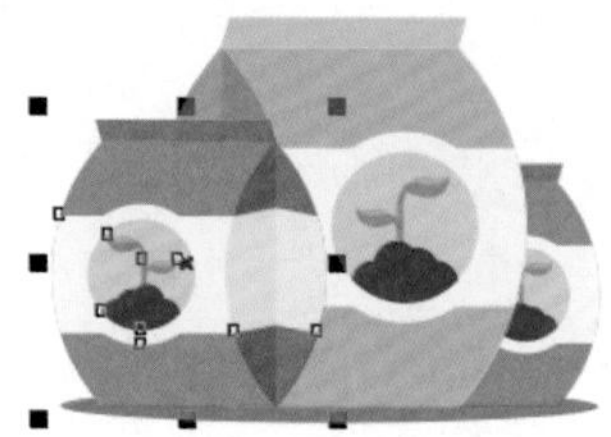

图 6-130

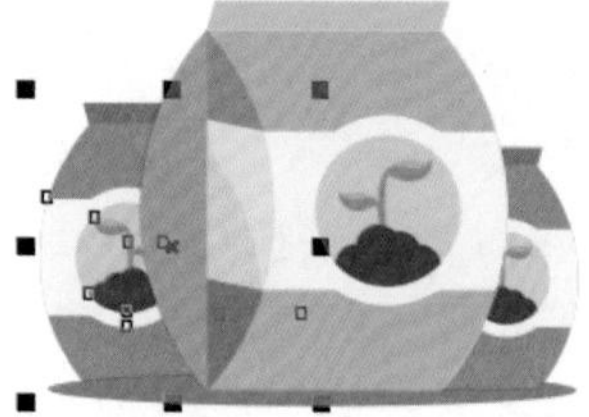

图 6-131

● 选择“向前一层”命令，可以将选定的图形从当前位置向前移动一个图层，如图 6-132 所示。按 Ctrl+PageUp 组合键，也可以完成这个操作。

● 当图形位于图层最前面的位置时，选择“向后一层”命令，可以将选定的图形从当前位置向后移动一个图层，如图 6-133 所示。按 Ctrl+PageDown 组合键，也可以完成这个操作。

图 6-132

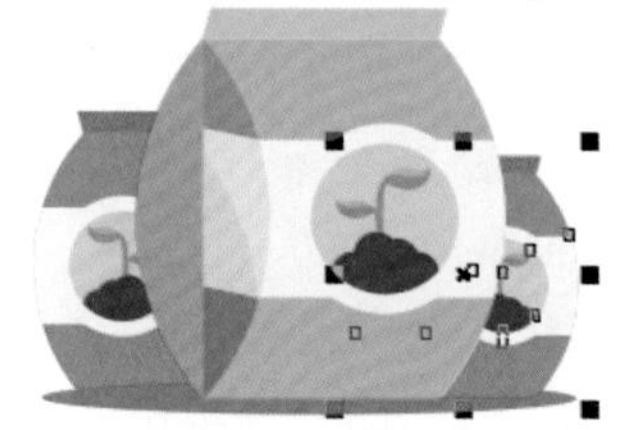

图 6-133

● 选择“置于此对象前”命令，可以将选择的图形放置到指定图形对象的前面。选择“置于此对象前”命令后，鼠标指针变为黑色箭头，使用黑色箭头单击指定的图形对象，如图 6-134 所示，图形被放置到指定图形对象的前面，效果如图 6-135 所示。

● 选择“置于此对象后”命令，可以将选择的图形放置到指定图形对象的后面。选择“置于此对象后”命令后，鼠标指针变为黑色箭头，使用黑色箭头单击指定的图形对象，如图 6-136 所示。图形被放置到指定的背景图形对象的后面，效果如图 6-137 所示。

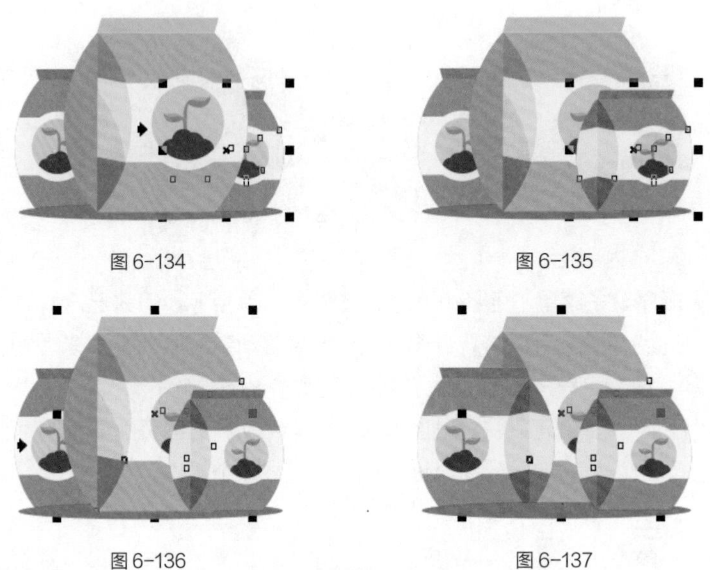

图 6-134　图 6-135

图 6-136　图 6-137

2. 组合

使用“选择”工具选取要进行组合的图形对象，如图 6-138 所示。选择“对象 > 组合 > 组合对象”命令，或按 Ctrl+G 组合键，或单击属性栏中的“组合对象”按钮，都可以将多个图形对象进行群组，效果如图 6-139 所示。按住 Ctrl 键，选择“选择”工具，单击需要选取的子对象，松开 Ctrl 键，子对象被选取，效果如图 6-140 所示。

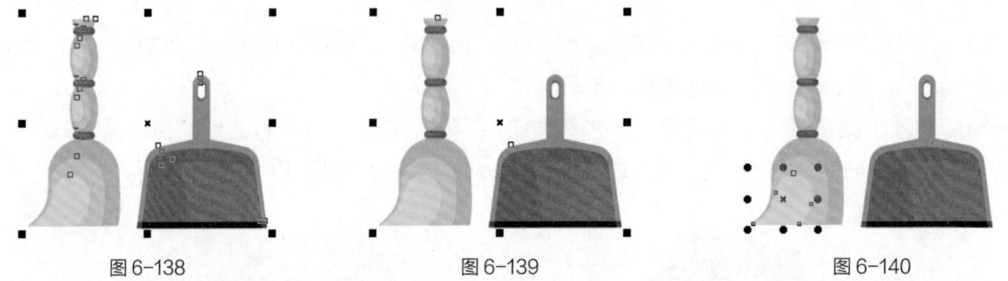

图 6-138　图 6-139　图 6-140

群组后的图形对象变成一个整体，移动一个对象，其他的对象将会随之移动，填充一个对象，其他的对象也将随之被填充。

选择“对象 > 组合 > 取消组合对象”命令，或按 Ctrl+U 组合键，或单击属性栏中的“取消组合对象”按钮，都可以取消对象的群组状态。选择“对象 > 组合 > 取消组合所有对象”命令，或单击属性栏中的“取消组合所有对象”按钮，都可以取消所有对象的群组状态。

在群组中，子对象可以是单个的对象，也可以是多个对象组成的群组，称为群组的嵌套。使用群组的嵌套可以管理多个对象之间的关系。

3. 合并

绘制几个图形对象，如图 6-141 所示。使用“选择”工具选取要进行合并的图形对象，如图 6-142 所示。

图 6-141

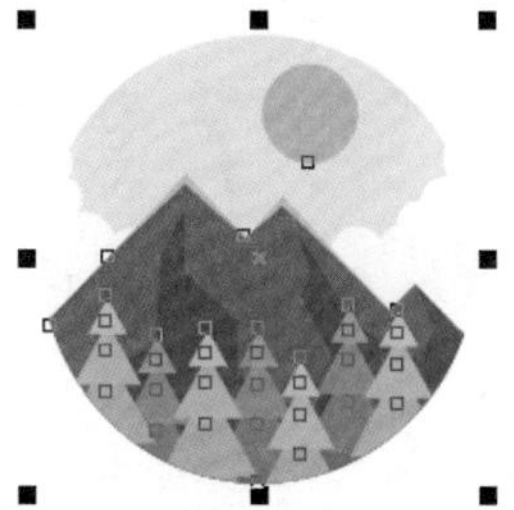

图 6-142

● 选择“对象 > 合并”命令，或按 Ctrl+L 组合键，可以将多个图形对象合并，效果如图 6-143 所示。

● 使用“形状”工具选中合并后的图形对象，可以对图形对象的节点进行调整，如图 6-144 所示，改变图形对象的形状，效果如图 6-145 所示。

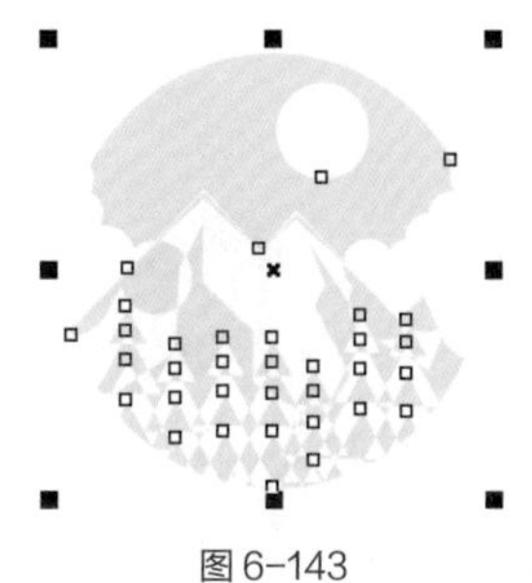

图 6-143

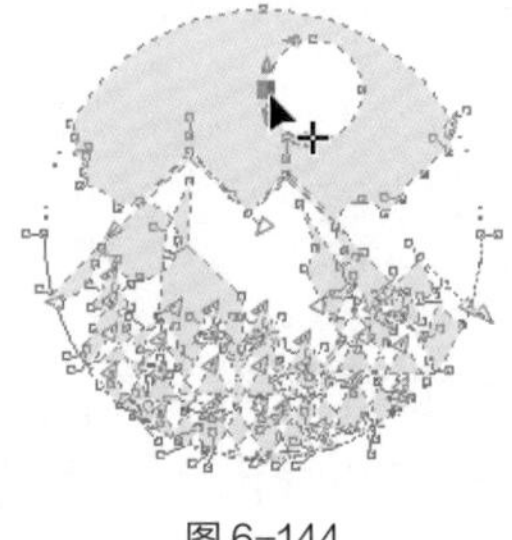

图 6-144

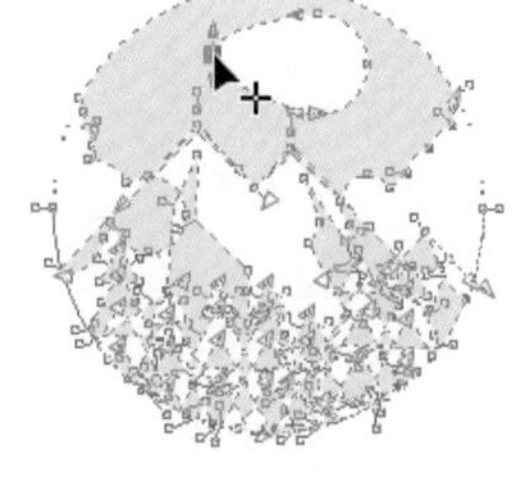

图 6-145

选择“排列 > 拆分曲线”命令，或按 Ctrl+K 组合键，或单击属性栏中的“拆分”按钮，都可以取消图形对象的合并状态，原来合并的图形对象将变为多个单独的图形对象。

如果对象合并前有颜色填充，那么合并后的对象将显示最后选取对象的颜色。如果使用圈选的方法选取对象，将显示圈选框最下方对象的颜色。

6.2.5 【实战演练】制作文具用品宣传单

6.2.5实战演练

制作文具用品宣传单

6.3 综合演练——制作化妆品宣传单

6.3综合演练

制作化妆品宣传单

07 第 7 章 海报设计

海报是广告艺术中的一种载体，又名“招贴”或“宣传画”。海报具有尺寸大、远视性强、艺术性高的特点，在宣传媒介中占有重要的位置。本章以制作不同主题的海报为例，讲解海报的设计方法和制作技巧。

知识目标

- 了解海报的设计思路
- 熟练掌握海报的制作方法和技巧

能力目标

- 掌握演唱会海报的制作方法
- 掌握手机海报的制作方法
- 掌握文化海报的制作方法
- 掌握重阳节海报的制作方法
- 掌握招聘海报的制作方法

素质目标

- 培养团队合作能力
- 培养项目管理和流程控制能力
- 培养创造性思维

7.1 制作演唱会海报

7.1.1 【案例分析】

本案例是制作演唱会海报，要求海报的主题鲜明、信息清晰，能体现出音乐的艺术性与感染力。

7.1.2 【设计理念】

在制作时，使用渐变的紫粉色背景营造出浪漫、温馨的氛围；月亮元素的添加在点明主旨的同时，使海报的画面更加丰富，富有艺术气息；整齐排列的标题文字，既突出了宣传主题，又和背景形成鲜明的对比，令人印象深刻，最终效果如图 7-1 所示（参看云盘中的“Ch07 > 效果 > 制作演唱会海报 .cdr”）。

图 7-1

制作演唱会海报1

制作演唱会海报2

7.1.3 【操作步骤】

1. 添加并编辑宣传文字

（1）打开 CorelDRAW X8，按 Ctrl+N 组合键，新建一个 A4 页面。选择“视图 > 页 > 出血”命令，显示出血线。按 Ctrl+I 组合键，弹出“导入”对话框，选择云盘中的“Ch07 > 素材 > 制作演唱会海报 > 01”文件，单击“导入”按钮，在页面中单击导入图片，如图 7-2 所示。按 P 键，图片在页面中居中对齐，效果如图 7-3 所示。

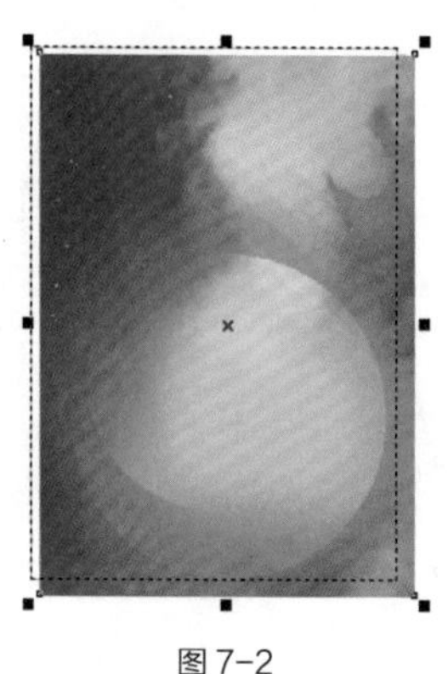

图 7-2

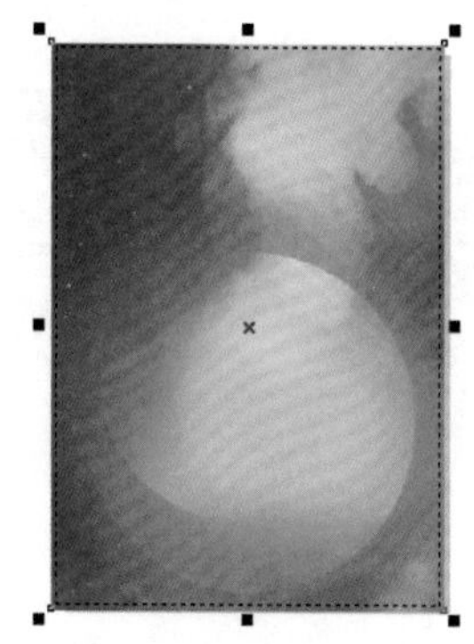

图 7-3

（2）选择“文本”工具字，在页面中输入需要的文字。选择“选择”工具，在属性栏中选取适当的字体并设置文字大小，效果如图 7-4 所示。设置文字颜色的 CMYK 值为 100、98、52、7，填充文字，效果如图 7-5 所示。

（3）选择“文本 > 文本属性”命令，在弹出的“文本属性”泊坞窗中进行设置，如图 7-6 所示。按 Enter 键，效果如图 7-7 所示。

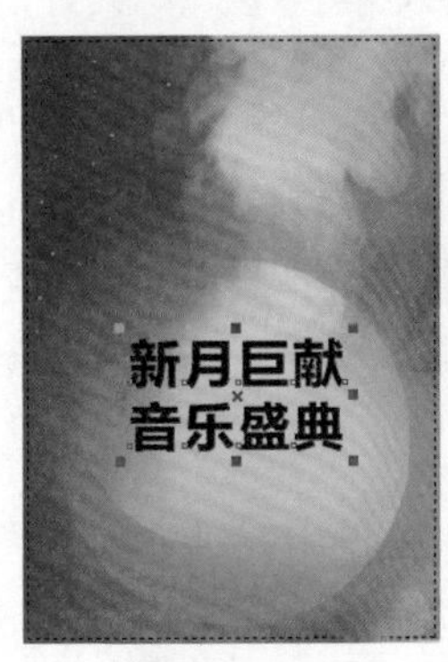

图 7-4

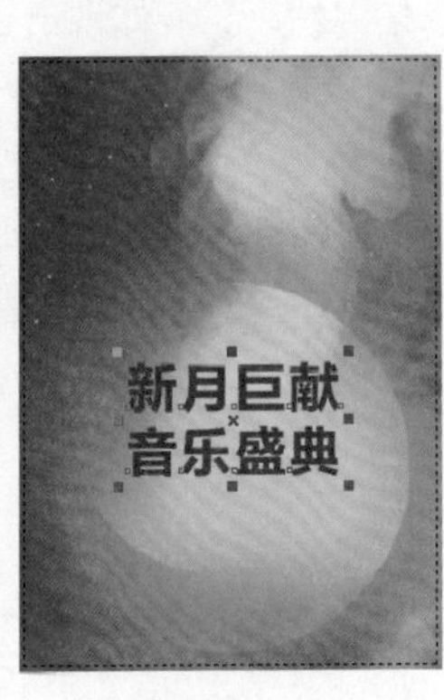

图 7-5

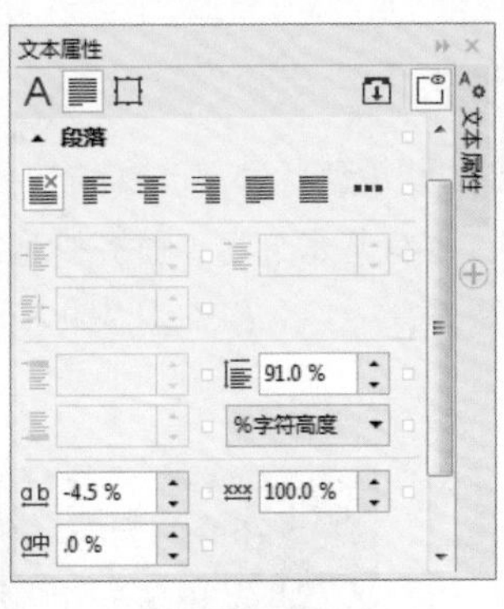

图 7-6

图 7-7

（4）选择“文本”工具字，在适当的位置分别输入需要的文字。选择“选择”工具，在属性栏中分别选取适当的字体并设置文字大小，效果如图 7-8 所示。将输入的文字同时选取，设置文字颜色的 CMYK 值为 100、98、52、7，填充文字，效果如图 7-9 所示。

图 7-8

图 7-9

（5）选择“文本”工具字，选取文字“演唱会”，在属性栏中选取适当的字体，效果如图 7-10 所示。选择“选择”工具，在属性栏中单击“文本对齐”按钮，在弹出的下拉列表中选择“居中”命令，如图 7-11 所示。文字对齐效果如图 7-12 所示。

图 7-10

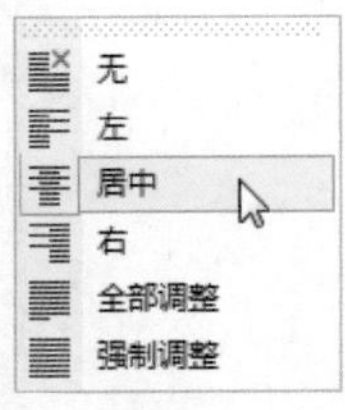

图 7-11

图 7-12

（6）选择“文本”工具字，在适当的位置分别输入需要的文字。选择“选择”工具，在属性栏中分别选取适当的字体并设置文字大小，效果如图 7-13 所示。选取上方的文字，设置文字颜色的 CMYK 值为 100、98、52、7，填充文字，效果如图 7-14 所示。

图 7-13

图 7-14

（7）选择“形状”工具，选取下方的文字，向下拖曳文字下方的图标，调整文字的行距，效果如图 7-15 所示。选择“选择”工具，填充文字为白色，在按住 Shift 键的同时，选取上方需要的文字。在属性栏中单击“文本对齐”按钮，在弹出的下拉列表中选择“居中”命令，文字对齐效果如图 7-16 所示。

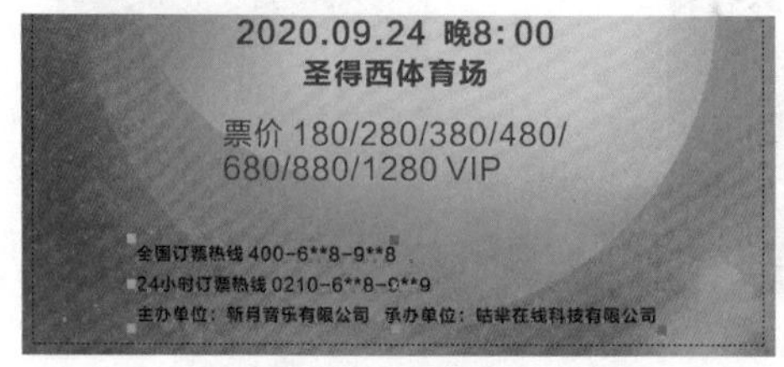

图 7-15

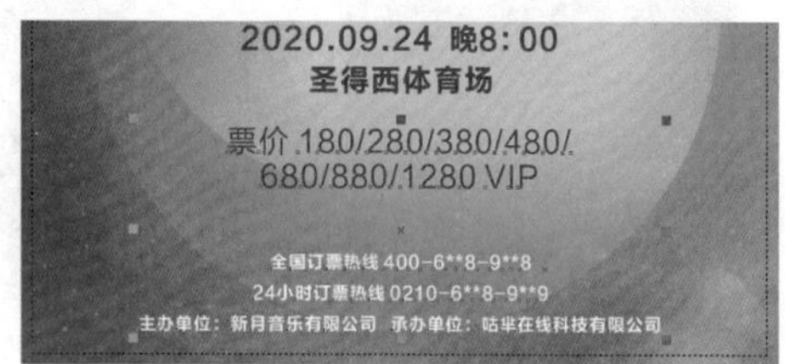

图 7-16

2．制作演唱会标志

（1）选择“文本”工具，在页面外分别输入需要的文字。选择“选择”工具，在属性栏中分别选取适当的字体并设置文字大小，效果如图 7-17 所示。选择“形状”工具，选取文字“新月音乐”，向左拖曳文字下方的图标，调整文字的间距，效果如图 7-18 所示。

新月音乐
XINYUE YINYUE

图 7-17

新月音乐
XINYUE YINYUE

图 7-18

（2）选择“选择”工具，按 Ctrl+K 组合键，将文字进行拆分，拆分完成后“新”字呈选中状态，如图 7-19 所示。按 Ctrl+Q 组合键，将文字转换为曲线。选择“形状”工具，在按住 Shift 键的同时，选取需要的节点，如图 7-20 所示。垂直向下拖曳节点到适当的位置，效果如图 7-21 所示。

图 7-19

图 7-20

图 7-21

（3）选择“形状”工具，在适当的位置分别双击鼠标左键添加 2 个节点，如图 7-22 所示。选取左下角的节点，按 Delete 键，将其删除，效果如图 7-23 所示。

图 7-22

图 7-23

（4）放大显示比例。选择“形状”工具，在按住 Shift 键的同时，选取需要的节点，在属性栏中单击“转换为曲线”按钮，节点上出现控制线，如图 7-24 所示。选取下方的节点，拖曳控制线到适当的位置，如图 7-25 所示。选取左侧的节点，拖曳控制线到适当的位置，如图 7-26 所示。

图 7-24

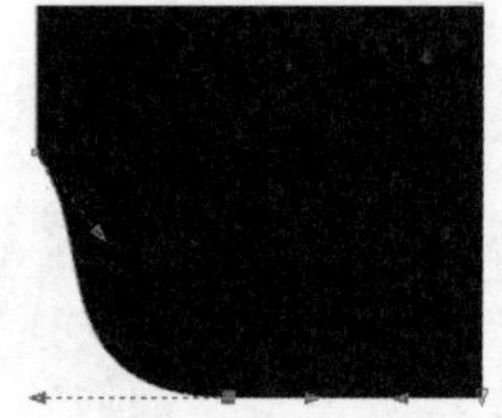
图 7-25

图 7-26

（5）选择“贝塞尔”工具，在适当的位置绘制一个不规则图形，如图 7-27 所示。选择“封套”工具，选取文字“XINYUE YINYUE”，编辑状态如图 7-28 所示。在属性栏中单击“直线模式”按钮，拖曳文字左下角的节点到适当的位置，文字变形效果如图 7-29 所示。

图 7-27

图 7-28

图 7-29

（6）选择“选择”工具，按住 Shift 键的同时，单击不规则图形将其同时选取，如图 7-30 所示。单击属性栏中的“合并”按钮，合并图形，填充图形为黑色，并去除图形的轮廓线，如图 7-31 所示。

图 7-30

图 7-31

（7）选择“选择”工具，用圈选的方法将图形和文字全部选取，按 Ctrl+G 组合键，将其群组。拖曳群组图形到页面中适当的位置，并填充图形为白色，效果如图 7-32 所示。

（8）选择“文本”工具，在适当的位置分别输入需要的文字。选择“选择”工具，在属性栏中分别选取适当的字体并设置文字大小，效果如图 7-33 所示。

图 7-32

图 7-33

（9）选择“选择”工具，选取文字“咕芈”，在“文本属性”泊坞窗中进行设置，如图 7-34 所示。按 Enter 键，效果如图 7-35 所示。选取文字“在”，按 Ctrl+Q 组合键，将文字转换为曲线，如图 7-36 所示。

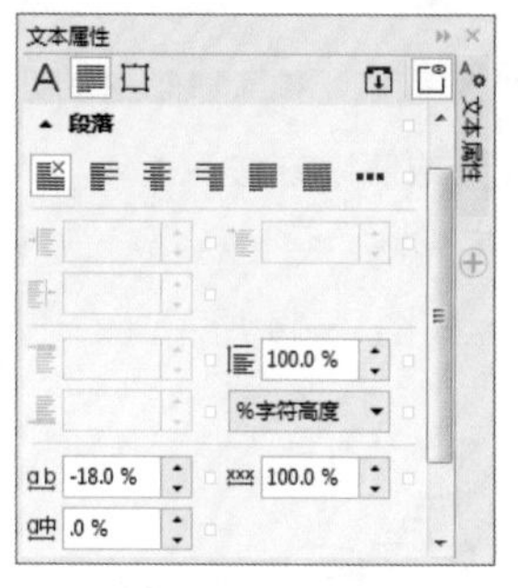

图 7-34

图 7-35

图 7-36

（10）选择“形状”工具，圈选需要的节点，如图 7-37 所示。在按住 Shift 键的同时，垂直向下拖曳节点到适当的位置，效果如图 7-38 所示。演唱会海报制作完成，效果如图 7-39 所示。

图 7-37

图 7-38

图 7-39

7.1.4 【相关工具】

1. 插入字符

选择“文本”工具字，在文本中需要的位置单击鼠标左键，如图 7-40 所示。选择“文本 > 插入字符”命令，或按 Ctrl+F11 组合键，弹出“插入字符”泊坞窗，在需要的字符上双击鼠标左键，弹出“插入字符”对话框，如图 7-41 所示。将字符插入文本中，效果如图 7-42 所示。

图 7-40

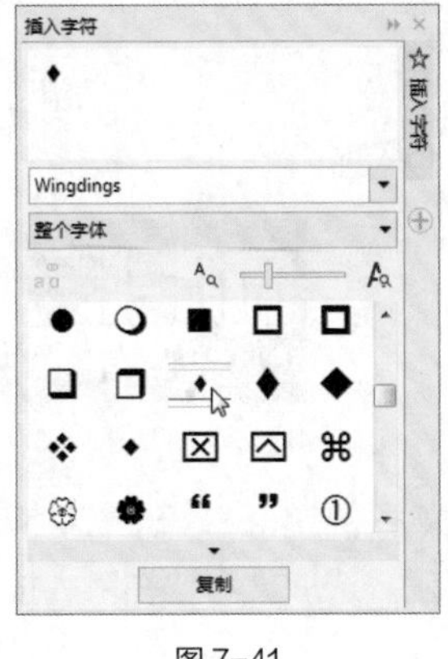

图 7-41

图 7-42

2. 调和效果

“调和”工具是 CorelDRAW X8 中应用最广泛的工具之一。通过“调和”工具制作出的调和效果可以在绘图对象间产生形状、颜色的平滑变化。下面具体讲解调和效果的使用方法。

打开两个要制作调和效果的图形，如图 7-43 所示。选择“调和”工具，将鼠标指针放在左边的图形上，鼠标指针变为，按住鼠标左键并拖曳指针到右边的图形上，如图 7-44 所示。松开鼠标，两个图形的调和效果如图 7-45 所示。

图 7-43

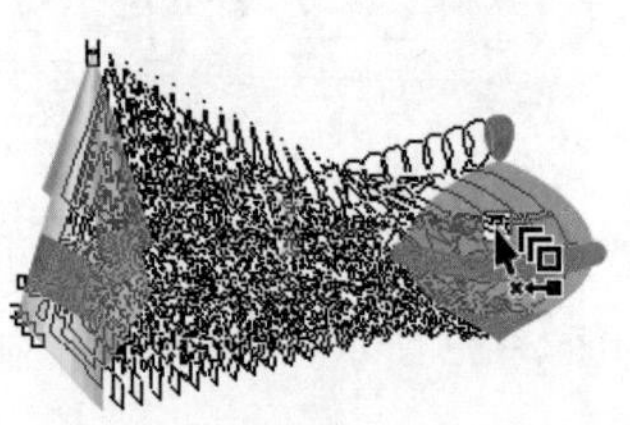

图 7-44

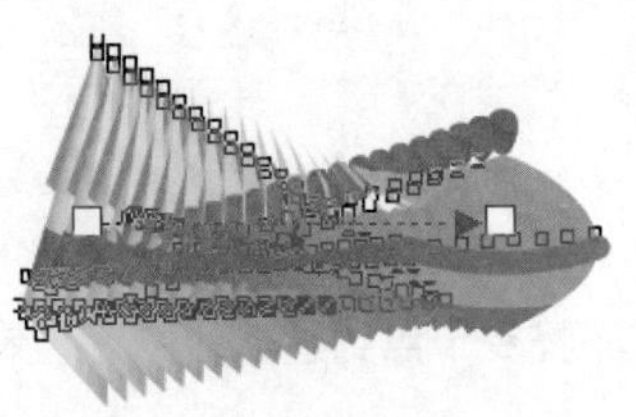

图 7-45

“调和”工具的属性栏如图 7-46 所示。各选项的含义如下。

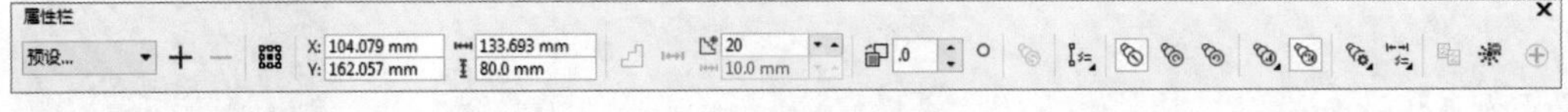

图 7-46

- “调和步长”选项 20：用于设置调和的步数，效果如图 7-47 所示。
- “调和方向”选项 .0 °：用于设置调和的旋转角度，效果如图 7-48 所示。
- “环绕调和”按钮：调和的图形除了自身旋转，同时将以起点图形和终点图形的中间位置为旋转中心做旋转分布，效果如图 7-49 所示。
- “直接调和”按钮、“顺时针调和”按钮、“逆时针调和”按钮：用于设定调和对象之间颜色过渡的方向，效果如图 7-50 所示。

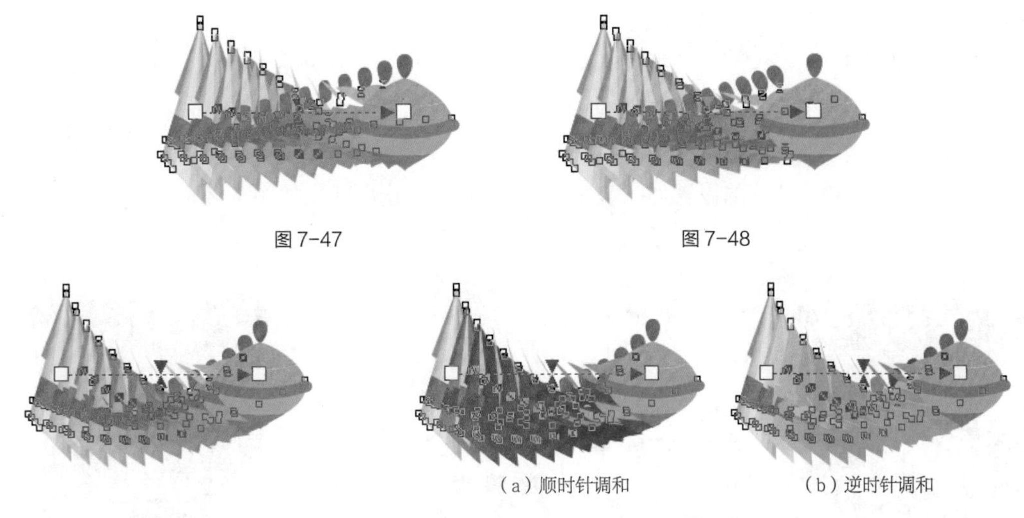

图 7-47　　图 7-48

(a) 顺时针调和　　(b) 逆时针调和

图 7-49　　图 7-50

● “对象和颜色加速”按钮：用于调整对象和颜色的加速属性。单击此按钮，弹出图 7-51 所示的对话框，拖曳滑块到需要的位置，对象加速调和效果如图 7-52 所示，颜色加速调和效果如图 7-53 所示。

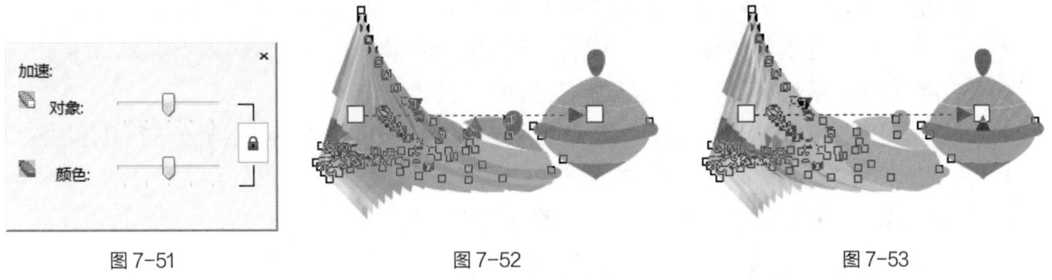

图 7-51　　图 7-52　　图 7-53

● “调整加速大小”按钮：用于控制调和的加速属性。

● “起始和结束属性”按钮：用于显示或重新设定调和的起始及终止对象。

● “路径属性”按钮：用于使调和对象沿绘制好的路径分布。单击此按钮，弹出图 7-54 所示的菜单，选择“新路径”选项，鼠标指针变为，在新绘制的路径上单击，如图 7-55 所示。沿路径进行调和的效果如图 7-56 所示。

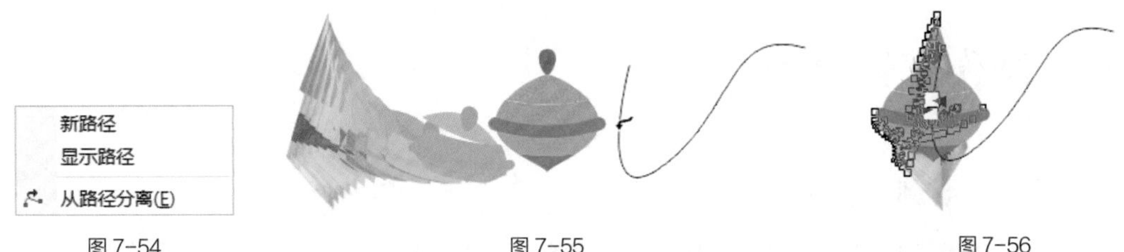

图 7-54　　图 7-55　　图 7-56

● “更多调和选项”按钮：用于进行更多的调和设置。单击此按钮，弹出图 7-57 所示的菜单。“映射节点”按钮用于指定起始对象的某一节点与终止对象的某一节点对应，以产生特殊的调和效果；“拆分”按钮用于将过渡对象分割成独立的对象，并可与其他对象进行再次调和；选择“沿全路径调和”选项，可以使调和对象自动充满整个路径；选择“旋转全部对象”选项，可以使调和对象的方向与路径一致。

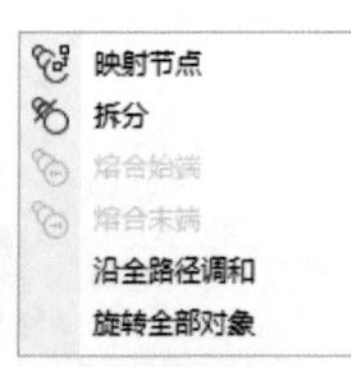

图 7-57

3. 制作透明效果

绘制并填充两个图形，选择“选择”工具，选择上方的图形，如图 7-58 所示。选择“透明度”工具，在属性栏中可以选择一种透明类型，这里单击“均匀透明度”按钮，选项的设置如图 7-59 所示，图形的透明效果如图 7-60 所示。

图 7-58

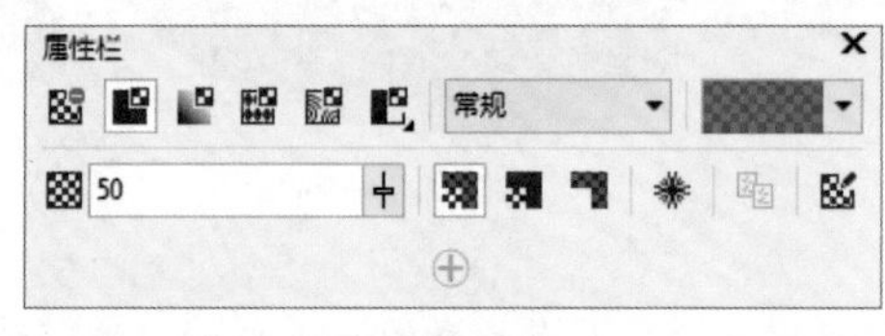

图 7-59

图 7-60

“透明”工具属性栏中各选项的含义如下。

- 、常规：用于选择透明类型和透明样式。
- “透明度”选项 50：拖曳滑块或直接输入数值，可以改变对象的透明度。
- “透明度目标”选项：用于设置应用透明度到“填充”“轮廓”或“全部”效果。
- “冻结透明度”按钮：用于冻结当前视图的透明度。
- “编辑透明度”按钮：用于打开“渐变透明度”对话框，可以对渐变透明度进行具体的设置。
- “复制透明度”按钮：用于复制对象的透明效果。
- “无透明度”按钮：用于清除对象中的透明效果。

7.1.5 【实战演练】制作手机海报

7.1.5实战演练

制作手机海报

7.2 制作文化海报

7.2.1 【案例分析】

本案例是制作文化海报，要求海报以宣传博物馆知识讲座为主，内容明确清晰，风格典雅、古朴。

7.2.2 【设计理念】

在制作时，使用黄色的背景奠定高雅的基调，起到衬托画面主体的作用；画面主体为整齐陈列的珍贵文物，与博物馆内涵呼应，给人以博大精深的印象；讲座信息列于画面一侧，以字号大小区分内容主次，令人一目了然，最终效果如图 7-61 所示（参看云盘中的“Ch07 > 效果 > 制作文化海报 .cdr”）。

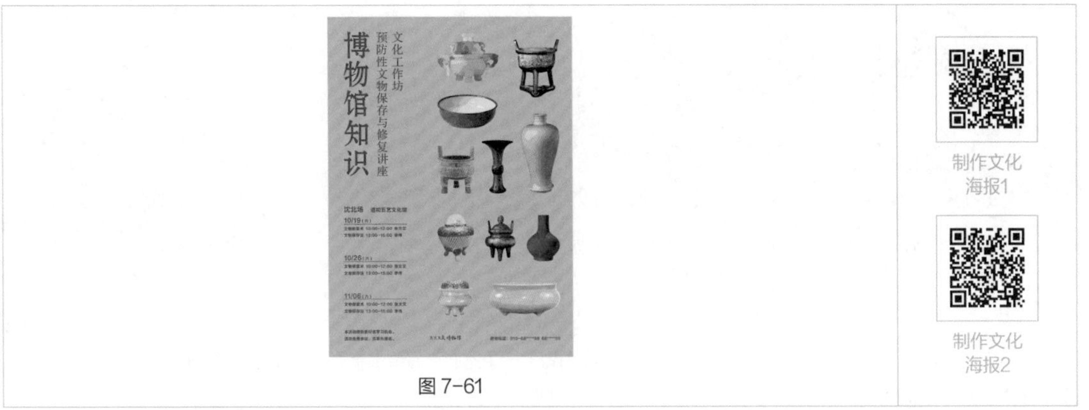

图 7-61

7.2.3 【操作步骤】

1．导入并排列图片

（1）打开 CorelDRAW X8，按 Ctrl+N 组合键，弹出“创建新文档”对话框。设置文档的宽度为 420 mm，高度为 570 mm，取向为纵向，原色模式为 CMYK，渲染分辨率为 300 dpi。单击“确定”按钮，创建一个文档。

（2）双击“矩形”工具，绘制一个与页面大小相等的矩形，如图 7-62 所示。设置图形颜色的 CMYK 值为 9、24、85、0，填充图形，并去除图形的轮廓线，效果如图 7-63 所示。

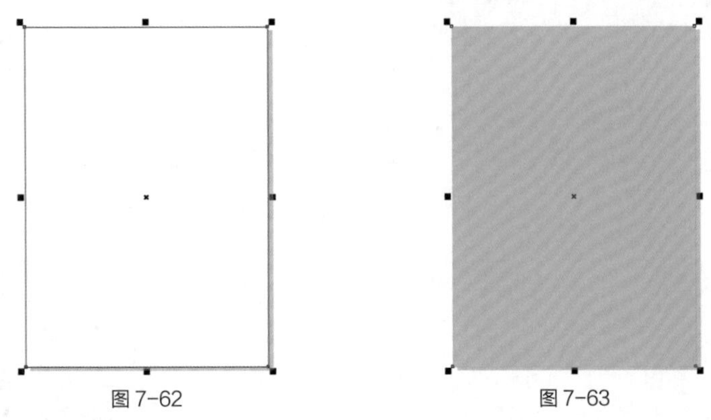
图 7-62　　图 7-63

（3）按 Ctrl+I 组合键，弹出“导入”对话框。选择云盘中的“Ch07 > 素材 > 制作文化海报 > 01~11”文件，单击“导入”按钮，在页面中分别单击导入图片。选择“选择”工具，分别拖曳图片到适当的位置，效果如图 7-64 所示。

（4）选择“选择”工具，按住 Shift 键的同时，依次单击需要的图片将其同时选取，如图 7-65 所示。（从左至右依次单击，最右侧图片作为目标对象。）

（5）选择“对象 > 对齐和分布 > 对齐与分布”命令，弹出“对齐与分布”泊坞窗。单击“底端对齐”按钮，如图 7-66 所示。图形底对齐效果如图 7-67 所示。

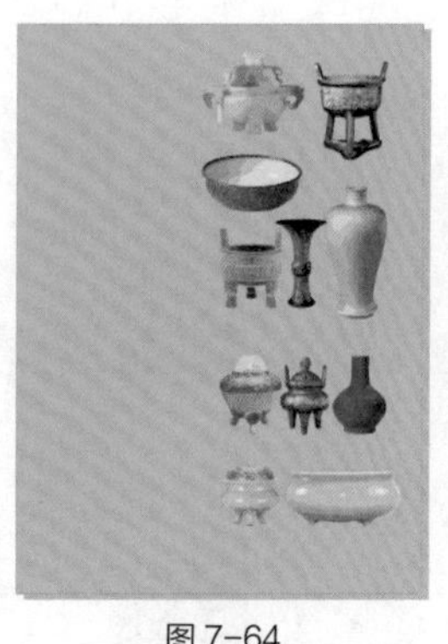
图 7-64

图 7-65

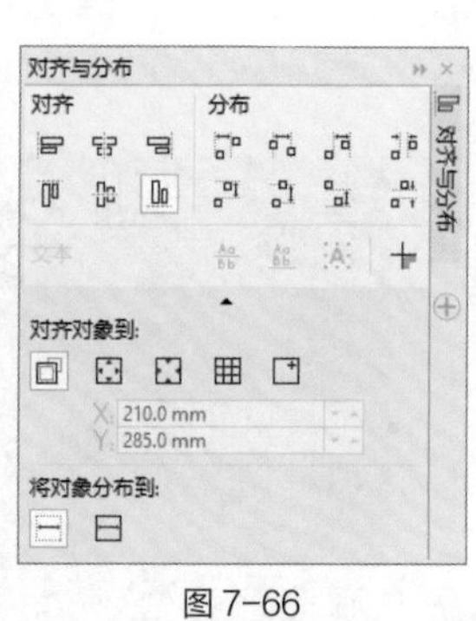

图 7-66

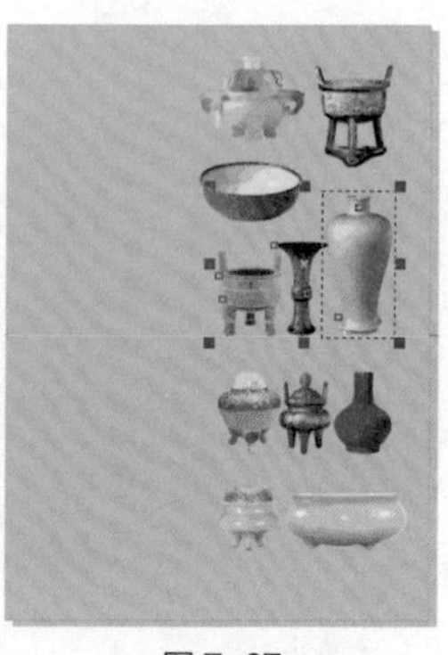
图 7-67

（6）选择“选择”工具，在按住 Shift 键的同时，依次单击需要的图片将其同时选取，如图 7-68 所示。在“对齐与分布”泊坞窗中，单击“左对齐”按钮，如图 7-69 所示。图形左对齐效果如图 7-70 所示。（从下向上依次单击，顶端图片作为目标对象。）

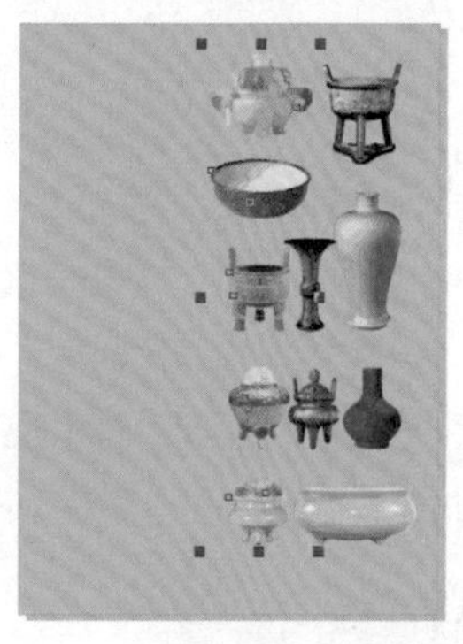
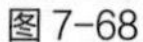
图 7-68

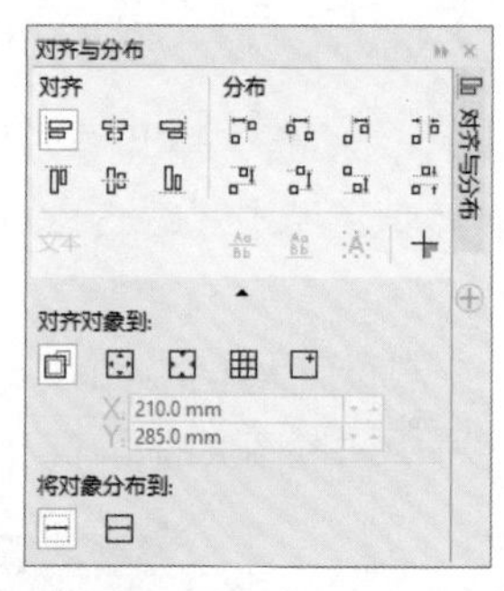

图 7-69

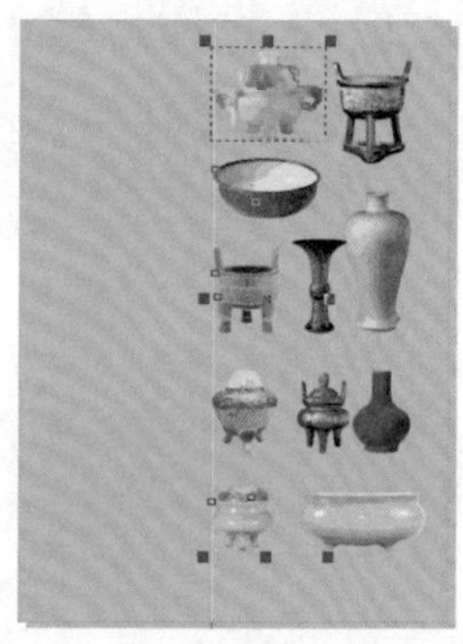
图 7-70

（7）选择“选择”工具，在按住 Shift 键的同时，依次单击需要的图片将其同时选取，如图 7-71 所示。在“对齐与分布”泊坞窗中，单击“右对齐”按钮，如图 7-72 所示。图形右对齐效果如图 7-73 所示。（从上向下依次单击，底端图片作为目标对象。）

图 7-71

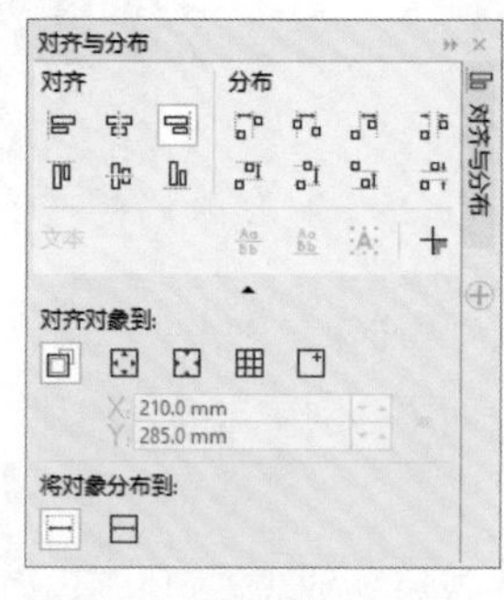

图 7-72

图 7-73

2. 添加宣传性文字

（1）选择“文本”工具，在适当的位置输入需要的文字。选择“选择”工具，在属性栏中选取适当的字体并设置文字大小，单击“将文本更改为垂直方向”按钮，更改文字方向，效果如图 7-74 所示。设置文字颜色的 CMYK 值为 90、80、30、0，填充文字，效果如图 7-75 所示。

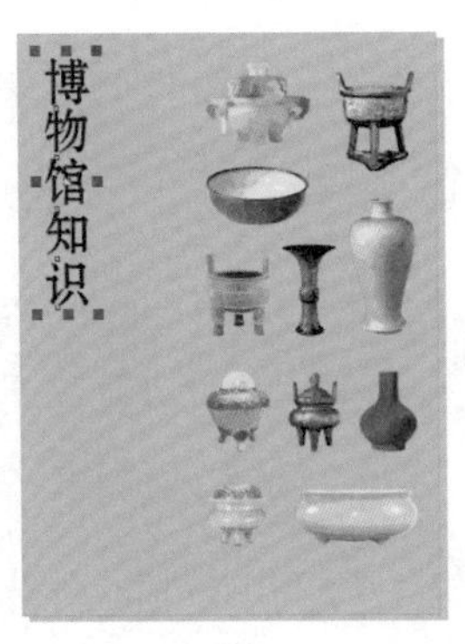

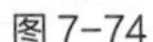
图 7-74

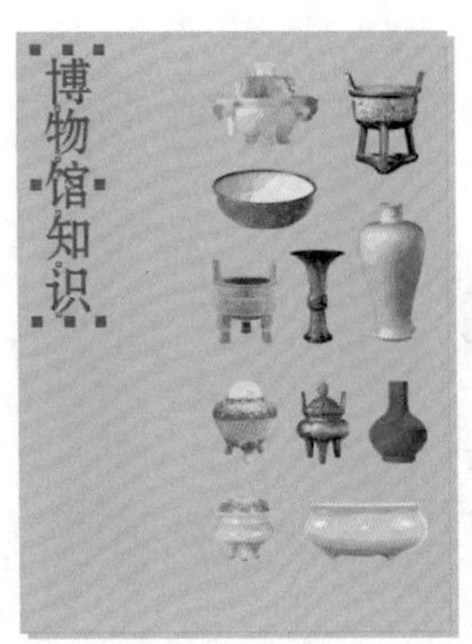

图 7-75

（2）选择“文本”工具字，在适当的位置拖曳出一个文本框，如图 7-76 所示。在文本框中输入需要的文字，在属性栏中选取适当的字体并设置文字大小，效果如图 7-77 所示。设置文字颜色的 CMYK 值为 90、80、30、0，填充文字，效果如图 7-78 所示。

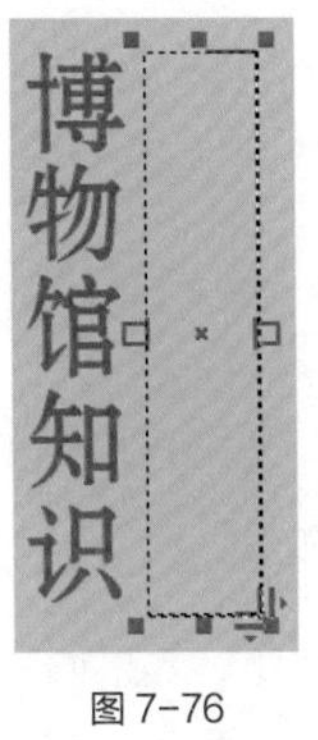

图 7-76

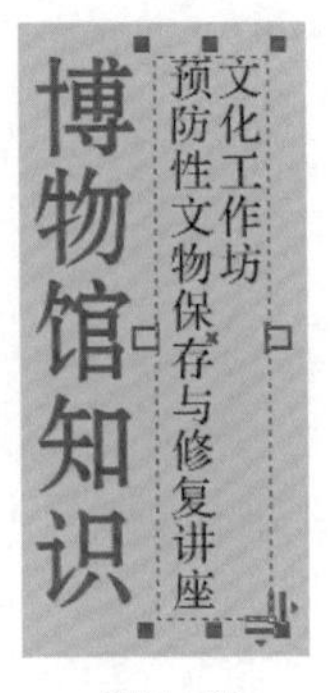

图 7-77

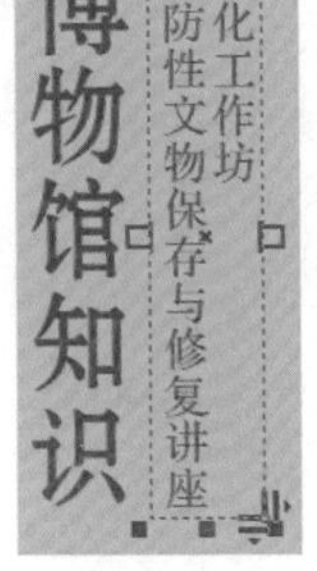

图 7-78

（3）选择“文本 > 文本属性”命令，在弹出的“文本属性”泊坞窗中进行设置，如图 7-79 所示。按 Enter 键，效果如图 7-80 所示。

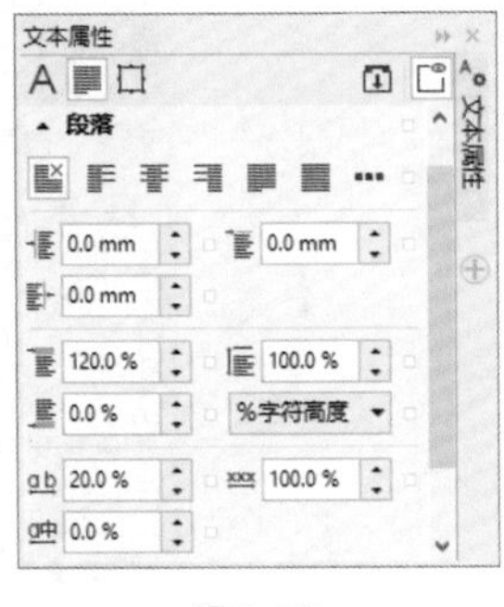

图 7-79

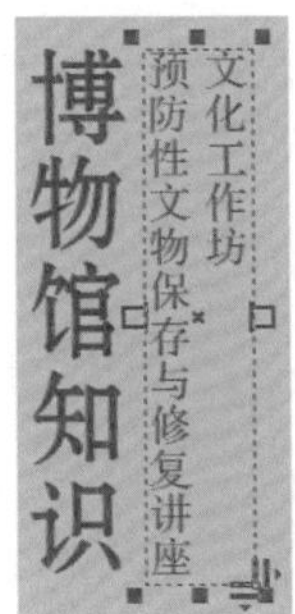

图 7-80

（4）选择“文本”工具字，在适当的位置拖曳出一个文本框。单击“将文本更改为水平方向”按钮，更改文字方向，如图 7-81 所示。在文本框中输入需要的文字，在属性栏中选取适当的字体并设置文字大小，效果如图 7-82 所示。设置文字颜色的 CMYK 值为 90、80、30、0，填充文字，效果如图 7-83 所示。

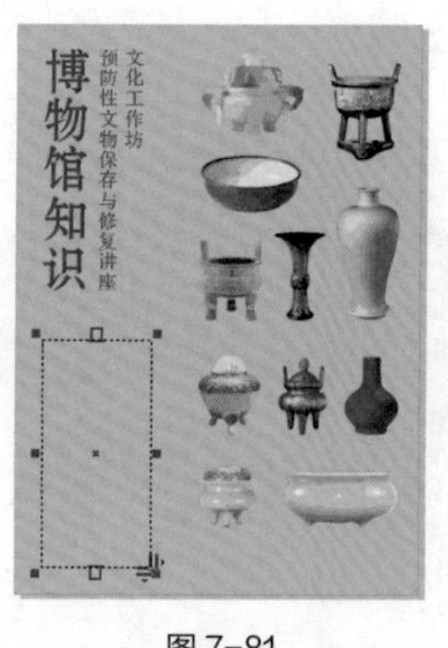

图 7-81

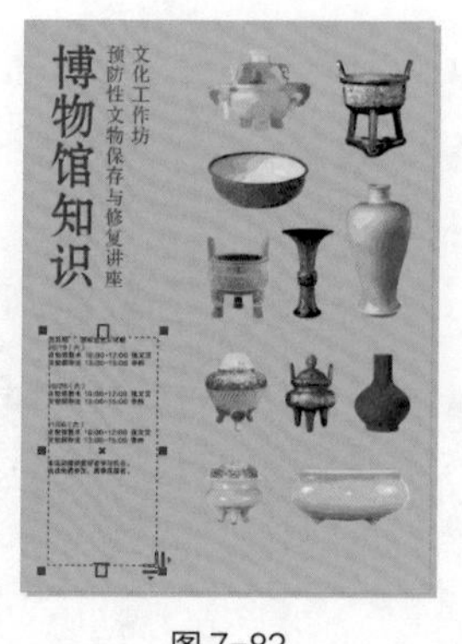

图 7-82

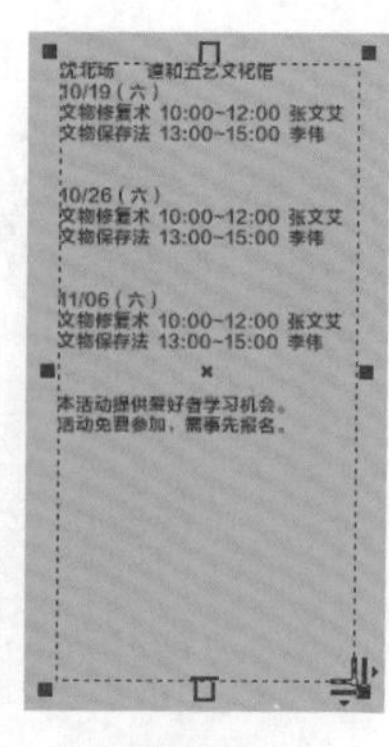

图 7-83

（5）在“文本属性”泊坞窗中，选项的设置如图 7-84 所示。按 Enter 键，效果如图 7-85 所示。

图 7-84

图 7-85

（6）选择“文本”工具字，选取文字“沈北场”，在属性栏中设置文字大小，效果如图 7-86 所示。选取文字“道和五艺文化馆”，在属性栏中设置文字大小，效果如图 7-87 所示。用相同的方法分别选取其他文字，设置文字相应的大小，效果如图 7-88 所示。

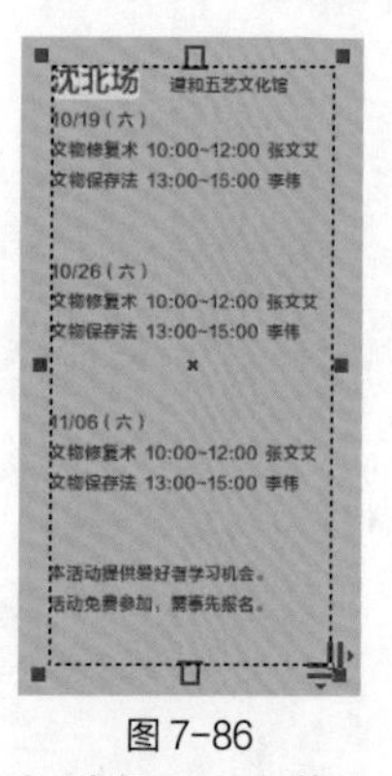
图 7-86

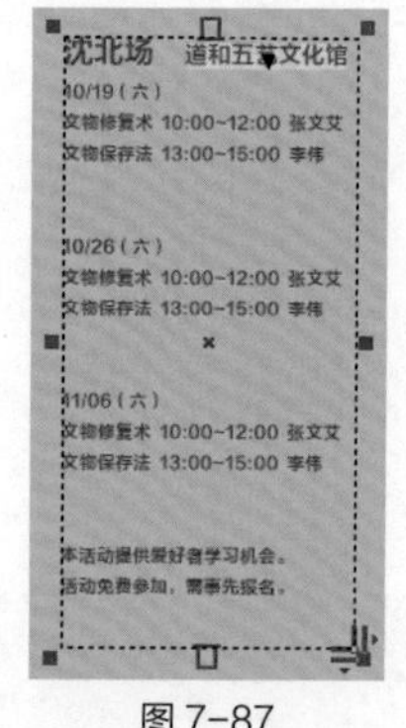
图 7-87

图 7-88

（7）选择“2 点线”工具，在按住 Ctrl 键的同时，在适当的位置绘制一条直线，如图 7-89 所示。按 F12 键，弹出“轮廓笔”对话框。在“颜色”选项中设置轮廓线颜色的 CMYK 值为 90、80、30、0，其他选项的设置如图 7-90 所示。单击“确定”按钮，效果如图 7-91 所示。

（8）选择“选择”工具，按数字键盘上的 + 键，复制直线。在按住 Shift 键的同时，垂直向下拖曳复制的直线到适当的位置，效果如图 7-92 所示。按 Ctrl+D 组合键，按需要再制一条直线，效果如图 7-93 所示。

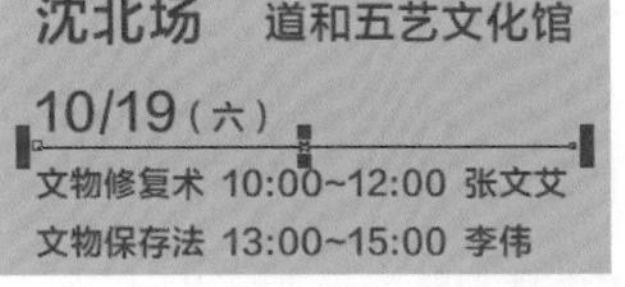

图 7-89

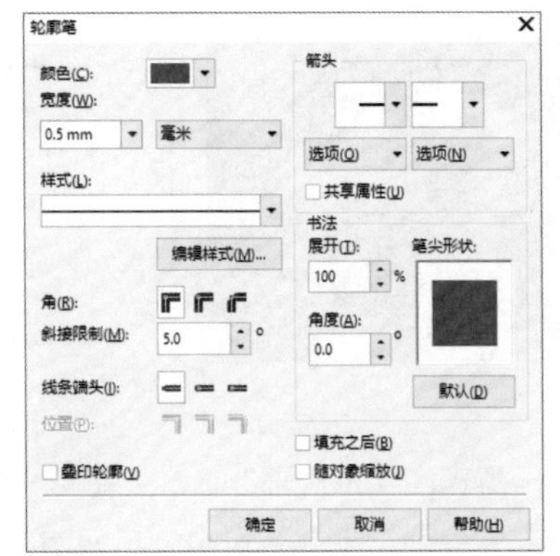

图 7-90

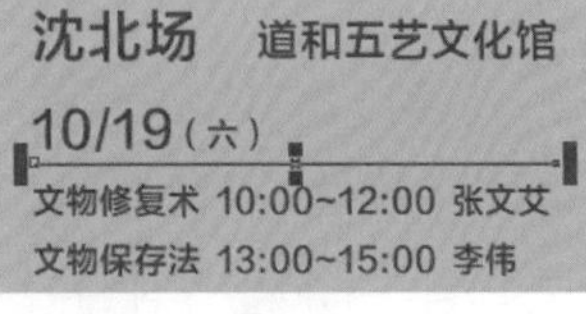

图 7-91

图 7-92

图 7-93

（9）选择“文本”工具字，在适当的位置分别输入需要的文字。选择“选择”工具，在属性栏中分别选取适当的字体并设置文字大小，效果如图 7-94 所示。将输入的文字同时选取，设置文字颜色的 CMYK 值为 90、80、30、0，填充文字，效果如图 7-95 所示。文化海报制作完成，效果如图 7-96 所示。

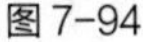

图 7-94

图 7-95

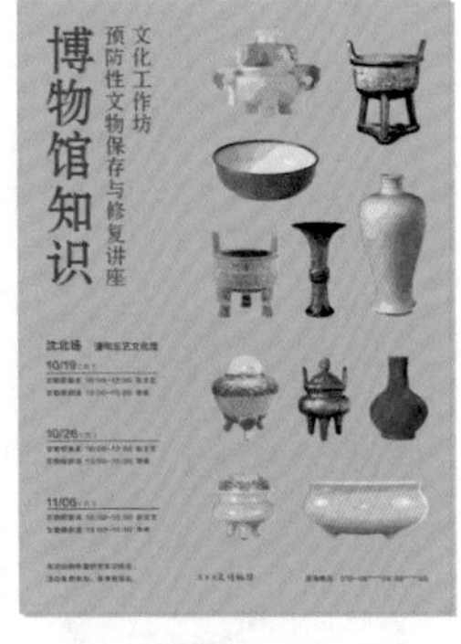

图 7-96

7.2.4 【相关工具】

1．精确剪裁效果

打开一张图片，再绘制一个图形作为容器对象。使用“选择”工具，选中要用来内置的图形，如图 7-97 所示。

图 7-97

选择“效果 > 图框精确剪裁 > 置于图文框内部”命令，鼠标指针变为黑色箭头，将箭头放在容器对象内并单击，如图 7-98 所示。完成的精确剪裁对象效果如图 7-99 所示。内置图形的中心和容器对象的中心是重合的。

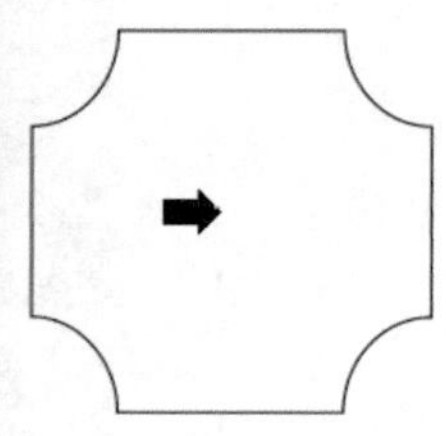

图 7-98

图 7-99

选择“效果 > 图框精确剪裁 > 提取内容”命令，可以将容器对象的内置位图提取出来。选择“效果 > 图框精确剪裁 > 编辑 PowerClip”命令，可以修改内置对象。选择“效果 > 图框精确剪裁 > 结束编辑”命令，完成内置位图的重新选择。选择“效果 > 复制效果 > 图框精确剪裁自”命令，鼠标指针变为黑色箭头，将箭头放在精确剪裁对象上并单击，可复制内置对象。

2. 调整亮度、对比度和强度

打开一个要调整色调的图形，如图 7-100 所示。选择“效果 > 调整 > 亮度 / 对比度 / 强度”命令，或按 Ctrl+B 组合键，弹出“亮度 / 对比度 / 强度”对话框。拖曳滑块可以设置各选项的数值，如图 7-101 所示。调整好后，单击“确定”按钮，图形色调的调整效果如图 7-102 所示。

图 7-100

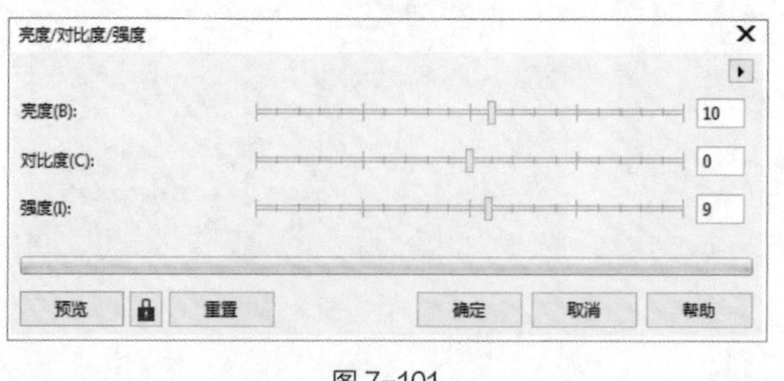

图 7-101

图 7-102

“亮度 / 对比度 / 强度”对话框中各选项的含义如下。

- “亮度”选项：用于调整图形颜色的深浅变化，即增加或减少所有像素值的色调范围。
- “对比度”选项：用于调整图形颜色的对比，即调整最浅和最深像素值之间的差。
- “强度”选项：用于调整图形浅色区域的亮度，同时不降低深色区域的亮度。

● “预览”按钮：用于预览色调的调整效果。

● “重置”按钮：用于重新调整色调。

3．调整颜色通道

打开一个要调整色调的图形，效果如图 7-103 所示。选择“效果 > 调整 > 颜色平衡”命令，或按 Ctrl+Shift+B 组合键，弹出“颜色平衡”对话框。拖曳滑块可以设置各选项的数值，如图 7-104 所示。调整好后，单击“确定”按钮，图形色调的调整效果如图 7-105 所示。

图 7-103

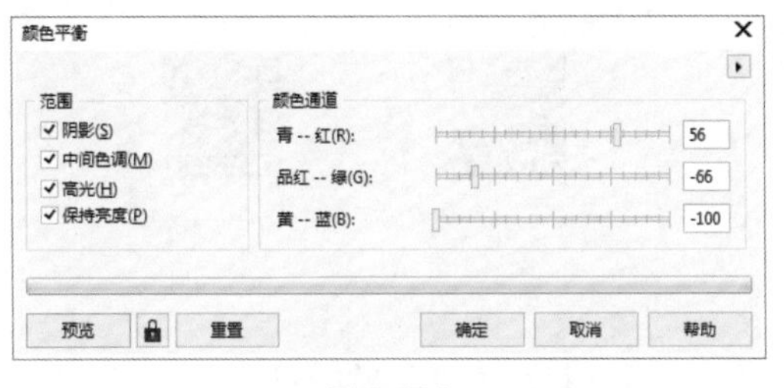

图 7-104

图 7-105

“颜色平衡”对话框中各选项的含义如下。

● “阴影”复选框：用于对图形阴影区域的颜色进行调整。

● “中间色调”复选框：用于对图形中间色调的颜色进行调整。

● “高光”复选框：用于对图形高光区域的颜色进行调整。

● “保持亮度”复选框：用于在对图形进行颜色调整的同时保持图形的亮度。

● “青 -- 红”选项：用于在图形中添加青色和红色。向右移动滑块将添加红色，向左移动滑块将添加青色。

● “品红 -- 绿”选项：用于在图形中添加品红色和绿色。向右移动滑块将添加绿色，向左移动滑块将添加品红色。

● “黄 -- 蓝”选项：用于在图形中添加黄色和蓝色。向右移动滑块将添加蓝色，向左移动滑块将添加黄色。

4．调整色度、饱和度和亮度

打开一个要调整色调的图形，如图 7-106 所示。选择“效果 > 调整 > 色度 / 饱和度 / 光度”命令，或按 Ctrl+Shift+U 组合键，弹出“色度 / 饱和度 / 亮度”对话框。拖曳滑块可以设置其数值，如图 7-107 所示。调整好后，单击“确定”按钮，图形色调的调整效果如图 7-108 所示。

图 7-106

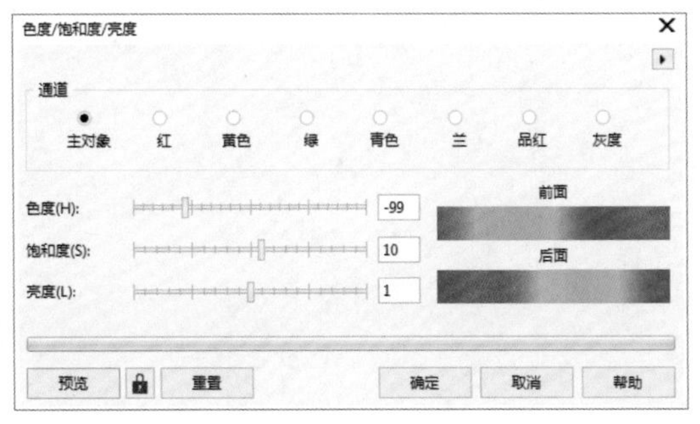

图 7-107

图 7-108

“色度/饱和度/亮度”对话框中各选项的含义如下。

- “通道”选项组：用于选择要调整的主要颜色。
- “色度”选项：用于改变图形的颜色。
- “饱和度”选项：用于改变图形颜色的深浅程度。
- “亮度”选项：用于改变图形的明暗程度。

7.2.5 【实战演练】制作重阳节海报

7.2.5实战演练

制作重阳节海报

7.3 综合演练——制作招聘海报

7.3综合演练

制作招聘海报

08 第8章 广告设计

广告的形式多样，发布渠道也有很多种。出色的户外广告能强化视觉冲击力，抓住人们的视线。本章以制作多种题材的广告为例，讲解广告的设计方法和制作技巧。

知识目标

- 了解 Banner 的设计思路
- 熟练掌握 Banner 的制作方法和技巧

能力目标

- 掌握 App 首页女装广告的制作方法
- 掌握手机电商广告的制作方法
- 掌握女鞋电商广告的制作方法
- 掌握服装电商广告的制作方法
- 掌握家电电商广告的制作方法

素质目标

- 培养自主学习新知识和新技术的能力
- 培养勇于质疑的批判性思维
- 培养对信息合理加工并使用的能力

8.1 制作 App 首页女装广告

8.1.1 【案例分析】

本案例是制作 App 首页女装广告，要求广告主要展示新款 T 恤，并简要介绍优惠活动。

8.1.2 【设计理念】

在制作时，以新款 T 恤为主题，画面色彩要富有朝气，给人青春洋溢的感觉；使用直观醒目的文字来诠释广告内容，体现活动特色，引起消费者的兴趣及购买欲望，最终效果如图 8-1 所示（参看云盘中的“Ch08 > 效果 > 制作 App 首页女装广告 .cdr”）。

图 8-1

制作App首页女装广告1

制作App首页女装广告2

8.1.3 【操作步骤】

1. 添加广告底图和标题文字

（1）打开 CorelDRAW X8，按 Ctrl+N 组合键，弹出“创建新文档”对话框。设置文档的宽度为 750 px，高度为 360 px，取向为横向，原色模式为 RGB，渲染分辨率为 72 dpi，单击“确定”按钮，创建一个文档。

（2）双击“矩形”工具，绘制一个与页面大小相等的矩形，如图 8-2 所示。设置图形颜色的 RGB 值为 30、218、253，填充图形，并去除图形的轮廓线，效果如图 8-3 所示。

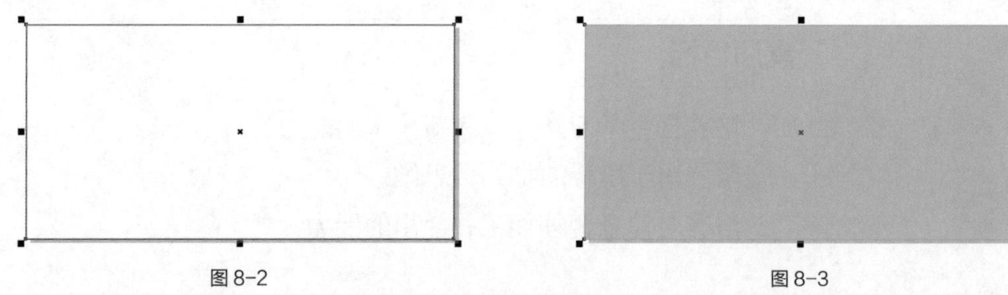

图 8-2　　图 8-3

（3）按 Ctrl+I 组合键，弹出“导入”对话框。选择云盘中的“Ch08 > 素材 > 制作 App 首页女装广告 > 01”文件，单击“导入”按钮，在页面中单击导入图片。选择“选择”工具，拖曳人物图片到适当的位置，并调整其大小，效果如图 8-4 所示。

（4）选择“效果 > 调整 > 色度 / 饱和度 / 亮度”命令，在弹出的“色度 / 饱和度 / 亮度”对话框中进行设置，如图 8-5 所示。单击“确定”按钮，效果如图 8-6 所示。

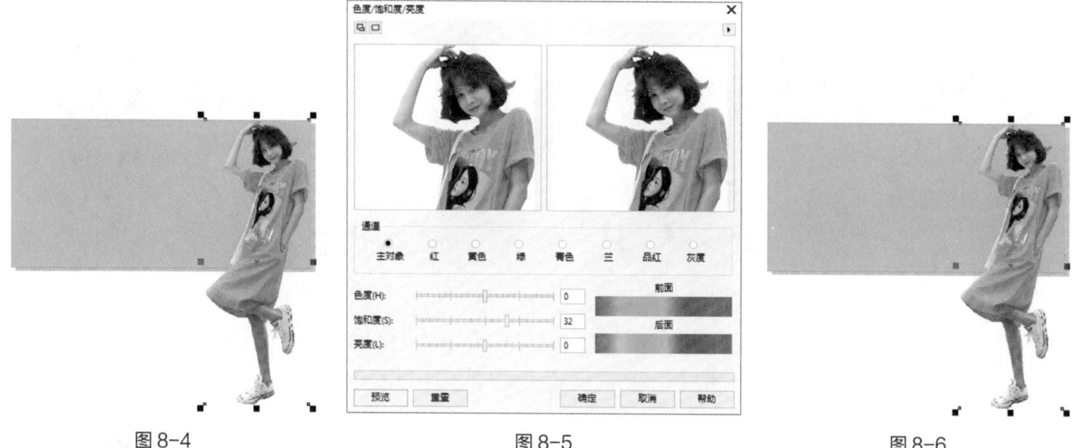

图 8-4　　图 8-5　　图 8-6

（5）按 Ctrl+I 组合键，弹出“导入”对话框。选择云盘中的“Ch08 > 素材 > 制作 App 首页女装广告 > 02”文件，单击“导入”按钮，在页面中单击导入图片。选择“选择”工具，拖曳衣服图片到适当的位置，并调整其大小，效果如图 8-7 所示。在属性栏中的“旋转角度”框中设置数值为 10，按 Enter 键，效果如图 8-8 所示。

图 8-7　　图 8-8

（6）选择“选择”工具，用圈选的方法将所有图片同时选取，如图 8-9 所示。选择“对象 > PowerClip > 置于图文框内部”命令，鼠标指针变为黑色箭头形状，在下方矩形上单击鼠标左键，如图 8-10 所示。将选中的图片置入下方矩形中，效果如图 8-11 所示。

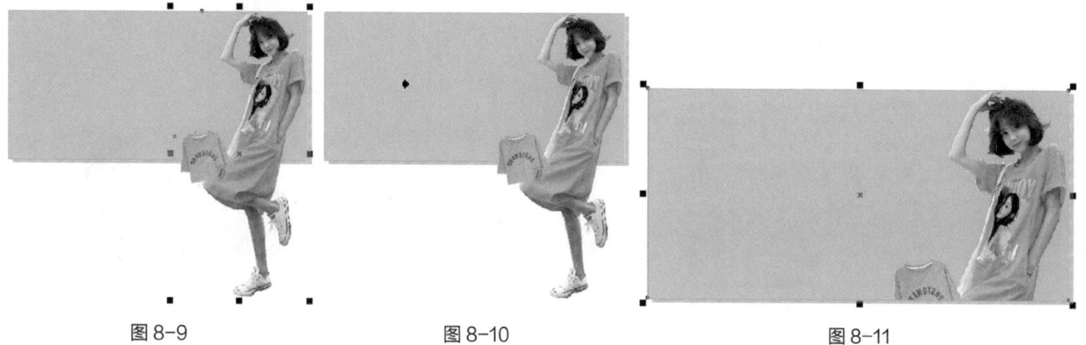

图 8-9　　图 8-10　　图 8-11

（7）选择“贝塞尔”工具，在适当的位置绘制一个不规则图形，如图 8-12 所示。选择“选择”

工具，填充图形为白色，并在属性栏中的“轮廓宽度” 1 px 框中设置数值为 3 px。按 Enter 键，效果如图 8-13 所示。

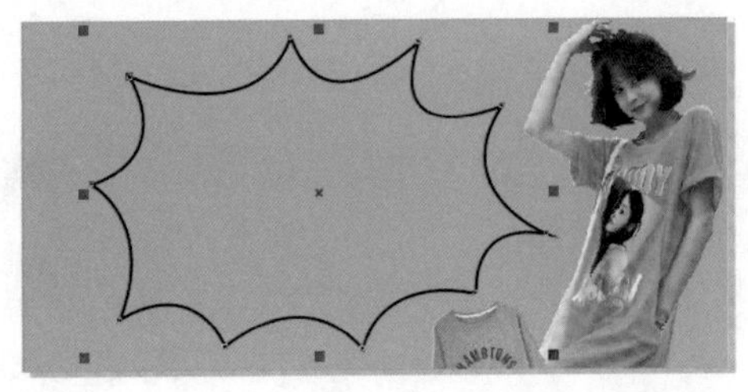
图 8-12

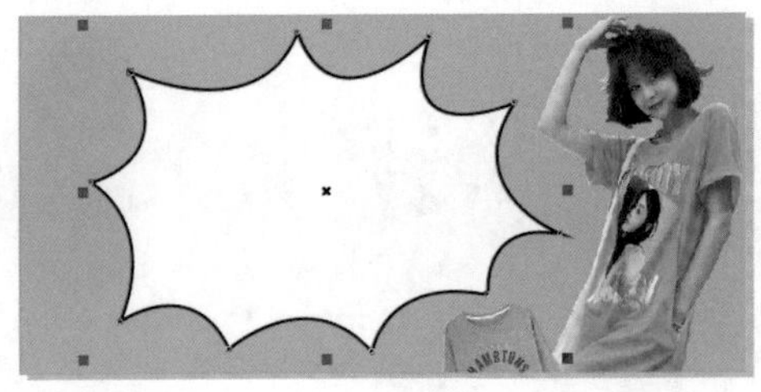
图 8-13

（8）选择“阴影”工具，在图形对象中从中向右下拖曳鼠标指针，为图形添加阴影效果。在属性栏中的设置如图 8-14 所示，按 Enter 键，效果如图 8-15 所示。

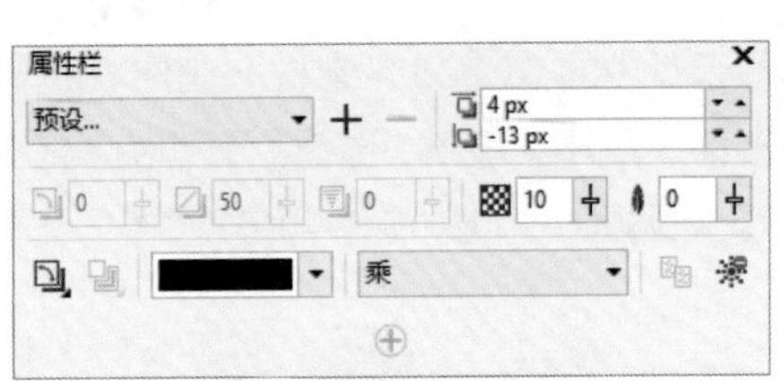

图 8-14

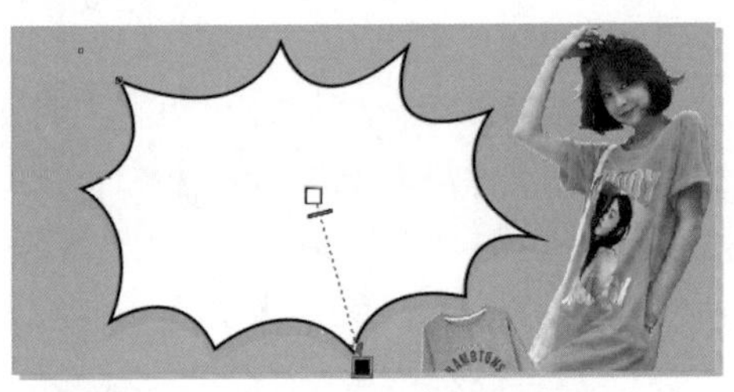
图 8-15

（9）选择“文本”工具，在页面中分别输入需要的文字。选择“选择”工具，在属性栏中分别选取适当的字体并设置文字大小，效果如图 8-16 所示。选取下方的文字，设置文字颜色的 RGB 值为 253、6、101，填充文字，效果如图 8-17 所示。

图 8-16

图 8-17

（10）选择“文本 > 文本属性”命令，在弹出的“文本属性”泊坞窗中进行设置，如图 8-18 所示。按 Enter 键，效果如图 8-19 所示。

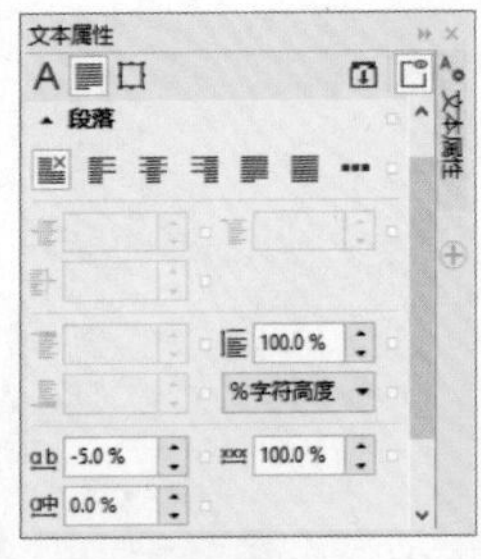

图 8-18

图 8-19

2．添加装饰星形

（1）选择“矩形”工具，在适当的位置绘制一个矩形。设置图形颜色的 RGB 值为 253、6、101，填充图形，并去除图形的轮廓线，效果如图 8-20 所示。

（2）按数字键盘上的 + 键，复制矩形。选择“选择”工具，向左上方拖曳复制的矩形到适当的位置。设置图形颜色的 RGB 值为 73、66、160，填充图形，效果如图 8-21 所示。

图 8-20

图 8-21

（3）选择“调和”工具，在两个矩形之间拖曳鼠标添加调和效果。在属性栏中的设置如图 8-22 所示，按 Enter 键，效果如图 8-23 所示。

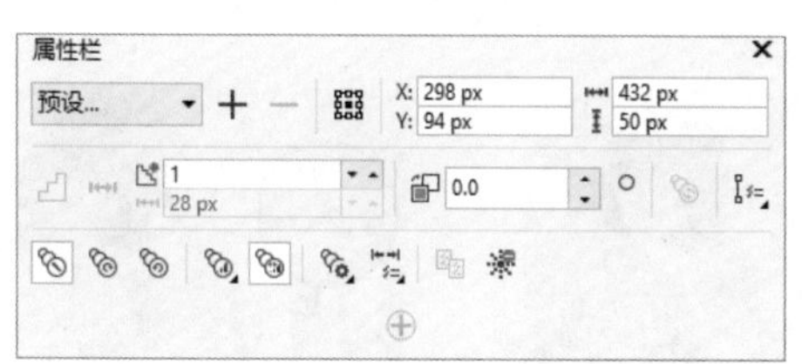

图 8-22

图 8-23

（4）选择“文本”工具，在适当的位置输入需要的文字。选择“选择”工具，在属性栏中选取适当的字体并设置文字大小，填充文字为白色，效果如图 8-24 所示。

（5）选择“椭圆形”工具，在按住 Ctrl 键的同时，在适当的位置绘制一个圆形，并在属性栏中的“轮廓宽度” 1 px 框中设置数值为 3 px。按 Enter 键，效果如图 8-25 所示。设置图形颜色的 RGB 值为 253、6、101，填充图形，效果如图 8-26 所示。

（6）选择“文本”工具，在适当的位置输入需要的文字。选择“选择”工具，在属性栏中选取适当的字体并设置文字大小，填充文字为白色，效果如图 8-27 所示。在属性栏中的“旋转角度” .0 °框中设置数值为 -20。按 Enter 键，效果如图 8-28 所示。

图 8-24

图 8-25

图 8-26

图 8-27

图 8-28

（7）选择“星形”工具☆，在属性栏中的设置如图 8-29 所示。在适当的位置绘制一个星形，如图 8-30 所示，设置图形颜色的 RGB 值为 255、234、0，填充图形，效果如图 8-31 所示。

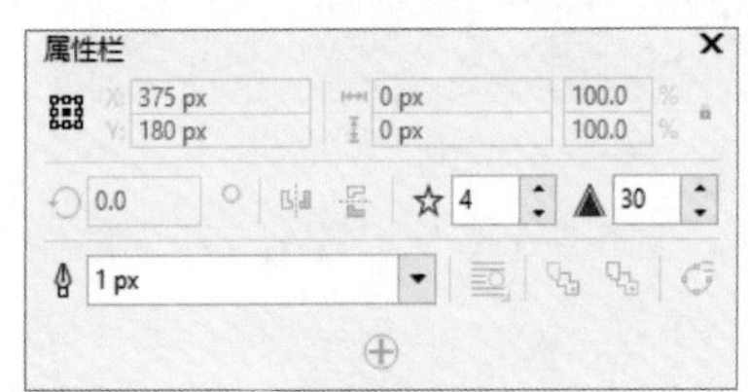

图 8-29

图 8-30

图 8-31

（8）保持图形的选取状态。在属性栏中的“旋转角度” .0 °框中设置数值为 -20。按 Enter 键，效果如图 8-32 所示。按数字键盘上的 + 键，复制星形。选择“选择”工具，向右上方拖曳复制的星形到适当的位置，如图 8-33 所示。在按住 Shift 键的同时，拖曳右上角的控制手柄，向中心等比例缩小星形，效果如图 8-34 所示。

图 8-32

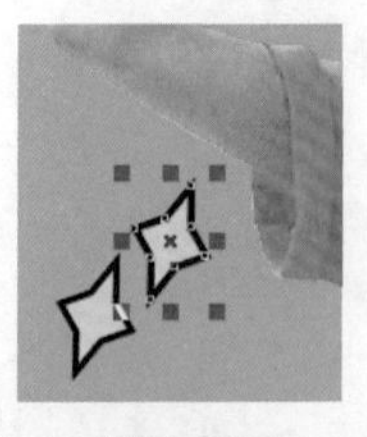
图 8-33

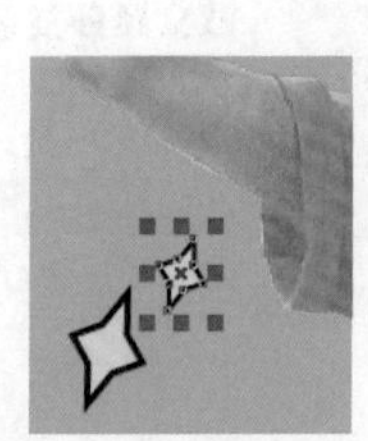
图 8-34

（9）用相同的方法复制其他星形，并调整其角度，效果如图 8-35 所示。按 Ctrl+I 组合键，弹出“导入”对话框。选择云盘中的“Ch08 > 素材 > 制作 App 首页女装广告 > 03、04”文件，单击“导入”按钮，在页面中分别单击导入图片。选择“选择”工具，分别拖曳衣服图片到适当的位置，调整其大小和角度，效果如图 8-36 所示。App 首页女装广告制作完成。

图 8-35

图 8-36

8.1.4 【相关工具】

CorelDRAW X8 提供了多种滤镜，可以对位图进行各种效果的处理。灵活使用位图的滤镜，可以为设计的作品增色不少。下面具体介绍滤镜的使用方法。

1. 三维效果

CorelDRAW X8 提供了 7 种不同的三维效果。“位图 > 三维效果”子菜单下的命令如图 8-37 所示。下面介绍 4 种常用的三维效果。

三维旋转(3)...
柱面(L)...
浮雕(E)...
卷页(A)...
透视(R)...
挤远/挤近(P)...
球面(S)...

图 8-37

◎ 三维旋转

选择“位图 > 三维效果 > 三维旋转”命令，弹出“三维旋转”对话框。单击对话框中的按钮，显示对照预览窗口，如图 8-38 所示。左窗口显示的是位图原始效果，右窗口显示的是完成各项设置后的位图效果。

对话框中各选项的含义如下。

- 图标：用鼠标拖曳该图标，可以设定图像的旋转角度。
- “垂直”选项：用于设置绕垂直轴旋转的角度。
- “水平”选项：用于设置绕水平轴旋转的角度。
- “最适合”复选框：勾选该复选框，经过三维旋转后的位图尺寸将接近原来的位图尺寸。
- 预览 按钮：用于预览设置后的三维旋转效果。
- 重置 按钮：用于对所有参数重新设置。

◎ 柱面

选择“位图 > 三维效果 > 柱面”命令，弹出“柱面”对话框。单击对话框中的按钮，显示对照预览窗口，如图 8-39 所示。

对话框中各选项的含义如下。

- “柱面模式”选项组：用于选择“水平”或“垂直的”模式。
- “百分比”选项：用于设置水平或垂直模式的百分比。

提示

在对话框中的左预览窗口中用鼠标左键单击可以放大位图，用鼠标右键单击可以缩小位图。按住 Ctrl 键，同时在左预览窗口中单击鼠标左键，可以显示整张位图。

图 8-38

图 8-39

◎ 卷页

选择“位图 > 三维效果 > 卷页”命令，弹出“卷页”对话框。单击对话框中的按钮，显示对照预览窗口，如图 8-40 所示。

对话框中各选项的含义如下。

- 4 个卷页类型按钮：用于设置位图卷起页角的位置。
- “定向”选项组：用于选择“垂直的”或“水平”单选项，以设置卷页效果的卷起边缘。
- “纸张”选项组：用于选择“不透明”或“透明的”单选项，以设置卷页部分是否透明。
- “卷曲”选项：用于设置卷页颜色。
- “背景”选项：用于设置卷页后面的背景颜色。
- “宽度”选项：用于设置卷页的宽度。
- “高度”选项：用于设置卷页的高度。

◎ 球面

选择“位图 > 三维效果 > 球面”命令，弹出“球面”对话框。单击对话框中的按钮，显示对照预览窗口，如图 8-41 所示。

图 8-40

图 8-41

对话框中各选项的含义如下。

- “优化”选项组：用于选择“速度”或“质量”单选项。
- “百分比”选项：用于控制位图球面化的程度。
- 按钮：用于在预览窗口中设定变形的中心点。

2. 艺术笔触

CorelDRAW X8 提供了 14 种不同的艺术笔触效果。“位图 > 艺术笔触”子菜单下的命令如图 8-42 所示。下面介绍常用的 4 种艺术笔触。

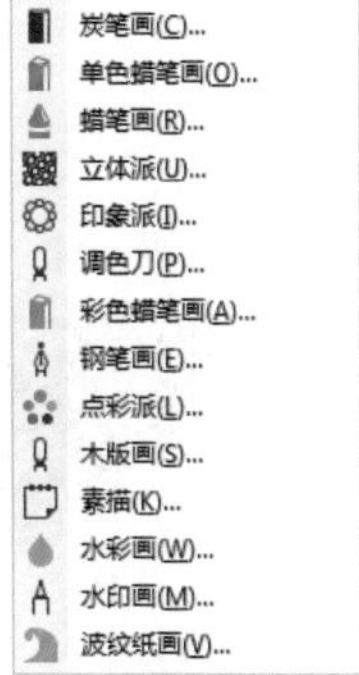

图 8-42

◎ 炭笔画

选择“位图 > 艺术笔触 > 炭笔画”命令，弹出“炭笔画”对话框。单击对话框中的按钮，显示对照预览窗口，如图 8-43 所示。

对话框中各选项的含义如下。

- “大小”选项：用于设置位图炭笔画的像素大小。
- “边缘”选项：用于设置位图炭笔画的黑白度。

◎ 印象派

选择“位图 > 艺术笔触 > 印象派”命令，弹出“印象派”对话框。单击对话框中的按钮，显示对照预览窗口，如图 8-44 所示。

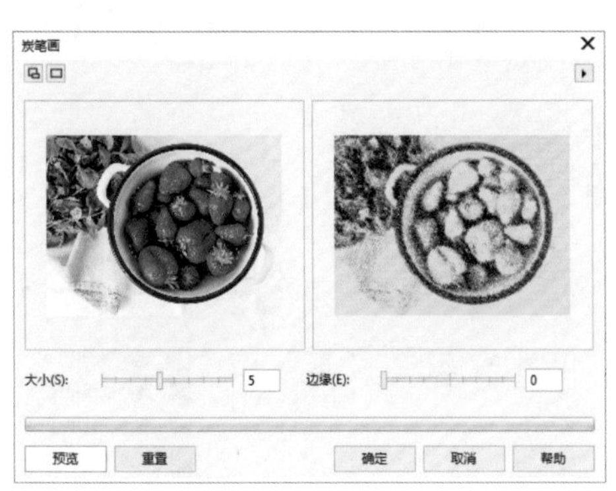

图 8-43

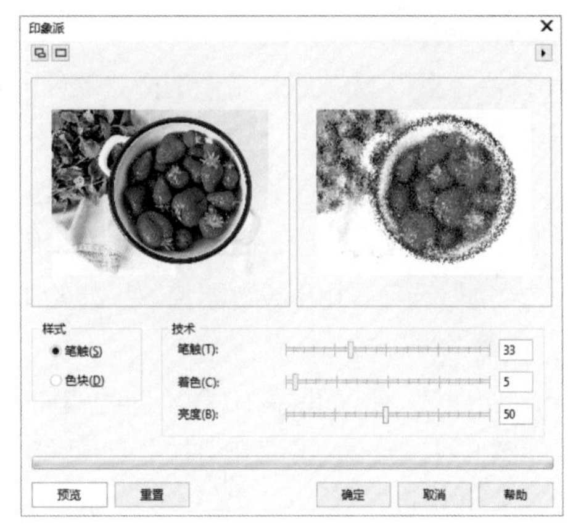

图 8-44

对话框中各选项的含义如下。

- “样式”选项组：用于选择“笔触”或“色块”单选项，会得到不同的印象派位图效果。
- “笔触”选项组：用于设置印象派效果笔触的大小及其强度。
- “着色”选项：用于调整印象派效果的颜色，数值越大，颜色越重。
- “亮度”选项：用于对印象派效果的亮度进行调节。

◎ 调色刀

选择“位图 > 艺术笔触 > 调色刀”命令，弹出“调色刀”对话框。单击对话框中的按钮，显示对照预览窗口，如图 8-45 所示。

对话框中各选项的含义如下。

- “刀片尺寸”选项：用于设置笔触的锋利程度，数值越小，笔触越锋利，位图的刻画效果越明显。

- “柔软边缘”选项：用于设置笔触的坚硬程度，数值越大，位图的刻画效果越平滑。
- “角度”选项：用于设置笔触的角度。

◎ 素描

选择“位图 > 艺术笔触 > 素描”命令，弹出“素描”对话框。单击对话框中的按钮，显示对照预览窗口，如图 8-46 所示。

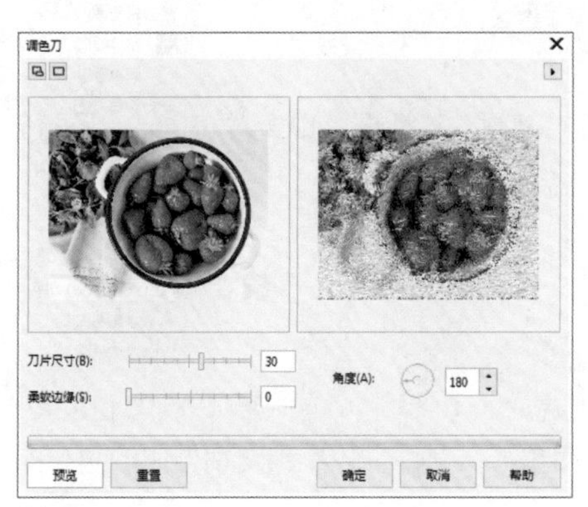

图 8-45

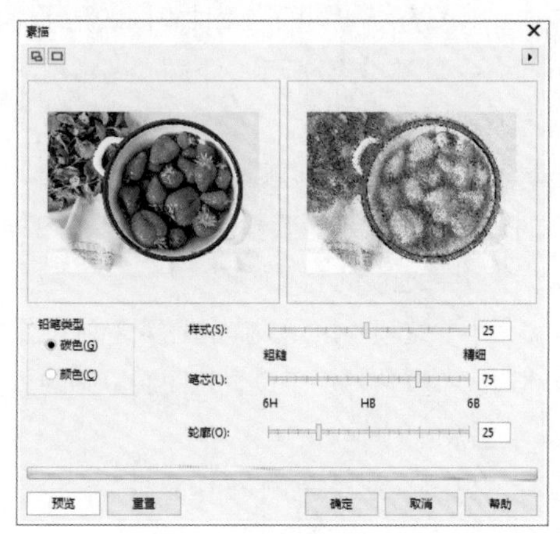

图 8-46

对话框中各选项的含义如下。

- “铅笔类型”选项组：用于选择“碳色”或“颜色”类型，不同的类型可以产生不同的位图素描效果。
- “样式”选项：用于设置石墨或彩色素描效果的平滑度。
- “笔芯”选项：用于设置素描效果的精细和粗糙程度。
- “轮廓”选项：用于设置素描效果的轮廓线宽度。

3. 模糊

CorelDRAW X8 提供了 10 种不同的模糊效果。“位图 > 模糊”子菜单下的命令如图 8-47 所示。下面介绍其中两种常用的模糊效果。

图 8-47

◎ 高斯式模糊

选择“位图 > 模糊 > 高斯式模糊”命令，弹出“高斯式模糊”对话框。单击对话框中的按钮，显示对照预览窗口，如图 8-48 所示。

对话框中选项的含义如下。

- “半径”选项：用于设置高斯模糊的程度。

◎ 缩放

选择“位图 > 模糊 > 缩放”命令，弹出“缩放”对话框。单击对话框中的按钮，显示对照预览窗口，如图 8-49 所示。

对话框中各选项的含义如下。

- 按钮：单击该按钮，再在左边的原始图像预览框中单击鼠标左键，可以确定缩放模糊的中心点。
- “数量”按钮：用于设定图像的模糊程度。

图 8-48

图 8-49

4．颜色变换

CorelDRAW X8 提供了 4 种不同的颜色变换效果。“位图 > 颜色转换”子菜单下的命令如图 8-50 所示。下面介绍其中两种常用的颜色变换效果。

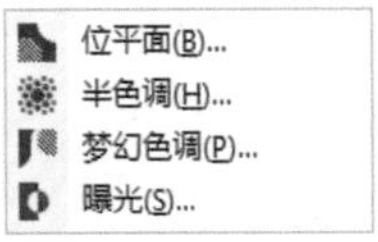

位平面(B)...
半色调(H)...
梦幻色调(P)...
曝光(S)...

图 8-50

◎ 半色调

选择“位图 > 颜色转换 > 半色调”命令，弹出“半色调”对话框。单击对话框中的按钮，显示对照预览窗口，如图 8-51 所示。

在“半色调”对话框中，“青”“品红”“黄”“黑”选项可以用来设定颜色通道的网角值。“最大点半径”选项可以用来设定网点的大小。

◎ 曝光

选择“位图 > 颜色转换 > 曝光”命令，弹出“曝光”对话框。单击对话框中的按钮，显示对照预览窗口，如图 8-52 所示。

在“曝光”对话框中，“层次”选项可以用来设定曝光的强度，数量过大，曝光过度；反之，则曝光不足。

图 8-51

图 8-52

5．轮廓图

CorelDRAW X8 提供了 3 种不同的轮廓图效果。“位图 > 轮廓图”子菜单下的命令如图 8-53 所示。下面介绍其中两种常用的轮廓图效果。

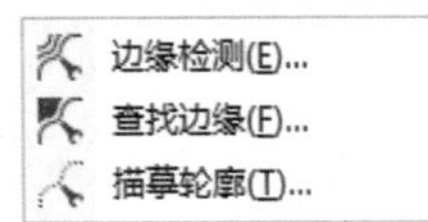

图 8-53

◎ 边缘检测

选择“位图 > 轮廓图 > 边缘检测”命令，弹出“边缘检测”对话框。单击对话框中的按钮，显示对照预览窗口，如图 8-54 所示。

对话框中各选项的含义如下。

- “背景色”选项组：用于设定图像的背景颜色为白色、黑色或其他颜色。
- 按钮：用于在位图中吸取背景色。
- “灵敏度”选项：用于设定探测边缘的灵敏度。

◎ 查找边缘

选择“位图 > 轮廓图 > 查找边缘”命令，弹出“查找边缘”对话框。单击对话框中的按钮，显示对照预览窗口，如图 8-55 所示。

对话框中各选项的含义如下。

- “边缘类型”选项组：用于选择“软”或“纯色”类型，选择不同的类型，会得到不同的效果。
- “层次”选项：用于设定效果的纯度。

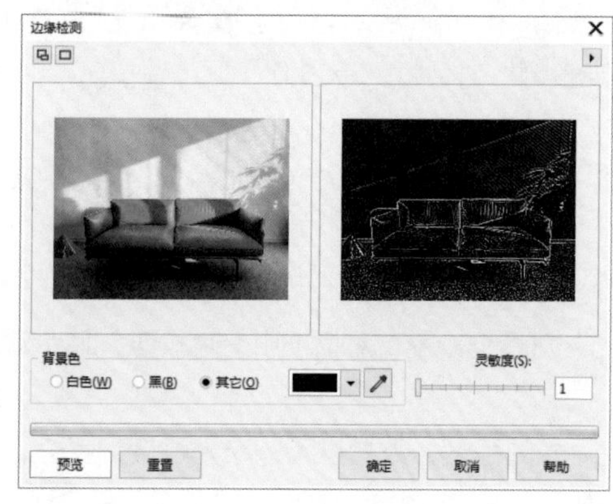

图 8-54

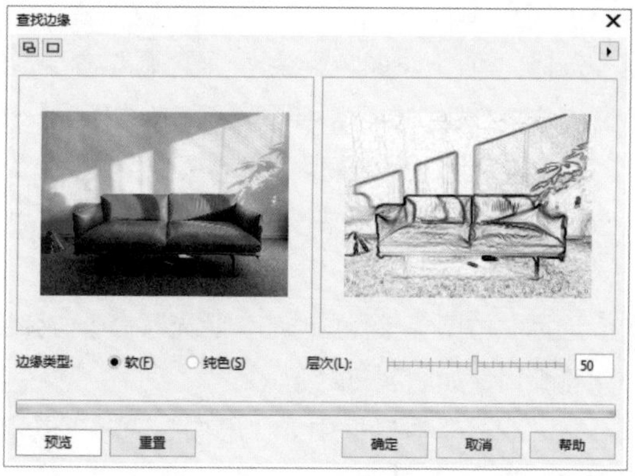

图 8-55

6．创造性

CorelDRAW X8 提供了 14 种不同的创造性效果。“位图 > 创造性”子菜单下的命令如图 8-56 所示。下面介绍 4 种常用的创造性效果。

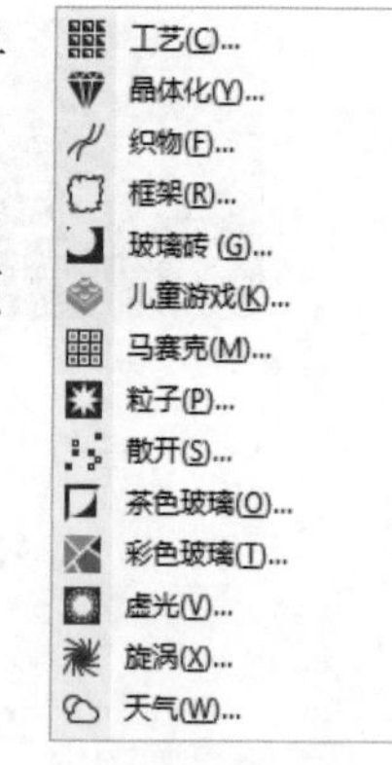

图 8-56

◎ 框架

选择“位图 > 创造性 > 框架”命令，弹出“框架”对话框。单击“修改”选项卡，单击对话框中的按钮，显示对照预览窗口，如图 8-57 所示。

对话框中各选项的含义如下。

- “选择”选项卡：用于选择框架，并为选取的列表添加新框架。
- “修改”选项卡：用于对框架进行修改，此选项卡中各选项的含义如下。
- “颜色”“不透明”选项：分别用于设定框架的颜色和不透明度。
- “模糊 / 羽化”选项：用于设定框架边缘的模糊及羽化程度。
- “调和”选项：用于选择框架与图像之间的混合方式。
- “水平”“垂直”选项：用于设定框架的大小比例。
- “旋转”选项：用于设定框架的旋转角度。

- “翻转”按钮：用于将框架垂直或水平翻转。
- “对齐”按钮：用于在图像窗口中设定框架效果的中心点。
- “回到中心位置”按钮：用于在图像窗口中重新设定中心点。

◎ 马赛克

选择“位图 > 创造性 > 马赛克”命令，弹出“马赛克”对话框。单击对话框中的按钮，显示对照预览窗口，如图 8-58 所示。

对话框中各选项的含义如下。

- “大小”选项：用于设置马赛克显示的大小。
- “背景色”选项：用于设置马赛克的背景颜色。
- “虚光”复选框：勾选该复选框，可以为马赛克图像添加模糊的羽化框架。

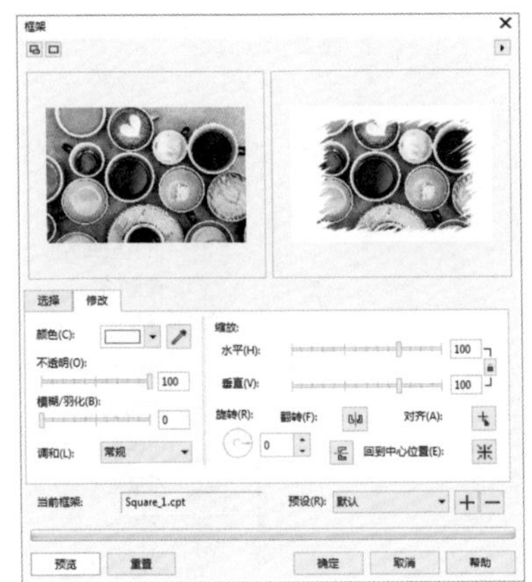

图 8-57

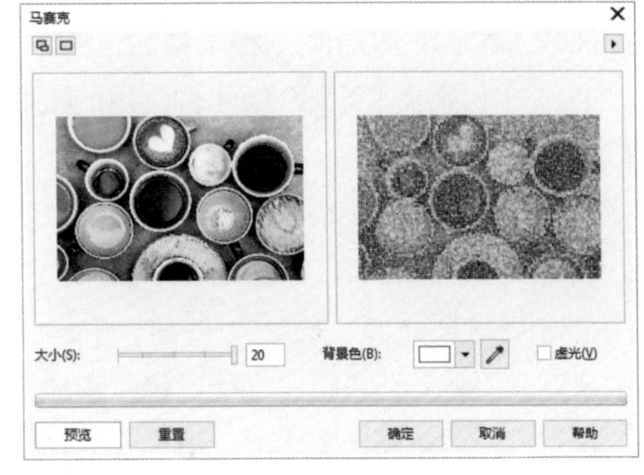

图 8-58

◎ 彩色玻璃

选择“位图 > 创造性 > 彩色玻璃”命令，弹出“彩色玻璃”对话框。单击对话框中的按钮，显示对照预览窗口，如图 8-59 所示。

对话框中各选项的含义如下。

- “大小”选项：用于设定彩色玻璃块的大小。
- “光源强度”选项：用于设定彩色玻璃的光源强度。强度越小，显示越暗；强度越大，显示越亮。
- “焊接宽度”选项：用于设定玻璃块焊接处的宽度。
- “焊接颜色”选项：用于设定玻璃块焊接处的颜色。
- “三维照明”复选框：勾选该复选框，可以显示彩色玻璃图像的三维照明效果。

◎ 虚光

选择“位图 > 创造性 > 虚光”命令，弹出“虚光”对话框，单击对话框中的按钮，显示对照预览窗口，如图 8-60 所示。

对话框中各选项的含义如下。

- “颜色”选项组：用于设定光照的颜色。
- “形状”选项组：用于设定光照的形状。
- “偏移”选项：用于设定框架的大小。

- “褪色”选项：用于设定图像与虚光框架的混合程度。

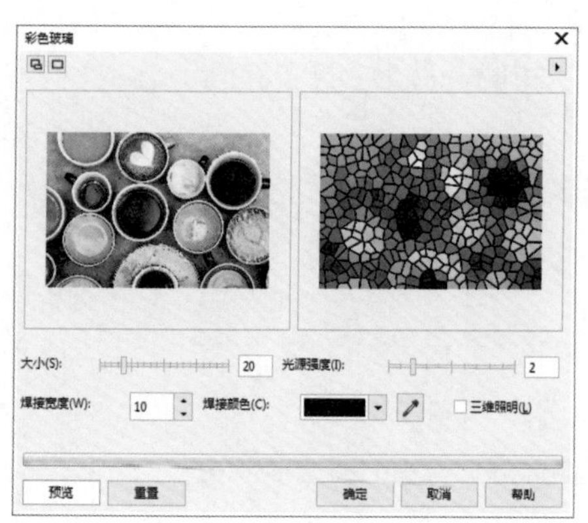

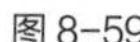
图 8-59

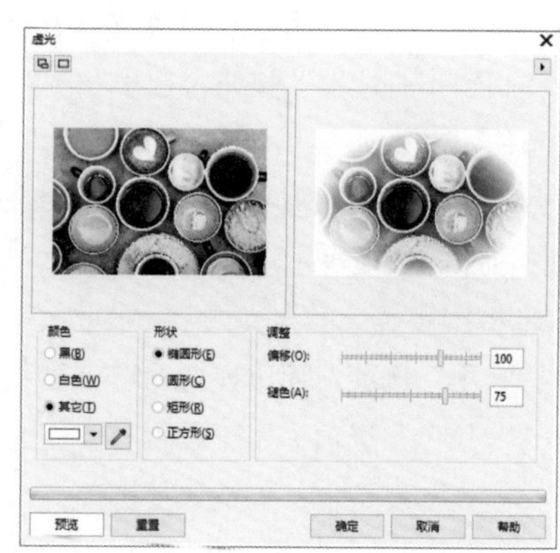

图 8-60

7．扭曲

CorelDRAW X8 提供了 11 种不同的扭曲效果。“位图 > 扭曲”子菜单下的命令如图 8-61 所示。下面介绍 4 种常用的扭曲效果。

图 8-61

◎ 块状

选择“位图 > 扭曲 > 块状”命令，弹出“块状”对话框。单击对话框中的▣按钮，显示对照预览窗口，如图 8-62 所示。

对话框中各选项的含义如下。

- “未定义区域”选项组：用于设定背景部分的颜色。
- “块宽度”“块高度”选项：用于设定块状图像的尺寸大小。
- “最大偏移”选项：用于设定块状图像的打散程度。

◎ 置换

选择“位图 > 扭曲 > 置换”命令，弹出“置换”对话框，单击对话框中的▣按钮，显示对照预览窗口，如图 8-63 所示。

图 8-62

图 8-63

对话框中各选项的含义如下。

- “缩放模式”选项组：可以用于选择“平铺”或“伸展适合”模式。
- 选项：可以用于选择置换的图形。

◎ 像素

选择“位图 > 扭曲 > 像素”命令，弹出“像素”对话框，单击对话框中的按钮，显示对照预览窗口，如图 8-64 所示。

对话框中各选项的含义如下。

- “像素化模式”选项组：当选择“射线”模式时，可以在预览窗口中设定像素化的中心点。
- “宽度”“高度”选项：用于设定像素色块的大小。
- “不透明”选项：用于设定像素色块的不透明度，数值越小，色块就越透明。

◎ 龟纹

选择“位图 > 扭曲 > 龟纹”命令，弹出“龟纹”对话框。单击对话框中的按钮，显示对照预览窗口，如图 8-65 所示。

图 8-64

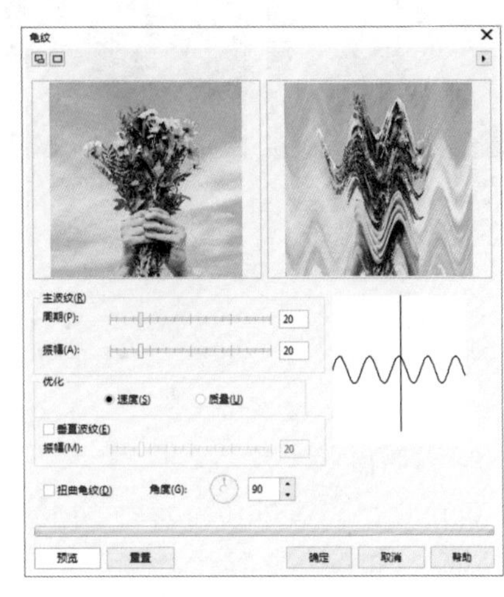

图 8-65

对话框中选项的含义如下。

- “周期”“振幅”选项：默认的波纹是与图像的顶端和底端平行的。拖曳滑块，可以设定波纹的周期和振幅，在右边可以看到波纹的形状。

8. 杂点

CorelDRAW X8 提供了 6 种不同的杂点效果。“位图 > 杂点”子菜单下的命令如图 8-66 所示。下面介绍两种常见的杂点滤镜效果。

添加杂点(A)...
最大值(M)...
中值(E)...
最小(I)...
去除龟纹(R)...
去除杂点(N)...

图 8-66

◎ 添加杂点

选择“位图 > 杂点 > 添加杂点”命令，弹出“添加杂点”对话框。单击对话框中的按钮，显示对照预览窗口，如图 8-67 所示。

对话框中各选项的含义如下。

- “杂点类型”选项组：用于设定要添加的杂点类型，有高斯式、尖突和均匀 3 种类型。高斯式杂点类型沿着高斯曲线添加杂点；尖突杂点类型比高斯式杂点类型添加的杂点少，常用来生成较亮的杂点区域；均匀杂点类型可在图像上相对地添加杂点。

- “层次”和“密度”选项：可以用于设定杂点对颜色及亮度的影响范围及杂点的密度。
- “颜色模式”选项组：用于设定杂点的颜色模式，在颜色下拉列表框中可以选择杂点的颜色。

◎ 去除龟纹

选择“位图 > 杂点 > 去除龟纹”命令，弹出“去除龟纹”对话框。单击对话框中的按钮，显示对照预览窗口，如图 8-68 所示。

对话框中各选项的含义如下。

- “数量”选项：用于设定龟纹的数量。
- “优化”选项组：用于选择“速度”或“质量”单选项。
- “输出”选项：用于设定新的图像分辨率。

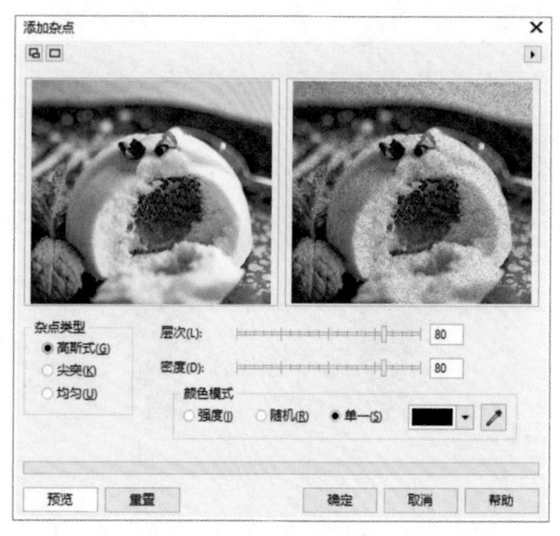

图 8-67

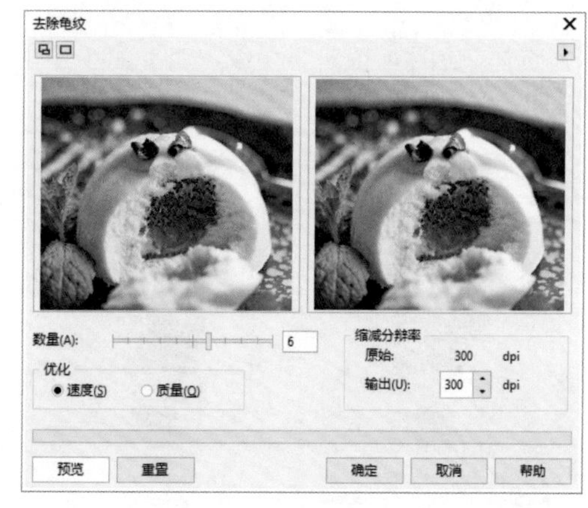

图 8-68

9. 鲜明化

CorelDRAW X8 提供了 5 种不同的鲜明化效果。“位图 > 鲜明化”子菜单下的命令如图 8-69 所示。下面介绍两种常见的鲜明化滤镜效果。

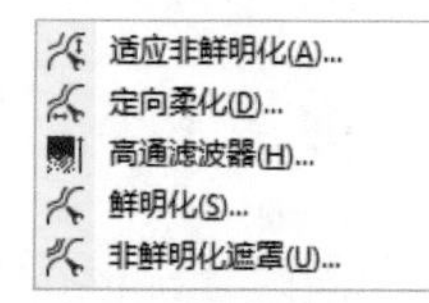

图 8-69

◎ 高通滤波器

选择“位图 > 鲜明化 > 高通滤波器”命令，弹出“高通滤波器”对话框。单击对话框中的按钮，显示对照预览窗口，如图 8-70 所示。

对话框中各选项的含义如下。

- “百分比”选项：用于设定滤镜效果的程度。
- “半径”选项：用于设定应用效果的像素范围。

◎ 非鲜明化遮罩

选择“位图 > 鲜明化 > 非鲜明化遮罩”命令，弹出“非鲜明化遮罩”对话框。单击对话框中的按钮，显示对照预览窗口，如图 8-71 所示。

对话框中各选项的含义如下。

- “百分比”选项：用于设定滤镜效果的程度。
- “半径”选项：用于设定应用效果的像素范围。
- “阈值”选项：用于设定锐化效果的强弱，数值越小，效果就越明显。

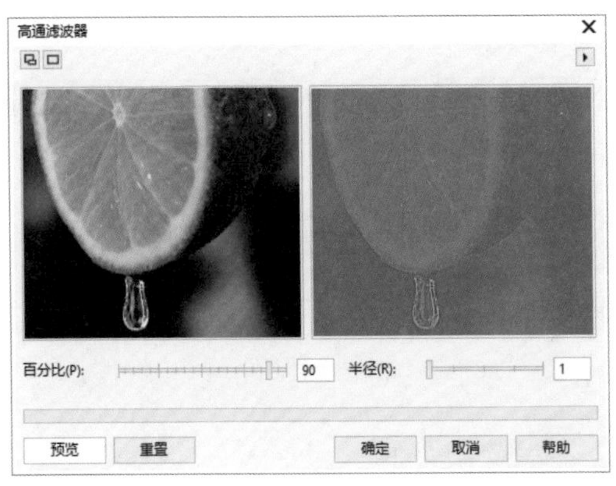

图 8-70

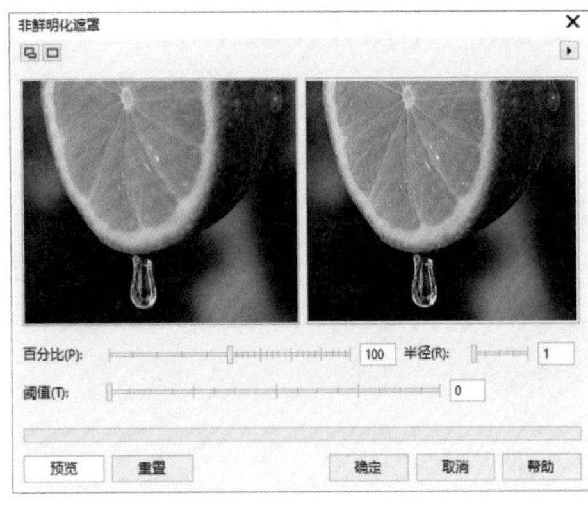

图 8-71

8.1.5 【实战演练】制作手机电商广告

8.1.5实战演练

制作手机电商广告

8.2 制作女鞋电商广告

8.2.1 【案例分析】

本案例是制作女鞋电商广告，要求以“唤醒夏日”为主题，突出新款高跟鞋的优雅，并简要说明优惠活动。

8.2.2 【设计理念】

在制作时，使用浅色的背景和简单的几何图形营造出清新、舒爽的感觉；将产品置于展示台上，展示产品的精致与高贵，加深消费者的印象；醒目的活动主题文字能起到装饰作用；优惠活动文字用于加强宣传力度，最终效果如图 8-72 所示（参看云盘中的“Ch08 > 效果 > 制作女鞋电商广告.cdr”）。

图 8-72

制作女鞋电商广告

8.2.3 【操作步骤】

（1）打开 CorelDRAW X8，按 Ctrl+N 组合键，弹出“创建新文档”对话框。设置文档的宽度为 1 920 px，高度为 830 px，原色模式为 RGB，渲染分辨率为 72 dpi。单击“确定”按钮，创建一个文档。

（2）按 Ctrl+I 组合键，弹出“导入”对话框。选择云盘中的“Ch08 > 素材 > 制作女鞋电商广告 > 01”文件，单击“导入”按钮，在页面中单击导入图片，如图 8-73 所示。按 P 键，图片在页面中居中对齐，效果如图 8-74 所示。

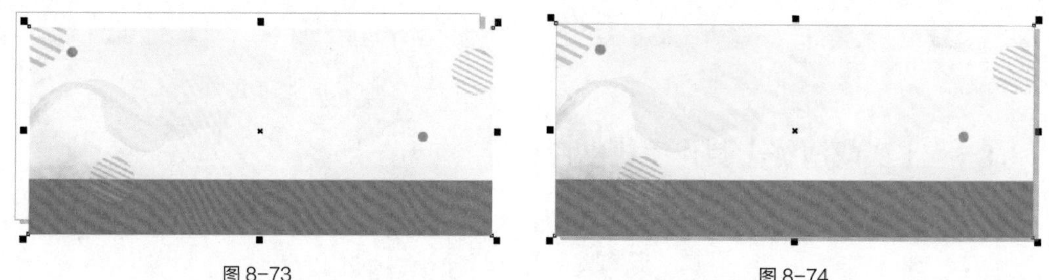

图 8-73　　图 8-74

（3）按 Ctrl+I 组合键，弹出“导入”对话框。选择云盘中的“Ch08 > 素材 > 制作女鞋电商广告 > 02、03”文件，单击“导入”按钮，在页面中分别单击导入图片，将其拖曳到适当的位置并调整其大小，效果如图 8-75 所示。

（4）选择“选择”工具，选取下方图片。选择“阴影”工具，在属性栏中单击“预设列表”选项，在弹出的菜单中选择“透视右上”，其他选项的设置如图 8-76 所示。按 Enter 键，效果如图 8-77 所示。

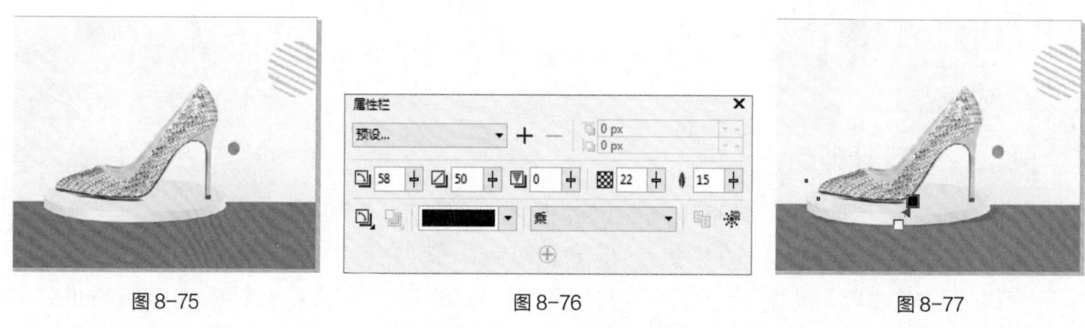

图 8-75　　图 8-76　　图 8-77

（5）选择“文本”工具，在页面中分别输入需要的文字。选择“选择”工具，在属性栏中分别选择合适的字体并设置文字大小，效果如图 8-78 所示。

（6）选取英文“SUMMER”，选择“文本 > 文本属性”命令，在弹出的“文本属性”泊坞窗中进行设置，如图 8-79 所示。按 Enter 键，效果如图 8-80 所示。

（7）选取文字“唤醒夏日”，设置文字颜色的 RGB 值为 234、91、104，填充文字，效果如图 8-81 所示。在“文本属性”泊坞窗中进行设置，如图 8-82 所示。按 Enter 键，效果如图 8-83 所示。

（8）选取文字“颜值胜出换新季”，在“文本属性”泊坞窗中进行设置，如图 8-84 所示。按 Enter 键，效果如图 8-85 所示。

图 8-78

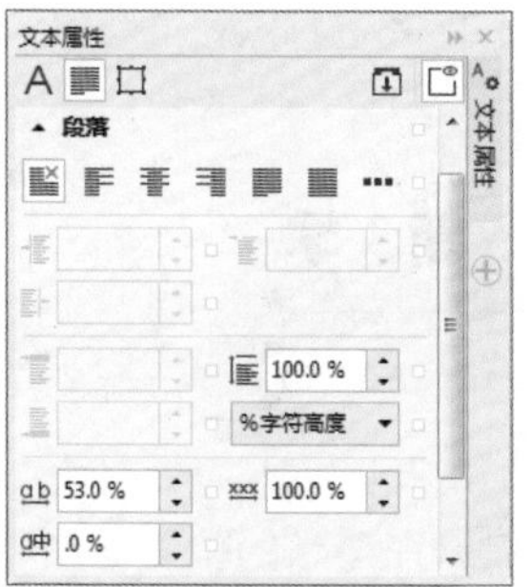

图 8-79

图 8-80

图 8-81

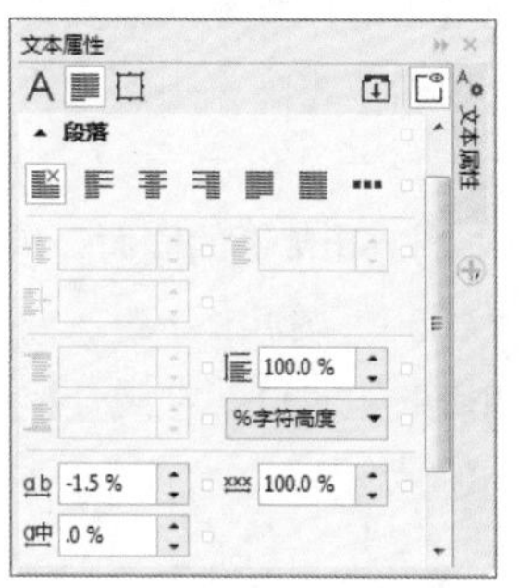

图 8-82

图 8-83

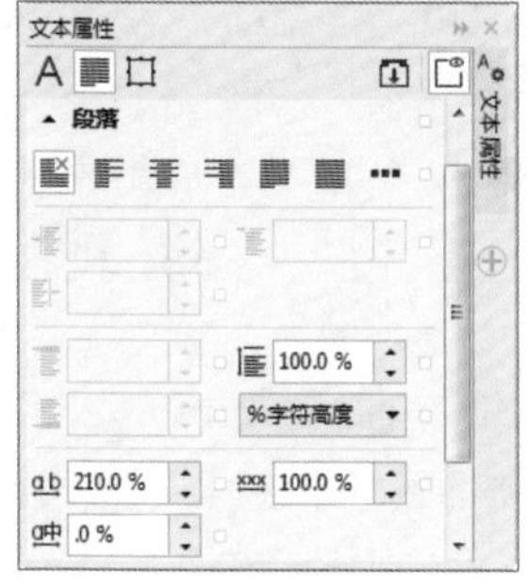

图 8-84

图 8-85

（9）选取文字“满 99 减 10 / 满 199 减 20”，填充文字为白色，效果如图 8-86 所示。在“文本属性”泊坞窗中进行设置，如图 8-87 所示。按 Enter 键，效果如图 8-88 所示。

图 8-86

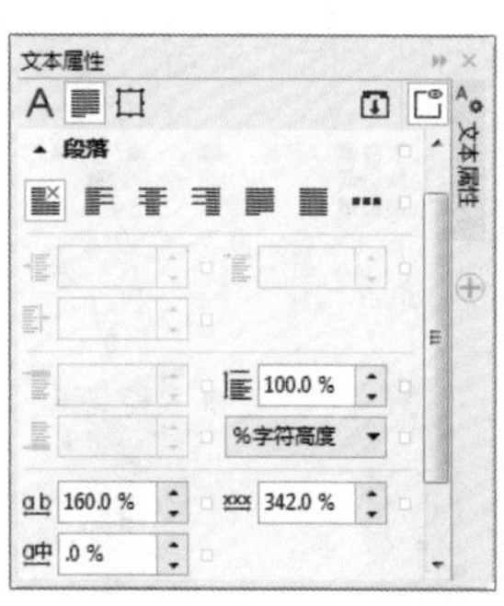

图 8-87

图 8-88

（10）选择“矩形”工具□，在适当的位置绘制一个矩形，如图 8-89 所示。填充图形为黑色，并去除图形的轮廓线。连续按 Ctrl+PageDown 组合键，将矩形向后移至适当的位置，效果如图 8-90 所示。

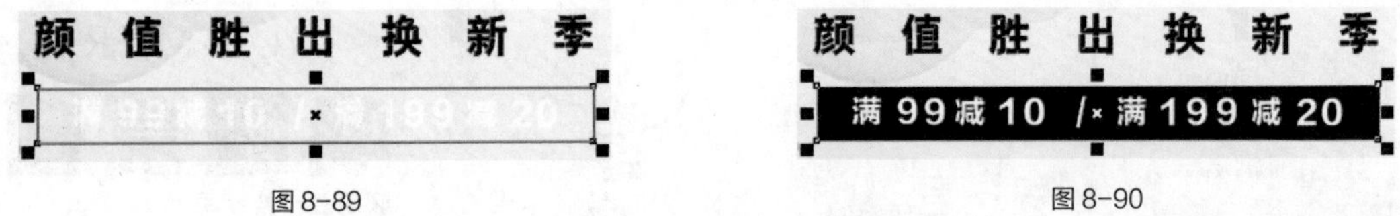

图 8-89　　图 8-90

（11）选择“矩形”工具，在适当的位置绘制一个矩形。设置图形颜色的 RGB 值为 197、43、49，填充图形，并去除图形的轮廓线，效果如图 8-91 所示。

（12）选择“文本”工具，在适当的位置输入需要的文字。选择“选择”工具，在属性栏中选取适当的字体并设置文字大小。单击“将文本更改为垂直方向”按钮，更改文本方向。填充文字为白色，效果如图 8-92 所示。

（13）选择“选择”工具，在按住 Shift 键的同时，单击下方矩形将其同时选取。在属性栏的“旋转角度”框中设置数值为 355。按 Enter 键，效果如图 8-93 所示。

（14）选取下方矩形，选择“阴影”工具，在属性栏中单击“预设列表”选项，在弹出的菜单中选择“平面右下”，其他选项的设置如图 8-94 所示。按 Enter 键，效果如图 8-95 所示。

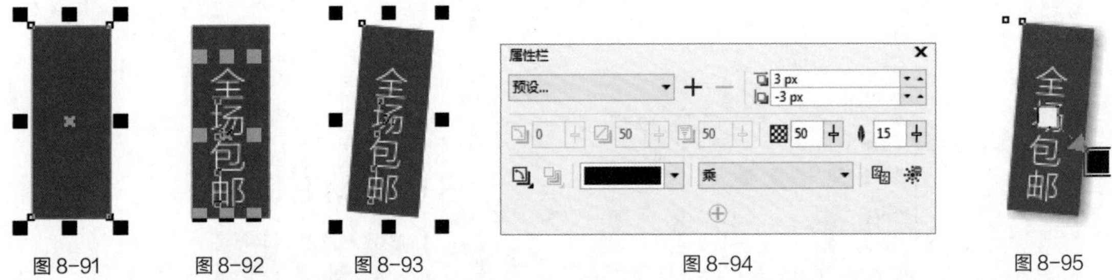

图 8-91　图 8-92　图 8-93　图 8-94　图 8-95

（15）选择“贝塞尔”工具，在适当的位置分别绘制两条曲线，如图 8-96 所示。选择“选择”工具，选取左侧的曲线。按 Shift+PageDown 组合键，将曲线置于底层，效果如图 8-97 所示。

（16）选择“椭圆形”工具，在按住 Ctrl 键的同时，在适当的位置绘制一个圆形，填充图形为黑色，并去除图形的轮廓线，效果如图 8-98 所示。选择“选择”工具，按数字键盘上的 + 键，复制圆形，向上方拖曳复制的圆形到适当的位置，效果如图 8-99 所示。

（17）选择“选择”工具，用圈选的方法将所有图形和文字全部选取，按 Ctrl+G 组合键，将其群组，如图 8-100 所示。拖曳群组图形到页面中适当的位置，效果如图 8-101 所示。

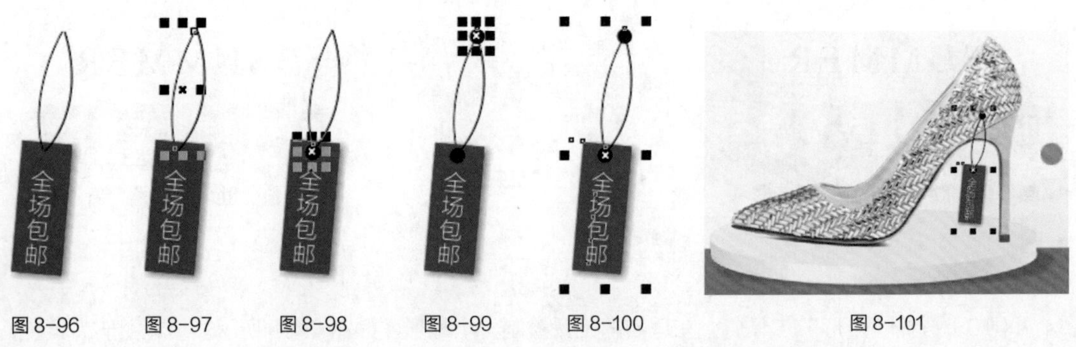

图 8-96　图 8-97　图 8-98　图 8-99　图 8-100　图 8-101

（18）选择“矩形”工具□，在适当的位置绘制一个矩形，如图 8-102 所示。按 F12 键，弹出“轮廓笔”对话框。在“颜色”选项中设置轮廓线颜色的 RGB 值为 26、26、26，其他选项的设置如图 8-103 所示。单击“确定”按钮，效果如图 8-104 所示。用相同的方法再制作一条虚线，效果如图 8-105 所示。女鞋电商广告制作完成。

图 8-102

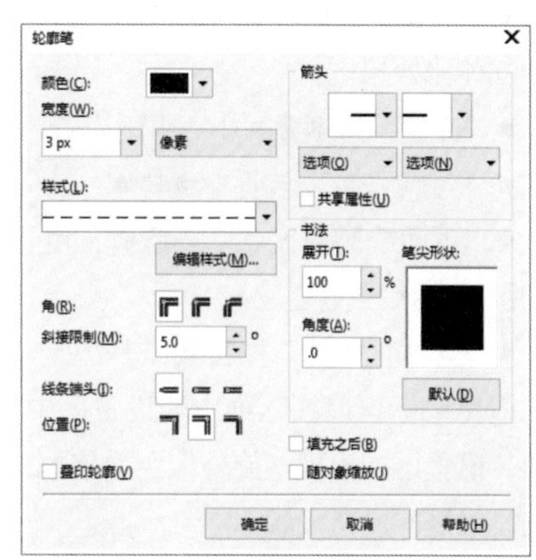

图 8-103

图 8-104

图 8-105

8.2.4 【相关工具】

1. 制作立体效果

立体效果是利用三维空间的立体旋转和光源照射的功能来完成的。CorelDRAW X8 中的“立体化”工具可以用来制作和编辑图形的三维效果。

绘制一个需要立体化的图形，如图 8-106 所示。选择“立体化”工具，在图形上按住鼠标左键并向图形右上方拖曳鼠标指针，如图 8-107 所示。达到需要的立体效果后，松开鼠标左键，图形的立体化效果如图 8-108 所示。

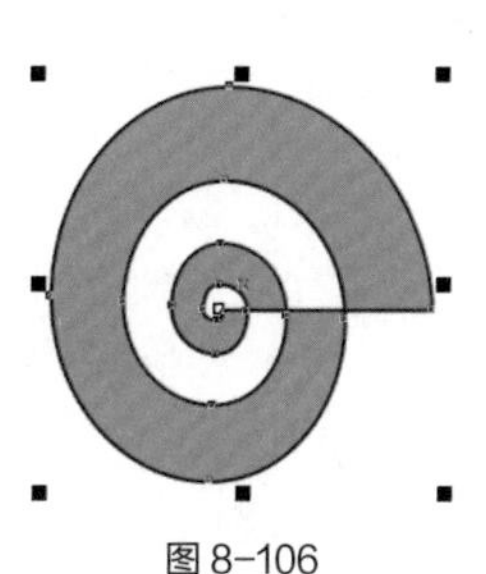

图 8-106

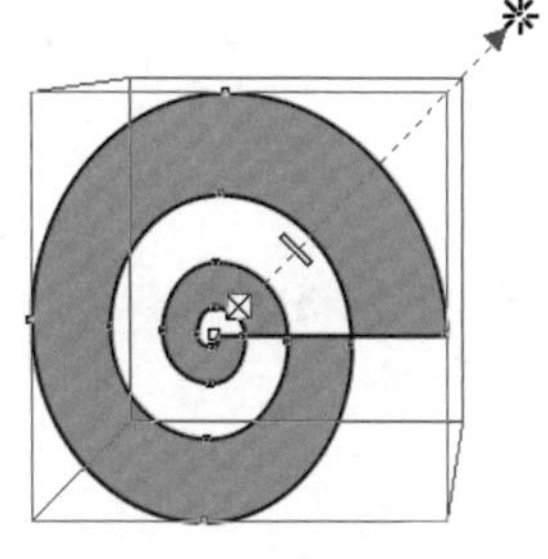

图 8-107

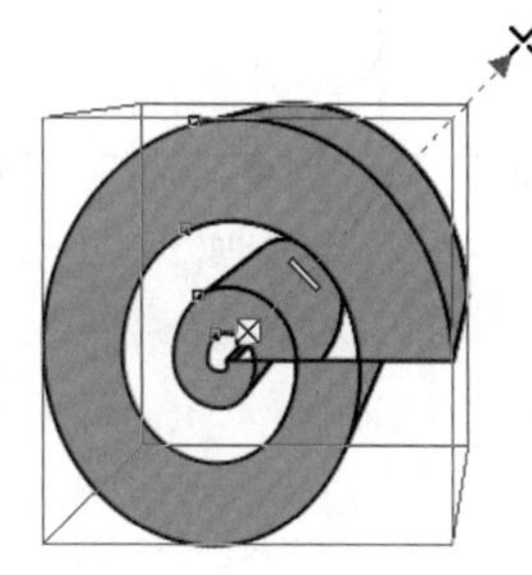

图 8-108

“立体化”工具的属性栏如图 8-109 所示。各选项的含义如下。

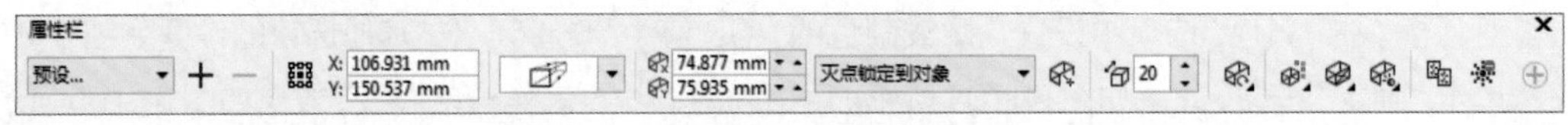

图 8-109

- “立体化类型”选项：单击选项后的三角形按钮弹出下拉列表，分别选择可以出现不同的立体化效果。
- “深度”选项：用于设置图形立体化的深度。
- “灭点属性”选项：用于设置灭点的属性。
- “页面或对象灭点”按钮：用于将灭点锁定到页面上，在移动图形时灭点不能移动，且立体化的图形形状会改变。
- “立体化旋转”按钮：单击此按钮，弹出旋转设置框，指针放在三维旋转设置区内会变为手形，拖曳鼠标可以在三维旋转设置区中旋转图形，页面中的立体化图形会进行相应的旋转。单击按钮，设置区中出现“旋转值”数值框，可以精确地设置立体化图形的旋转数值。单击按钮，将恢复到设置区的默认设置。
- “立体化颜色”按钮：单击此按钮，弹出立体化图形的“颜色”设置区。在“颜色”设置区中有 3 种颜色设置模式，分别是“使用对象填充”模式、“使用纯色”模式和“使用递减的颜色”模式。
- “立体化倾斜”按钮：单击此按钮，弹出“斜角修饰”设置区，可以通过拖曳面板中图例的节点来添加斜角效果，也可以在增量框中输入数值来设定斜角。勾选“只显示斜角修饰边”复选框，将只显示立体化图形的斜角修饰边。
- “立体化照明”按钮：单击此按钮，弹出照明设置区，在设置区中可以为立体化图形添加光源。

2. “表格”工具

选择“表格”工具，在绘图页面中按住鼠标左键不放，从左上角向右下角拖曳鼠标指针到需要的位置，松开鼠标左键，表格状的图形绘制完成，如图 8-110 所示。绘制的表格属性栏如图 8-111 所示。

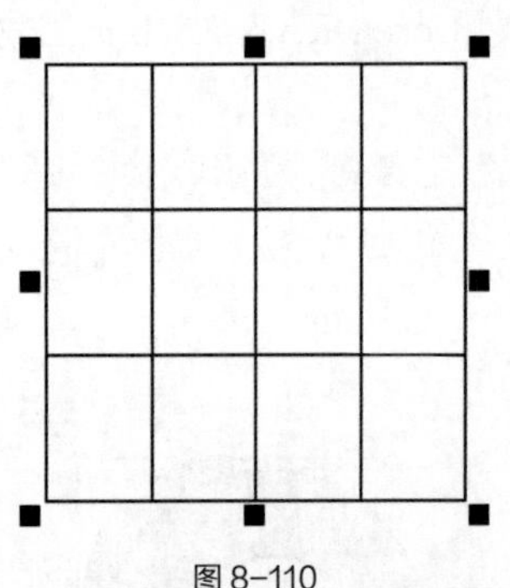

图 8-110

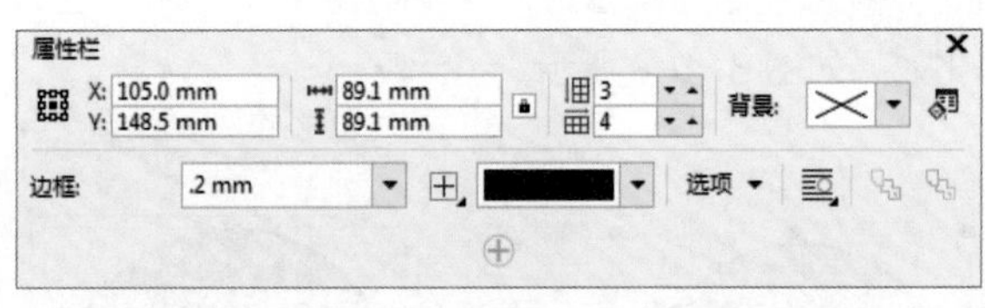

图 8-111

- 按住 Ctrl 键，在绘图页面中可以绘制正网格状的表格。
- 按住 Shift 键，在绘图页面中可以以当前点为中心绘制网格状的表格。
- 按住 Shift+Ctrl 组合键，在绘图页面中可以以当前点为中心绘制正网格状的表格。

属性栏中各选项的含义如下。

- 框：用于重新设定表格的列和行，绘制出需要的表格。
- 背景：用于选择和设置表格的背景色。单击“编辑填充”按钮，弹出“均匀填充”对话框，可以更改背景的填充色。
- 边框 2 mm：用于选择并设置表格边框线的粗细、颜色。单击“轮廓笔”按钮，弹出“轮廓笔”对话框，用于设置轮廓线的属性，如线条宽度、角形状和箭头类型等。
- 选项：用于选择是否在键入数据时自动调整单元格的大小及在单元格间添加空格。
- “文本换行”按钮：用于选择段落文本环绕对象的样式，并设置偏移的距离。
- “到图层前面”按钮和“到图层后面”按钮：用于将表格移动至图层最前面或最后面。

8.2.5 【实战演练】制作服装电商广告

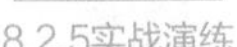
8.2.5实战演练

制作服装电商广告

8.3 综合演练——制作家电电商广告

8.3综合演练

制作家电电商广告

09 第9章 包装设计

包装用于塑造品牌的形象。包装设计可以起到美化商品及传达商品信息的作用，最终提高商品的价值。出色的包装设计可以让商品在同类产品中脱颖而出，吸引消费者的注意力并引发其购买行为。本章以制作多个类别的包装为例，讲解包装的设计方法和制作技巧。

知识目标

- 了解包装的设计思路
- 掌握包装的制作方法和技巧

能力目标

- 掌握核桃奶包装的制作方法
- 掌握婴儿米粉包装的制作方法
- 掌握冰淇淋包装的制作方法
- 掌握牛奶包装的制作方法
- 掌握化妆品包装的制作方法

素质目标

- 培养清晰的逻辑思维
- 培养高效的执行能力
- 培养能够充分表达自己观点的能力

9.1 制作核桃奶包装

9.1.1 【案例分析】

本案例是制作核桃奶包装。食佳股份有限公司现推出一款高钙低脂核桃奶，需制作一款包装，要求传达出核桃奶健康、美味的特点，快速吸引消费者的注意。

9.1.2 【设计理念】

在制作时，使用浅褐色作为包装的主色调，给人清爽的印象；包装的正面使用充满田园风格的卡通插画，营造自然、健康的氛围；使用整齐的文字排列使包装看起来更加简约、舒适，最终效果如图 9-1 所示（参看云盘中的“Ch09 > 效果 > 制作核桃奶包装 .cdr”）。

图 9-1

9.1.3 【操作步骤】

1. 绘制卡通形象

（1）打开 CorelDRAW X8，按 Ctrl+N 组合键，弹出“创建新文档”对话框。设置文档的宽度为 210 mm，高度为 297 mm，取向为纵向，原色模式为 CMYK，渲染分辨率为 300 dpi。单击“确定”按钮，创建一个文档。

（2）按 Ctrl+I 组合键，弹出“导入”对话框。选择云盘中的“Ch09 > 素材 > 制作核桃奶包装 > 01”文件，单击“导入”按钮，在页面中单击导入图片。选择“选择”工具，拖曳图片到适当的位置，并调整其大小，效果如图 9-2 所示。选择“椭圆形”工具，在页面中拖曳鼠标绘制一个椭圆形，如图 9-3 所示。

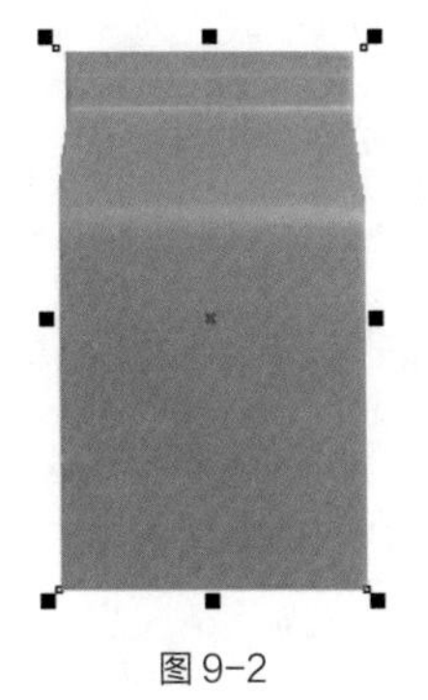

图 9-2

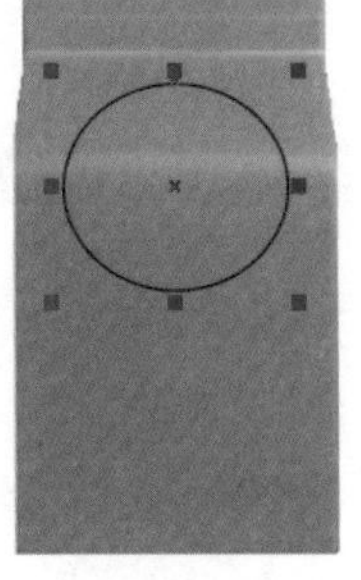

图 9-3

（3）使用“椭圆形”工具，再绘制一个椭圆形，如图 9-4 所示。按数字键盘上的 + 键，复制图形。选择“选择”工具，在按住 Shift 键的同时，水平向右拖曳复制的图形到适当的位置，效果如图 9-5 所示。选择“矩形”工具，在适当的位置绘制一个矩形，如图 9-6 所示。

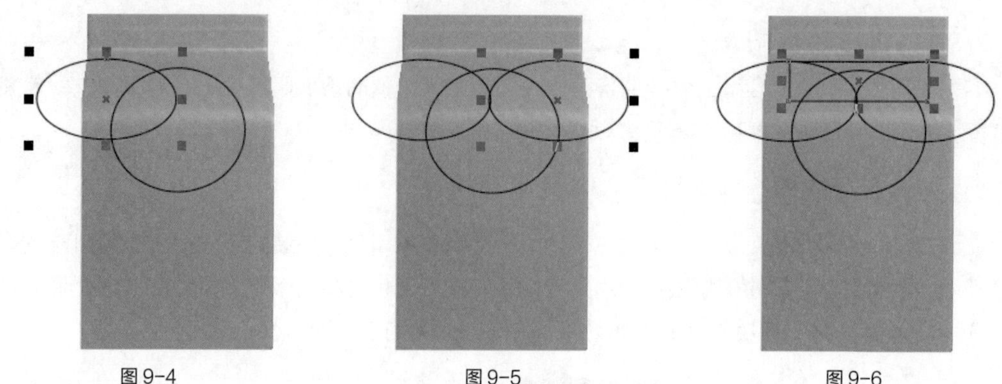

图 9-4　　图 9-5　　图 9-6

（4）选择“选择”工具，用圈选的方法将所绘制的图形同时选取，如图 9-7 所示。单击属性栏中的“移除前面对象”按钮，将 4 个图形剪切为一个图形，效果如图 9-8 所示。设置图形颜色的 CMYK 值为 0、20、20、0，填充图形，并去除图形的轮廓线，效果如图 9-9 所示。

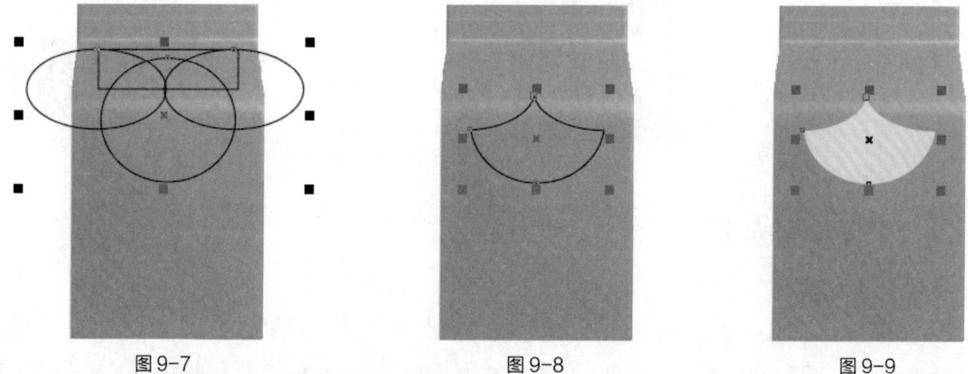

图 9-7　　图 9-8　　图 9-9

（5）选择“椭圆形”工具，在适当的位置绘制一个椭圆形，如图 9-10 所示。单击属性栏中的“转换为曲线”按钮，将图形转换为曲线，如图 9-11 所示。选择“形状”工具，选中并向下拖曳椭圆形下方的节点到适当的位置，效果如图 9-12 所示。

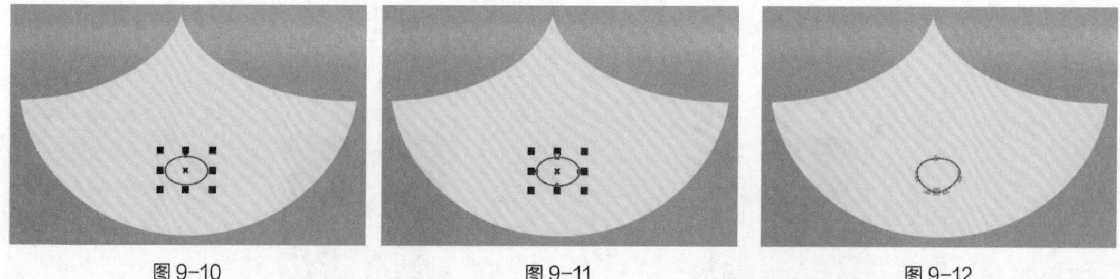

图 9-10　　图 9-11　　图 9-12

（6）选择“选择”工具，选取图形，按 F12 键，弹出“轮廓笔”对话框。在“颜色”选项中设置轮廓线颜色的 CMYK 值为 0、100、100、75，其他选项的设置如图 9-13 所示。单击“确定”按钮，效果如图 9-14 所示。设置图形颜色的 CMYK 值为 0、90、100、30，填充图形，效果如图 9-15 所示。

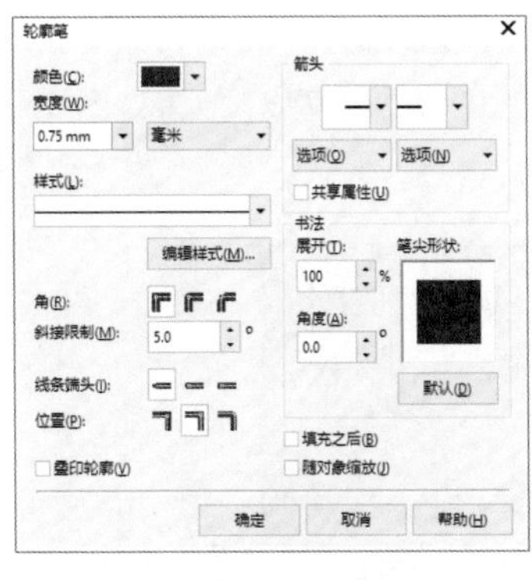

图 9-13

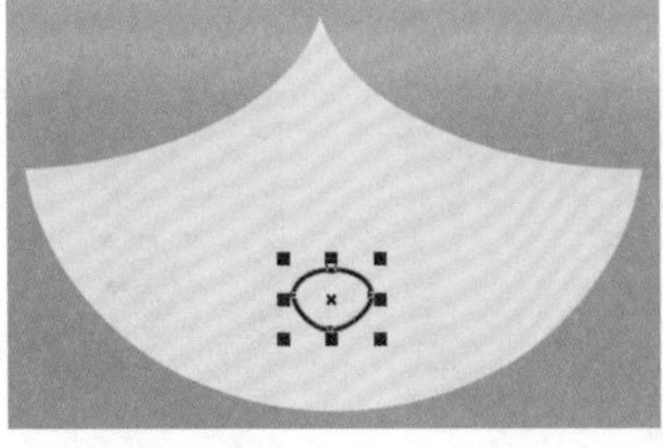

图 9-14

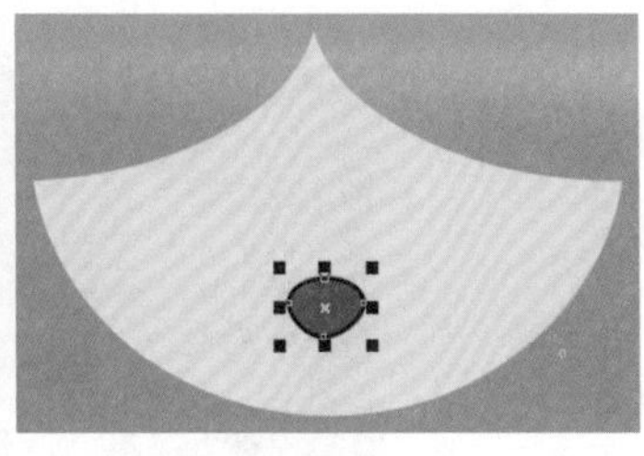

图 9-15

（7）选择“贝塞尔”工具，在适当的位置绘制一个不规则图形，填充图形为白色，并去除图形的轮廓线，效果如图 9-16 所示。

（8）选择“选择”工具，按数字键盘上的 + 键，复制图形。按住 Shift 键的同时，水平向右拖曳复制的图形到适当的位置，效果如图 9-17 所示。单击属性栏中的“水平镜像”按钮，水平翻转图形，效果如图 9-18 所示。

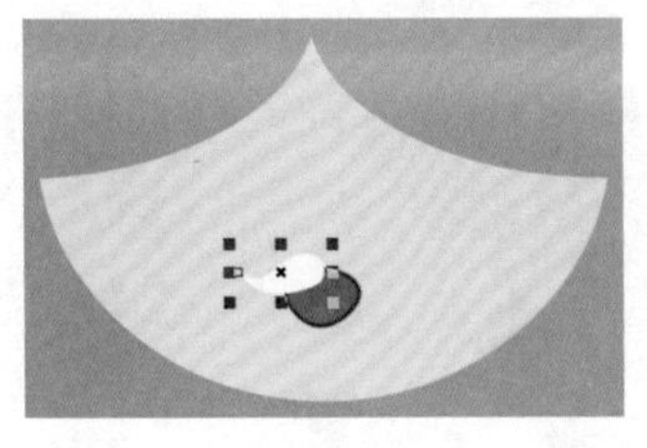

图 9-16

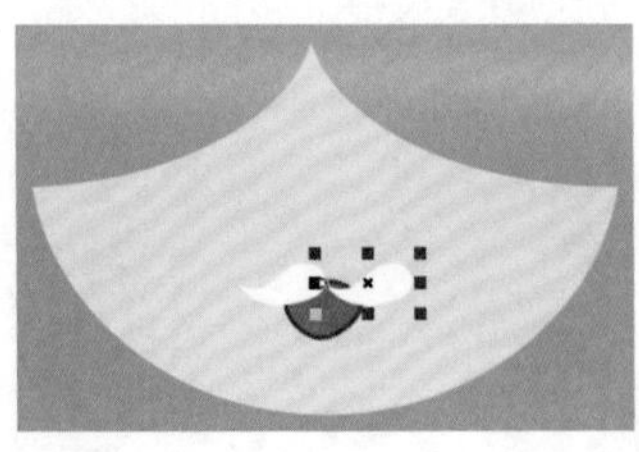

图 9-17

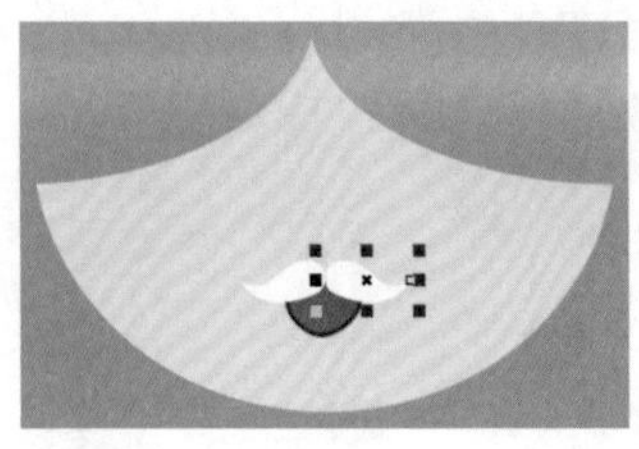

图 9-18

（9）选择“椭圆形”工具，在适当的位置绘制一个椭圆形，如图 9-19 所示。单击属性栏中的“转换为曲线”按钮，将图形转换为曲线，如图 9-20 所示。

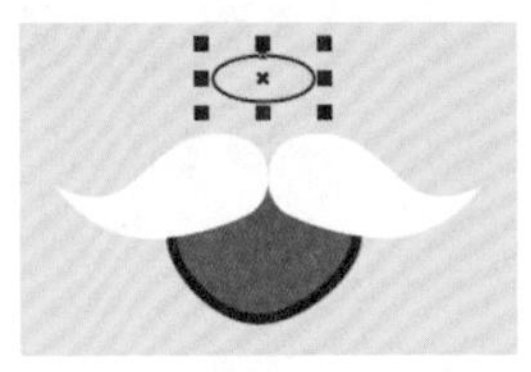

图 9-19

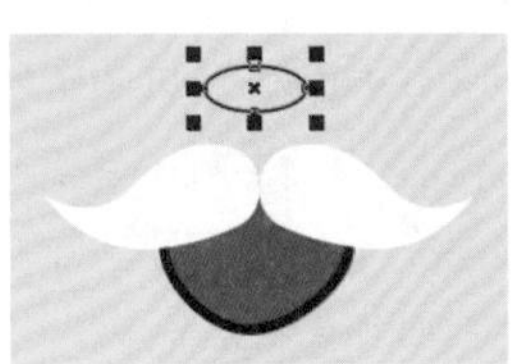

图 9-20

（10）选择“形状”工具，选中并向下拖曳椭圆形下方的节点到适当的位置，效果如图 9-21 所示。选择“选择”工具，设置图形颜色的 CMYK 值为 0、40、40、0，填充图形，并去除图形的轮廓线，效果如图 9-22 所示。

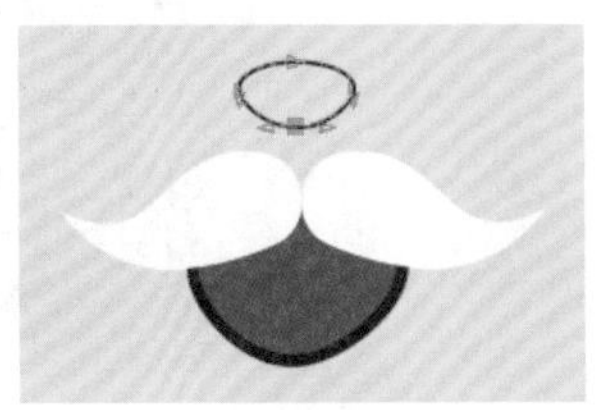

图 9-21

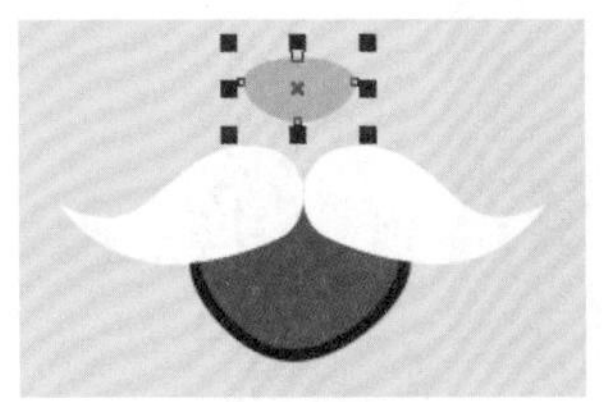

图 9-22

（11）选择“椭圆形”工具，在按住 Ctrl 键的同时，在适当的位置绘制一个圆形，如图 9-23 所示。设置图形颜色的 CMYK 值为 0、60、60、40，填充图形，并去除图形的轮廓线，效果如图 9-24 所示。

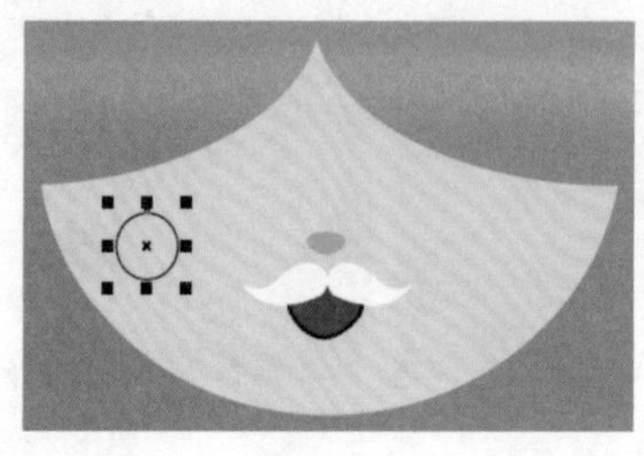
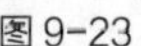
图 9-23

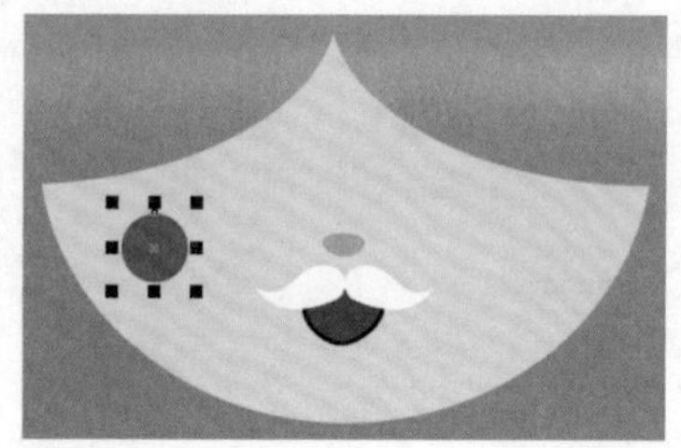
图 9-24

（12）使用“椭圆形”工具，再绘制一个椭圆形，设置图形颜色的 CMYK 值为 0、40、0、0，填充图形，并去除图形的轮廓线，效果如图 9-25 所示。

（13）选择“选择”工具，在按住 Shift 键的同时，单击上方椭圆形将其同时选取，如图 9-26 所示。按数字键盘上的 + 键，复制图形。在按住 Shift 键的同时，水平向右拖曳复制的图形到适当的位置。单击属性栏中的“水平镜像”按钮，水平翻转图形，效果如图 9-27 所示。

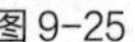
图 9-25

图 9-26

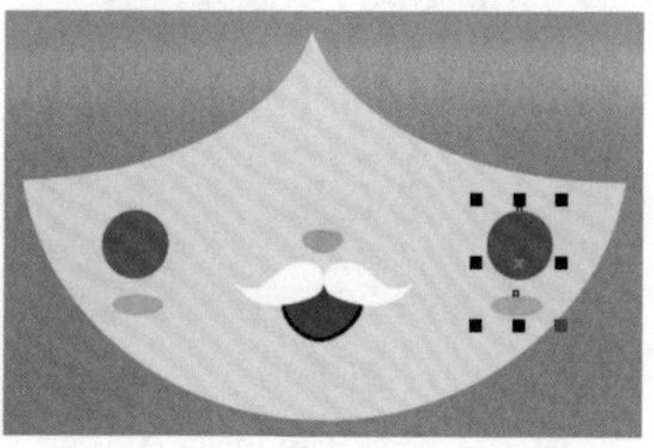
图 9-27

2. 添加产品信息

（1）选择“文本”工具，在页面中分别输入需要的文字。选择“选择”工具，在属性栏中分别选取适当的字体并设置文字大小，填充文字为白色，效果如图 9-28 所示。选取英文“MILK”，选择“文本 > 文本属性”命令，在弹出的“文本属性”泊坞窗中进行设置，如图 9-29 所示。按 Enter 键，效果如图 9-30 所示。

图 9-28

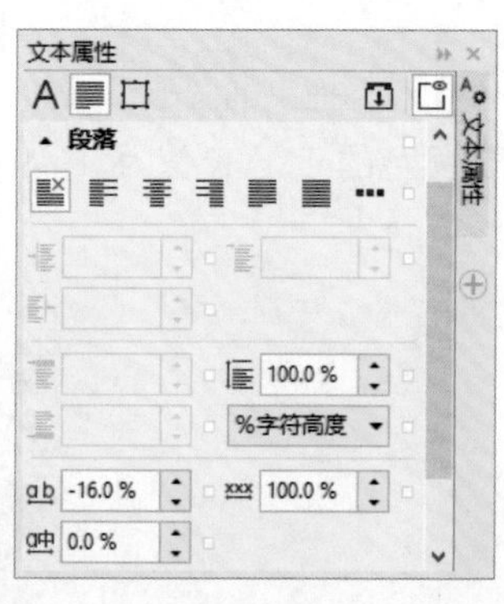

图 9-29

图 9-30

（2）按 Ctrl+Q 组合键，将文本转换为曲线，如图 9-31 所示。选择“形状”工具，用圈选的方法将文字下方需要的节点同时选取，如图 9-32 所示。向下拖曳选中的节点到适当的位置，效果如图 9-33 所示。

图 9-31

图 9-32

图 9-33

（3）选择“文本”工具，在适当的位置输入需要的文字。选择“选择”工具，在属性栏中选取适当的字体并设置文字大小。单击“将文本更改为垂直方向”按钮，更改文字方向，填充文字为白色，效果如图 9-34 所示。

（4）选择“文本”工具，在适当的位置分别输入需要的文字。选择“选择”工具，在属性栏中分别选取适当的字体并设置文字大小。单击“将文本更改为水平方向”按钮，更改文字方向，填充文字为白色，效果如图 9-35 所示。

图 9-34

图 9-35

（5）选择“贝塞尔”工具，在适当的位置绘制一个不规则图形，如图 9-36 所示。设置图形颜色的 CMYK 值为 63、82、100、51，填充图形，并去除图形的轮廓线，效果如图 9-37 所示。

（6）选择“文本”工具，在适当的位置输入需要的文字。选择“选择”工具，在属性栏中选取适当的字体并设置文字大小，填充文字为白色，效果如图 9-38 所示。

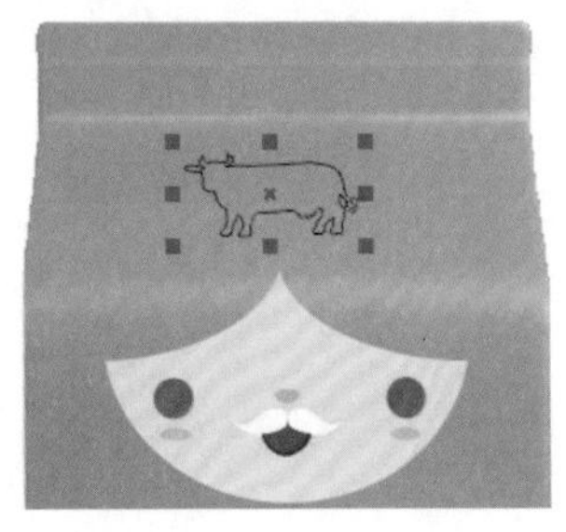
图 9-36

图 9-37

图 9-38

（7）选择“选择”工具，在按住 Shift 键的同时，单击下方不规则图形将其同时选取，如图 9-39 所示。单击属性栏中的“合并”按钮，合并图形和文字，效果如图 9-40 所示。牛奶包装制作完成，效果如图 9-41 所示。

图 9-39

图 9-40

图 9-41

9.1.4 【相关工具】

在设计和制作图形的过程中，经常会使用到透视效果。下面介绍如何在 CorelDRAW X8 中制作透视效果。

打开要制作透视效果的图形，使用“选择”工具将图形选中，效果如图 9-42 所示。选择“效果 > 添加透视”命令，在图形的周围出现控制线和控制点，如图 9-43 所示。拖曳控制点，制作需要的透视效果。在拖曳控制点时出现了透视点✕，如图 9-44 所示。可以拖曳透视点✕，同时可以改变透视效果，如图 9-45 所示。制作好透视效果后，按空格键，确定完成的效果。

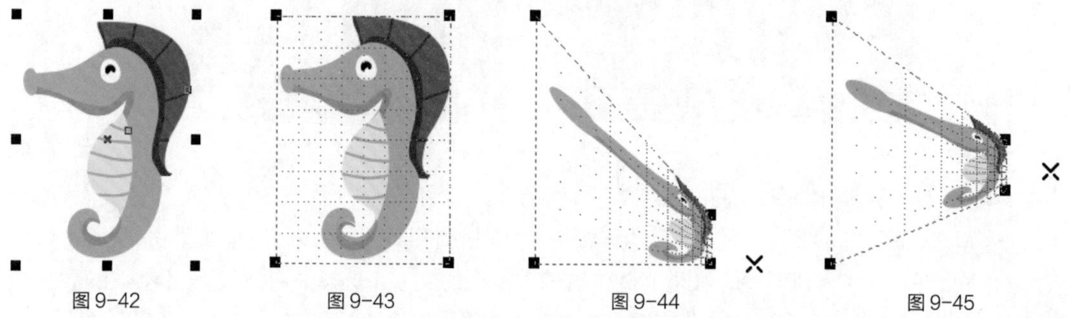
图 9-42　图 9-43　图 9-44　图 9-45

要修改已经制作好的透视效果，需双击图形，再对已有的透视效果进行调整即可。选择“效果 > 清除透视点”命令，可以清除透视效果。

9.1.5 【实战演练】制作婴儿米粉包装

9.1.5实战演练

制作婴儿米粉包装

9.2 制作冰淇淋包装

9.2.1 【案例分析】

本案例是为冰淇淋制作包装，要求传达出冰淇淋凉爽可口、美味怡人的特点，以快速地吸引消费者的注意。

9.2.2 【设计理念】

在制作时，使用传统的罐装包装，风格简单干净，再配以可爱的卡通插画素材，营造轻松、活泼感，标题文字使用蓝色，在画面中突出显示；背景使用海景图片，给人带来清爽的夏日感，最终效果如图 9-46 所示（参看云盘中的“Ch09 > 效果 > 制作冰淇淋包装 .cdr”）。

图 9-46

9.2.3 【操作步骤】

1. 绘制卡通形象

（1）打开 CorelDRAW X8，按 Ctrl+N 组合键，弹出“创建新文档”对话框。设置文档的宽度为 200 mm，高度为 200 mm，取向为纵向，原色模式为 CMYK，渲染分辨率为 300 dpi。单击“确定”按钮，创建一个文档。

（2）选择“矩形”工具，在页面中绘制一个矩形。设置图形颜色的 CMYK 值为 41、7、0、0，填充图形，并去除图形的轮廓线，效果如图 9-47 所示。选择“椭圆形”工具，在适当的位置绘制一个椭圆形，填充图形为白色，并去除图形的轮廓线，效果如图 9-48 所示。

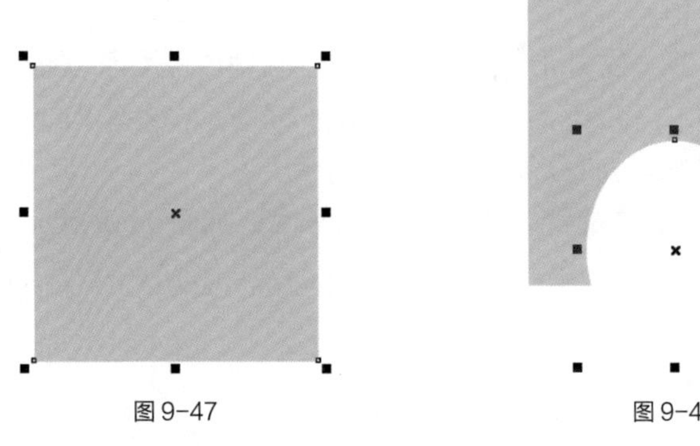

图 9-47　　图 9-48

（3）选择“对象 > PowerClip > 置于图文框内部”命令，鼠标指针变为黑色箭头形状，在矩形框上单击鼠标左键，如图 9-49 所示。将图片置入矩形框中，效果如图 9-50 所示。

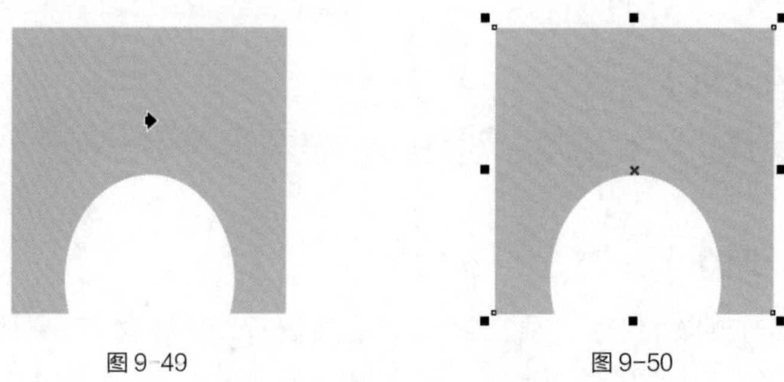

图 9-49　　图 9-50

（4）选择“贝塞尔”工具，在适当的位置绘制一个不规则图形，如图 9-51 所示。选择“选择”工具，选取下方矩形框。选择“对象 > PowerClip > 置于图文框内部”命令，鼠标指针变为黑色箭头形状，在不规则图形上单击鼠标左键，如图 9-52 所示。将图片置入不规则图形中，并去除图形的轮廓线，效果如图 9-53 所示。

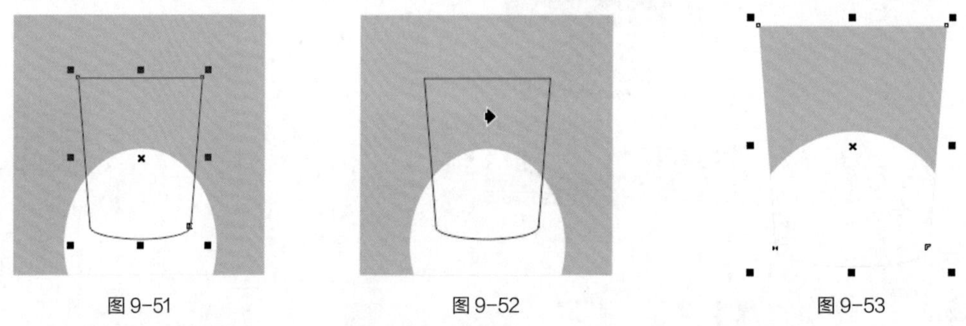

图 9-51　　图 9-52　　图 9-53

（5）选择“椭圆形”工具，在按住 Ctrl 键的同时，在页面外绘制一个圆形，如图 9-54 所示。选择“3 点矩形”工具，在适当的位置拖曳鼠标指针绘制一个矩形，如图 9-55 所示。

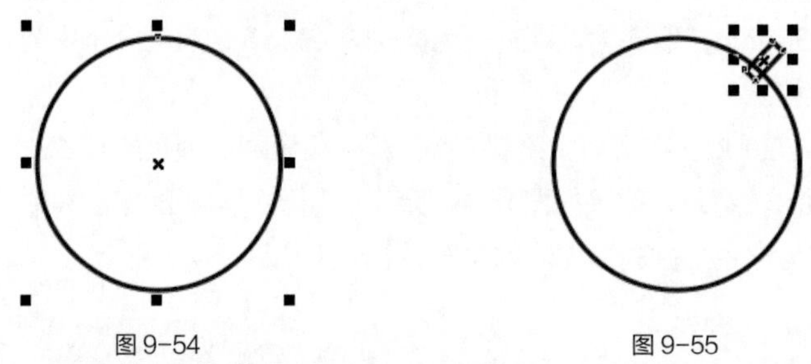

图 9-54　　图 9-55

（6）选择“选择”工具，在按住 Shift 键的同时，单击下方圆形将其同时选取，如图 9-56 所示。单击属性栏中的“合并”按钮，将图形合并，效果如图 9-57 所示。选择“3 点椭圆形”工具，在适当的位置拖曳鼠标指针绘制一个椭圆形，如图 9-58 所示。

（7）选择“贝塞尔”工具，在适当的位置绘制一条曲线，如图 9-59 所示。按 F12 键，弹出“轮廓笔”对话框，在“颜色”选项中设置轮廓线颜色为黑色，其他选项的设置如图 9-60 所示。单击“确定”按钮，效果如图 9-61 所示。

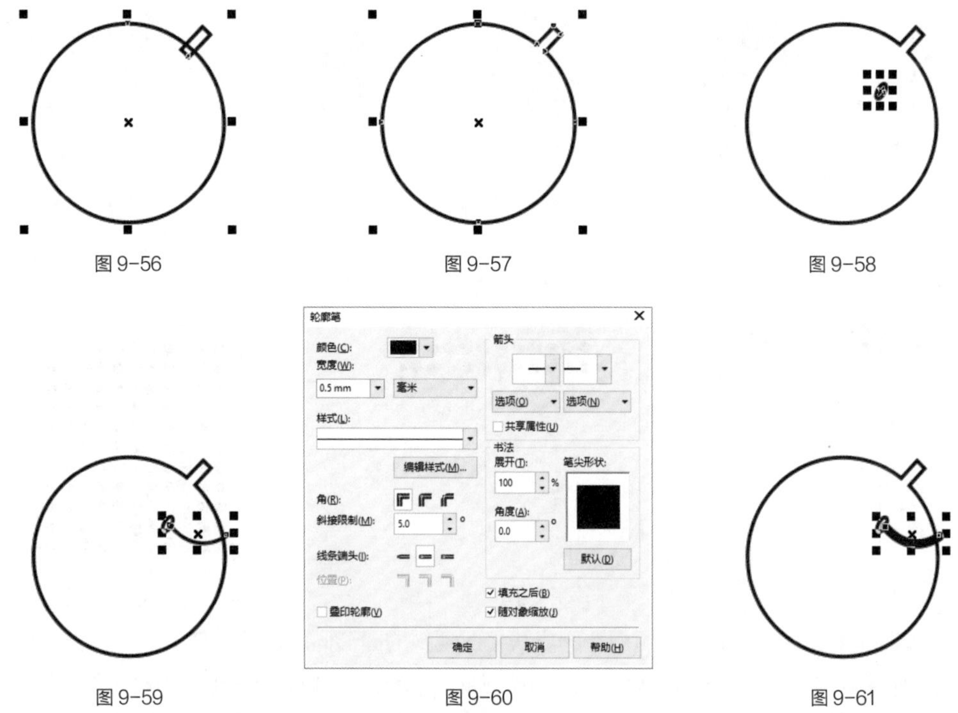

图 9-56　图 9-57　图 9-58

图 9-59　图 9-60　图 9-61

（8）按 Ctrl+Shift+Q 组合键，将轮廓转换为对象，如图 9-62 所示。选择“选择”工具，用圈选的方法将所绘制的图形全部选取，如图 9-63 所示，单击属性栏中的“移除前面对象”按钮，将几个图形剪切为一个图形，效果如图 9-64 所示。设置图形颜色的 CMYK 值为 78、62、37、0，填充图形，并去除图形的轮廓线，效果如图 9-65 所示。

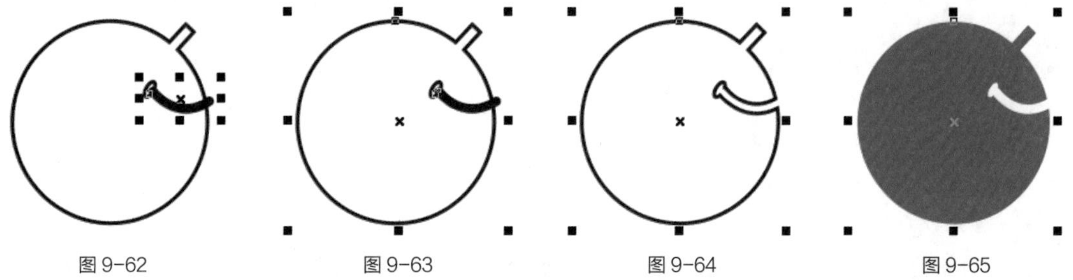

图 9-62　图 9-63　图 9-64　图 9-65

（9）选择“贝塞尔”工具，在适当的位置绘制一个不规则图形，如图 9-66 所示。在“CMYK 调色板”中的“30% 黑”色块上单击鼠标左键，填充图形，并去除图形的轮廓线，效果如图 9-67 所示。

（10）选择“椭圆形”工具，在按住 Ctrl 键的同时，在适当的位置绘制一个圆形，填充图形为黑色，并去除图形的轮廓线，效果如图 9-68 所示。按数字键盘上的 + 键，复制圆形。选择“选择”工具，在按住 Shift 键的同时，水平向右拖曳复制的圆形到适当的位置，效果如图 9-69 所示。在按住 Ctrl 键的同时，再连续点按 D 键，按需要再复制出多个圆形，效果如图 9-70 所示。

（11）选择“选择”工具，用圈选的方法将所绘制的圆形同时选取。按 Ctrl+G 组合键，将其群组，如图 9-71 所示。按数字键盘上的 + 键，复制图形。在按住 Shift 键的同时，垂直向下拖曳复制的图形到适当的位置，效果如图 9-72 所示。在按住 Ctrl 键的同时，再连续点按 D 键，按需要再复制出多个图形，效果如图 9-73 所示。

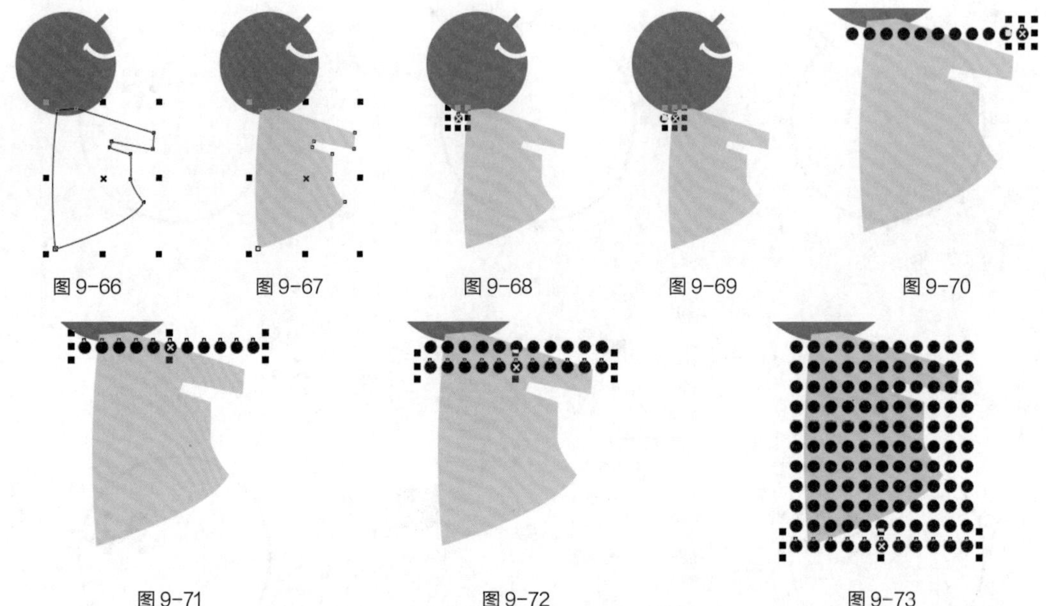
图 9-66　图 9-67　图 9-68　图 9-69　图 9-70

图 9-71　图 9-72　图 9-73

（12）选择“选择”工具，用圈选的方法将所复制的圆形同时选取。按 Ctrl+G 组合键，将其群组，填充图形为白色，如图 9-74 所示。按 Ctrl+PageDown 组合键，将图形向后移一层，如图 9-75 所示。

（13）选择“对象 > PowerClip > 置于图文框内部”命令，鼠标指针变为黑色箭头形状，在不规则图形上单击鼠标左键，如图 9-76 所示。将图片置入不规则图形中，效果如图 9-77 所示。

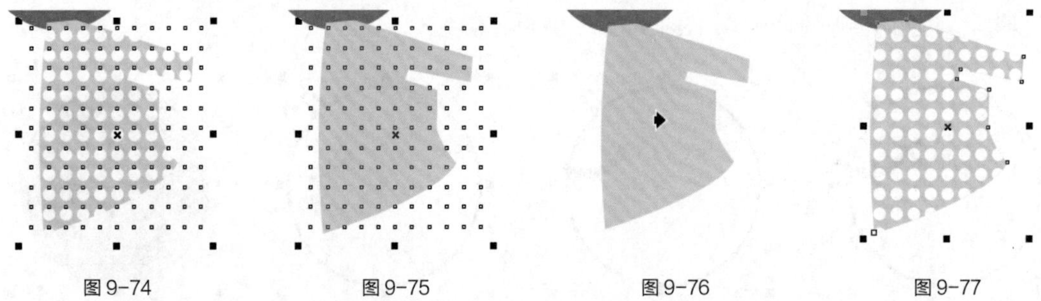
图 9-74　图 9-75　图 9-76　图 9-77

（14）选择“贝塞尔”工具，在适当的位置分别绘制不规则图形，如图 9-78 所示。选择“选择”工具，用圈选的方法将绘制的图形同时选取，设置图形颜色的 CMYK 值为 78、62、37、0，填充图形，并去除图形的轮廓线，效果如图 9-79 所示。按 Ctrl+PageDown 组合键，将图形向后移一层，如图 9-80 所示。

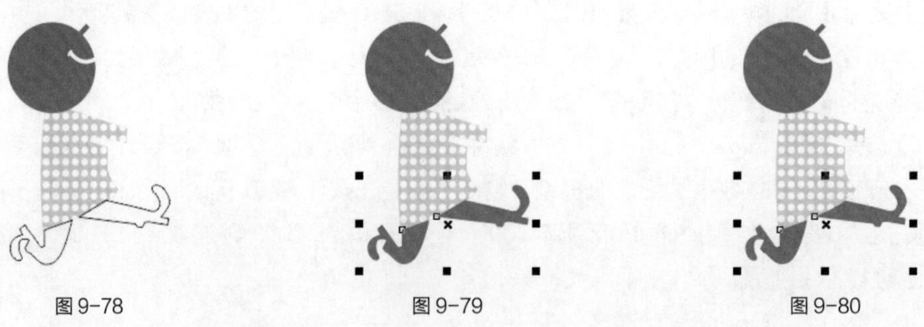
图 9-78　图 9-79　图 9-80

（15）选择“手绘”工具，在适当的位置绘制一条斜线，如图 9-81 所示。按 F12 键，弹出“轮廓笔”对话框，在“颜色”选项中设置轮廓线颜色的 CMYK 值为 78、62、37、0，其他选项的设置如图 9-82 所示。单击“确定”按钮，效果如图 9-83 所示。

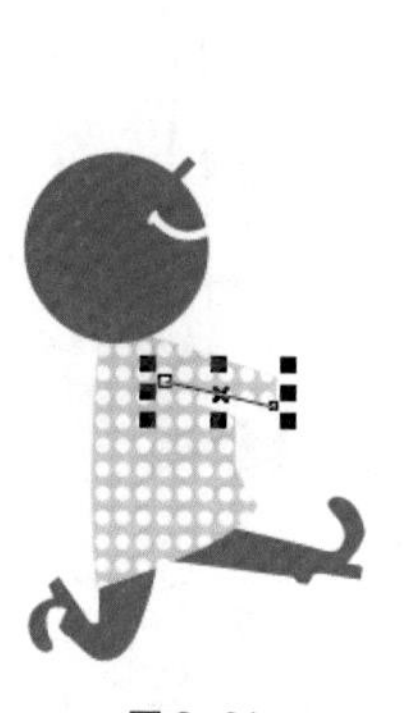

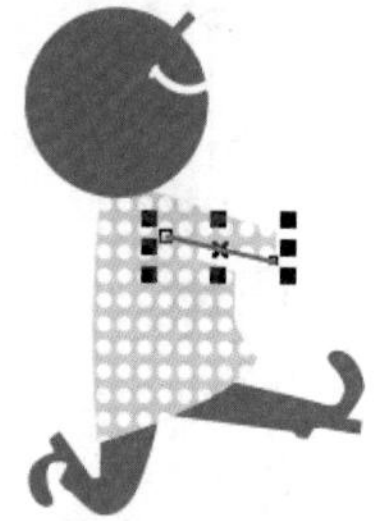

图 9-81　　图 9-82　　图 9-83

（16）按数字键盘上的 + 键，复制斜线。选择“选择”工具，向下拖曳复制的斜线到适当的位置，效果如图 9-84 所示。选择“贝塞尔”工具，在适当的位置分别绘制不规则图形，如图 9-85 所示。

（17）选择“选择”工具，用圈选的方法将绘制的图形同时选取，设置图形颜色的 CMYK 值为 78、62、37、0，填充图形，并去除图形的轮廓线，效果如图 9-86 所示。

图 9-84　　图 9-85　　图 9-86

（18）选择“矩形”工具，在适当的位置绘制一个矩形，如图 9-87 所示。在属性栏中将“转角半径”选项设为 1.0 mm，如图 9-88 所示。按 Enter 键，效果如图 9-89 所示。

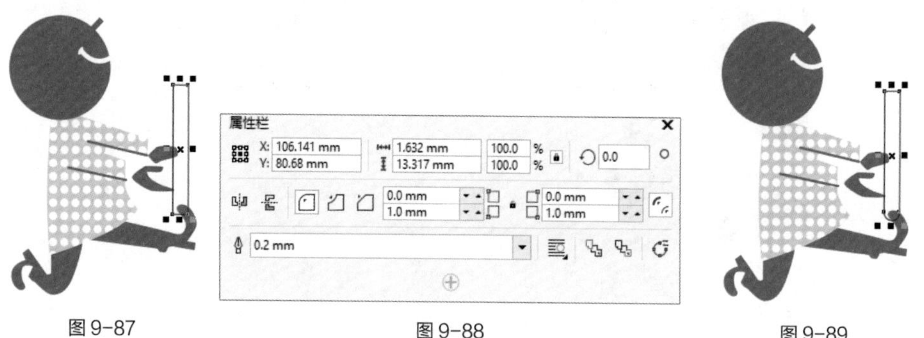

图 9-87　　图 9-88　　图 9-89

（19）单击属性栏中的“转换为曲线”按钮，将图形转换为曲线，如图 9-90 所示。选择“形状”工具，选中并向左拖曳右上角的节点到适当的位置，效果如图 9-91 所示。用相同的方法调整左上角的节点，效果如图 9-92 所示。

图 9-90　　图 9-91　　图 9-92

（20）选择“椭圆形”工具，在适当的位置绘制一个椭圆形，如图 9-93 所示。选择“选择”工具，在按住 Shift 键的同时，单击下方图形将其同时选取，如图 9-94 所示。单击属性栏中的“合并”按钮，将图形合并，效果如图 9-95 所示。设置图形颜色的 CMYK 值为 78、62、37、0，填充图形，并去除图形的轮廓线，效果如图 9-96 所示。

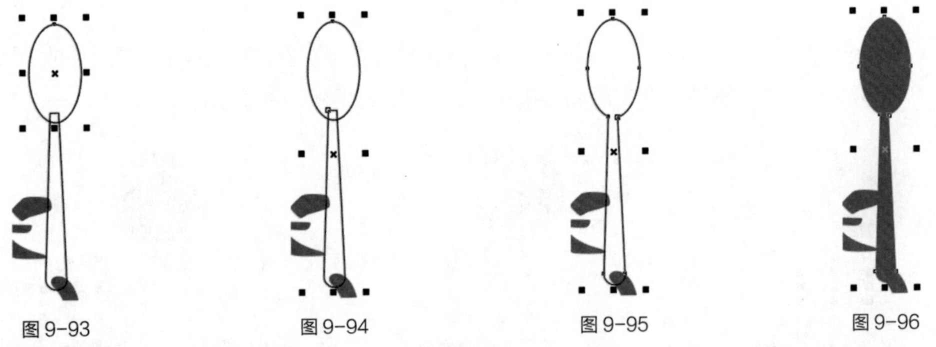

图 9-93　　图 9-94　　图 9-95　　图 9-96

（21）在属性栏中的“旋转角度” 框中设置数值为 -15，按 Enter 键，效果如图 9-97 所示。选择“选择”工具，用圈选的方法将所绘制的图形全部选取，按 Ctrl+G 组合键，将其群组。拖曳群组图形到页面中适当的位置，效果如图 9-98 所示。

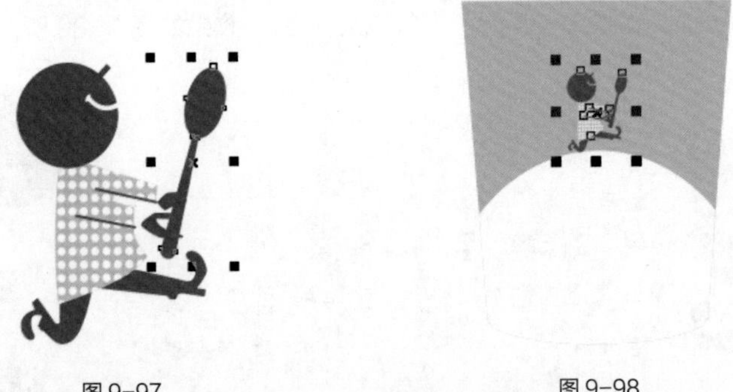

图 9-97　　图 9-98

（22）选择“手绘”工具，在适当的位置分别绘制 3 条斜线，效果如图 9-99 所示。选择“选择”工具，用圈选的方法将绘制的斜线同时选取，按 F12 键，弹出“轮廓笔”对话框，在“颜色”

选项中设置轮廓线颜色为白色，其他选项的设置如图 9-100 所示。单击“确定”按钮，效果如图 9-101 所示。

图 9-99

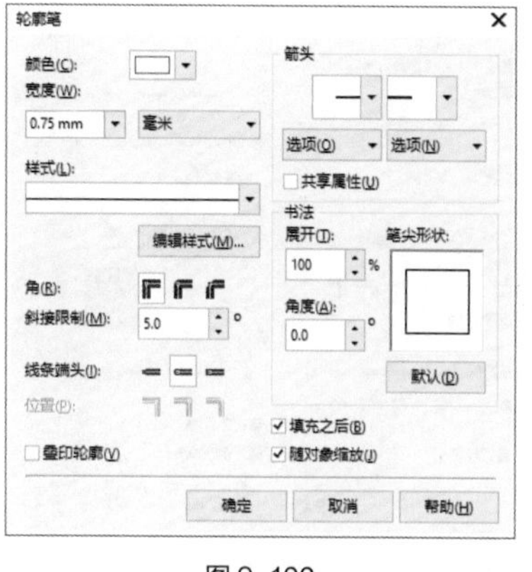

图 9-100

图 9-101

（23）按数字键盘上的 + 键，复制斜线。在属性栏中分别单击“水平镜像”按钮和“垂直镜像”按钮，水平和垂直翻转斜线，如图 9-102 所示。选择“选择”工具，向右拖曳翻转的斜线到适当的位置，效果如图 9-103 所示。

图 9-102

图 9-103

2. 添加产品信息

（1）选择“文本”工具，在适当的位置分别输入需要的文字。选择“选择”工具，在属性栏中分别选取适当的字体并设置文字大小，效果如图 9-104 所示。在按住 Shift 键的同时，选取需要的文字，设置文字颜色的 CMYK 值为 78、62、37、0，填充文字，效果如图 9-105 所示。

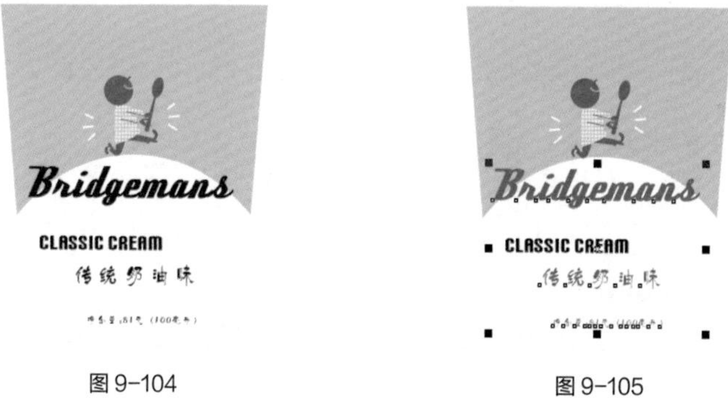

图 9-104　　图 9-105

（2）选取英文“CLASSIC CREAM”，设置文字颜色的 CMYK 值为 41、7、0、0，填充文字，效果如图 9-106 所示。按 F12 键，弹出“轮廓笔”对话框，在“颜色”选项中设置轮廓线颜色的

CMYK 值为 78、62、37、0，其他选项的设置如图 9-107 所示。单击“确定”按钮，效果如图 9-108 所示。

图 9-106

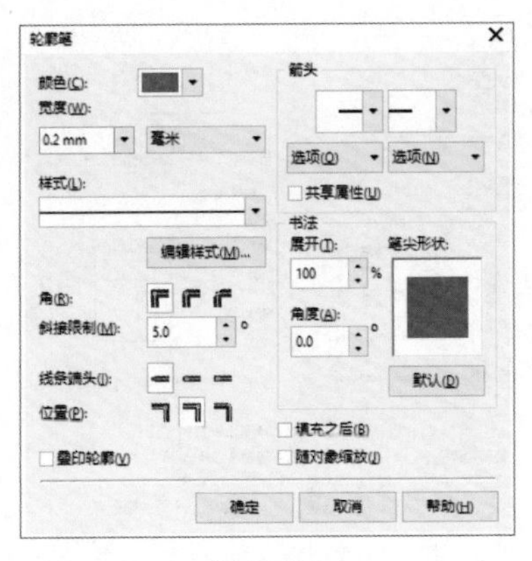

图 9-107

图 9-108

（3）保持文字的选取状态。选择“文本 > 文本属性”命令，在弹出的“文本属性”泊坞窗中进行设置，如图 9-109 所示。按 Enter 键，效果如图 9-110 所示。

（4）选择“文本”工具字，选取英文“B”，如图 9-111 所示。在属性栏中设置文字大小，效果如图 9-112 所示。

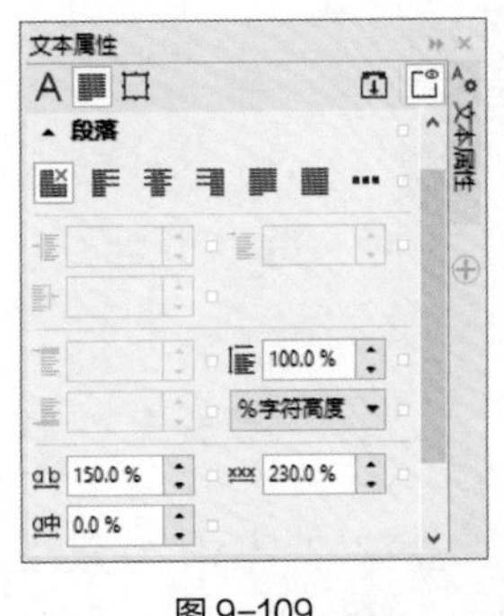

图 9-109

图 9-110

图 9-111

图 9-112

（5）选取文字“净含量：81 克（100 毫升）”，在“文本属性”泊坞窗中进行设置，如图 9-113 所示。按 Enter 键，效果如图 9-114 所示。

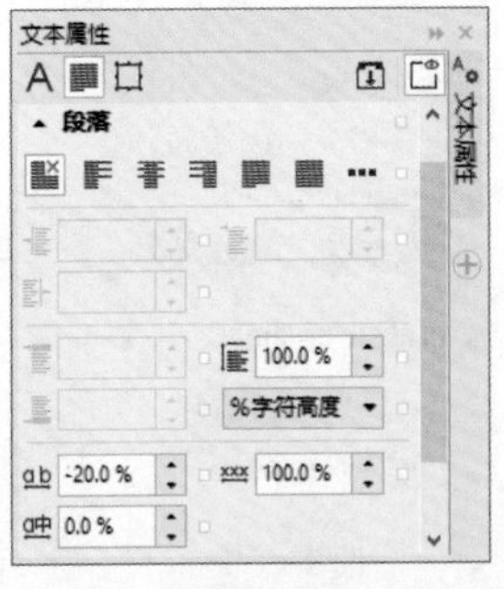

图 9-113

CLASSIC CREAM

传统奶油味

图 9-114

（6）按 Ctrl+I 组合键，弹出“导入”对话框。选择云盘中的“Ch09 > 素材 > 制作冰淇淋包装 > 01”文件，单击“导入”按钮，在页面中单击导入图片。选择“选择”工具，拖曳图片到适当的位置，效果如图 9-115 所示。选择“椭圆形”工具○，在适当的位置绘制一个椭圆形（为了方便读者观看，这里用红色轮廓线显示），如图 9-116 所示。

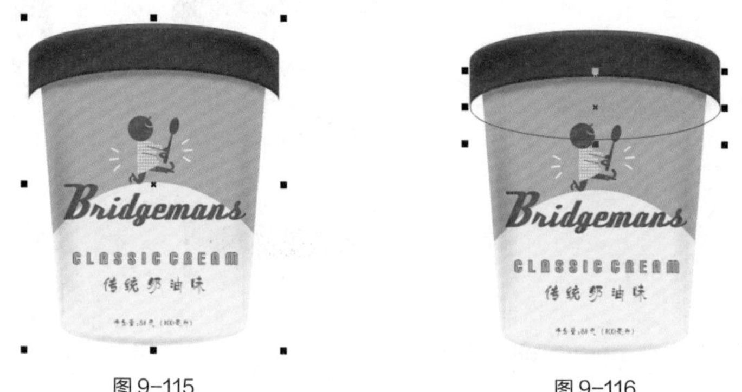

图 9-115　　图 9-116

（7）保持图形的选取状态。设置图形颜色的 CMYK 值为 89、82、62、38，填充图形，并去除图形的轮廓线，效果如图 9-117 所示。按 Shift+PageDown 组合键，将其置于图层后面，效果如图 9-118 所示。

图 9-117　　图 9-118

（8）选择“椭圆形”工具○，在适当的位置绘制一个椭圆形，填充图形为黑色，并去除图形的轮廓线，效果如图 9-119 所示。

（9）选择“位图 > 转换为位图”命令，在弹出的对话框中进行设置，如图 9-120 所示。单击“确定”按钮，效果如图 9-121 所示。

图 9-119

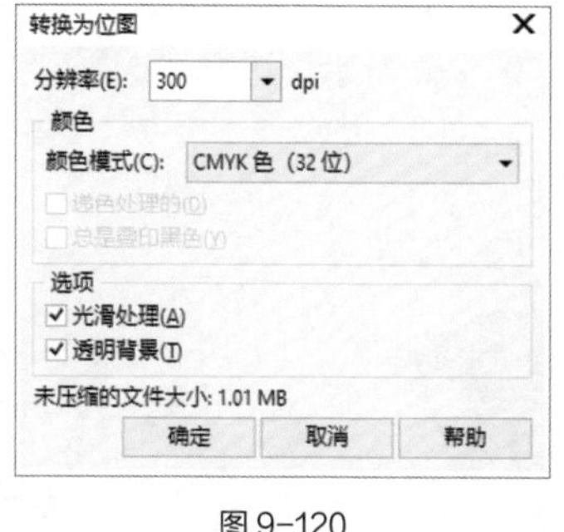

图 9-120

图 9-121

（10）选择“位图 > 模糊 > 高斯式模糊”命令，在弹出的对话框中进行设置，如图 9-122 所示。单击“确定”按钮，效果如图 9-123 所示。按 Shift+PageDown 组合键，将其置于图层后面，效果如图 9-124 所示。

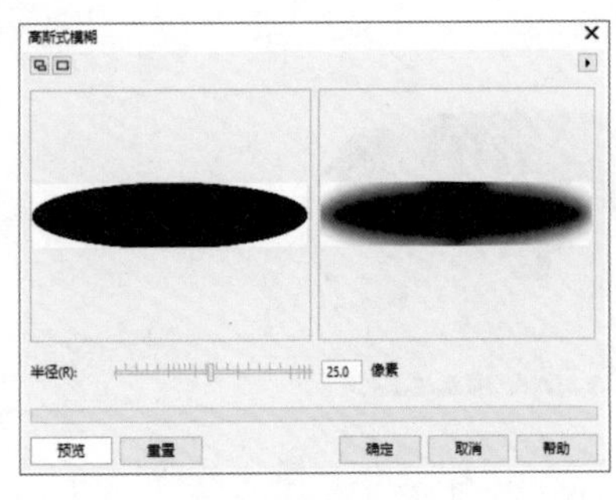

图 9-122

图 9-123

图 9-124

（11）按 Ctrl+I 组合键，弹出“导入”对话框。选择云盘中的“Ch09 > 素材 > 制作冰淇淋包装 > 02”文件，单击“导入”按钮，在页面中单击导入图片。按 P 键，图片在页面中居中对齐，效果如图 9-125 所示。按 Shift+PageDown 组合键，将其置于图层后面，效果如图 9-126 所示。

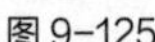

图 9-125

图 9-126

9.2.4 【相关工具】

1. 制作封套效果

使用“封套”工具可以快速建立对象的封套效果，使文本、图形和位图都可以产生丰富的变形效果。

打开一个要制作封套效果的图形，如图 9-127 所示。选择“封套”工具，单击图形，图形外围显示封套的控制线和控制点，如图 9-128 所示。用鼠标拖曳需要的控制点到适当的位置并松开鼠标左键，可以改变图形的外形，如图 9-129 所示。选择“选择”工具并按 Esc 键，取消选取，图形的封套效果如图 9-130 所示。

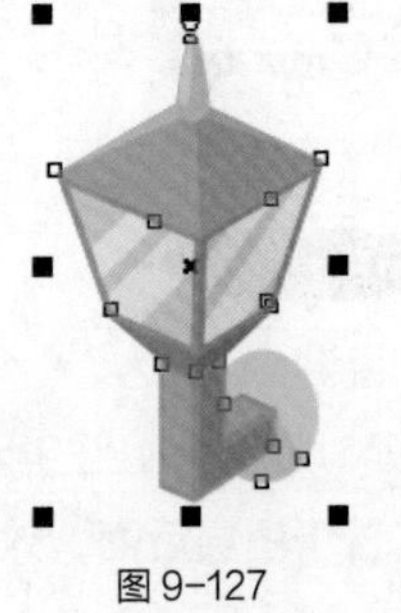

图 9-127

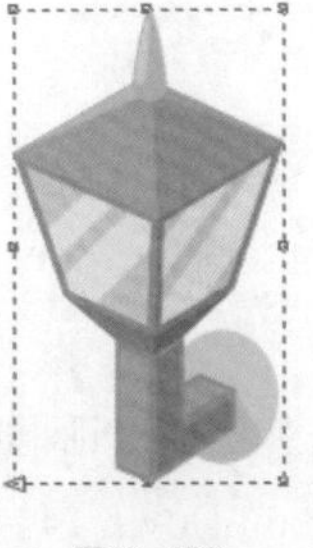

图 9-128

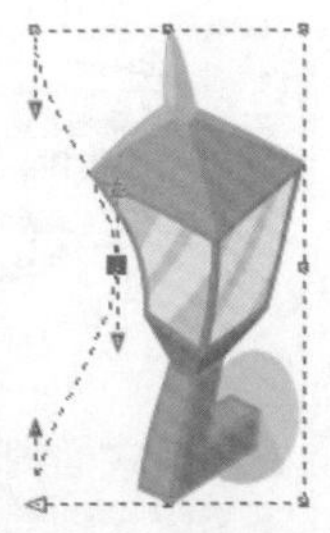

图 9-129

图 9-130

通过属性栏中的“预设列表”选项可以选择需要的预设封套效果。通过“直线模式”按钮、“单弧模式”按钮、“双弧模式”按钮和“非强制模式”按钮可以设置4种不同的封套编辑模式。在“映射模式”选项的下拉列表框中包含4种映射模式，分别是“水平”模式、“原始”模式、“自由变形”模式和“垂直”模式。使用不同的映射模式可以使封套中的对象符合封套的形状，制作出所需要的变形效果。

2．制作阴影效果

阴影效果是经常使用的一种特效，使用“阴影”工具可以快速为图形添加阴影效果，还可以设置阴影的透明度、角度、位置、颜色和羽化程度。下面介绍如何制作阴影效果。

打开一个图形，使用“选择”工具选取要制作阴影效果的图形，如图9-131所示。再选择“阴影”工具，将鼠标指针放在图形上，按住鼠标左键并向阴影投射的方向拖曳鼠标，如图9-132所示。到需要的位置后松开鼠标，阴影效果如图9-133所示。

拖曳阴影控制线上的图标，可以调节阴影的透光程度。拖曳时越靠近□图标，透光度越小，阴影越淡，效果如图9-134所示。拖曳时越靠近■图标，透光度越大，阴影越浓，效果如图9-135所示。

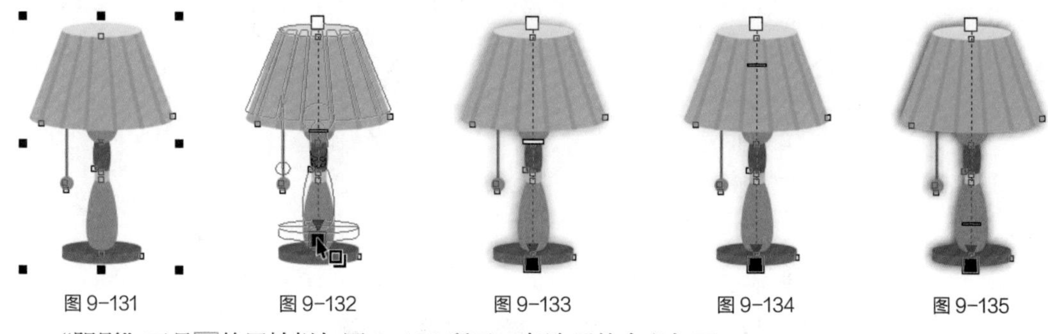

图9-131　图9-132　图9-133　图9-134　图9-135

“阴影”工具的属性栏如图9-136所示。各选项的含义如下。

- “预设列表”选项：用于选择需要的预设阴影效果。单击预设框后面的+或−按钮，可以添加或删除预设框中的阴影效果。
- “阴影偏移”选项、“阴影角度”选项：分别用于设置阴影的偏移位置和角度。
- “阴影延展”选项、“阴影淡出”选项：分别用于调整阴影的长度和边缘的淡化程度。
- “阴影的不透明”选项：用于设置阴影的不透明度。
- “阴影羽化”选项：用于设置阴影的羽化程度。
- “羽化方向”按钮：用于设置阴影的羽化方向。单击此按钮可弹出“羽化方向”设置区，如图9-137所示。
- “羽化边缘”按钮：用于设置阴影的羽化边缘模式。单击此按钮可弹出“羽化边缘”设置区，如图9-138所示。
- “阴影颜色”：用于改变阴影的颜色。

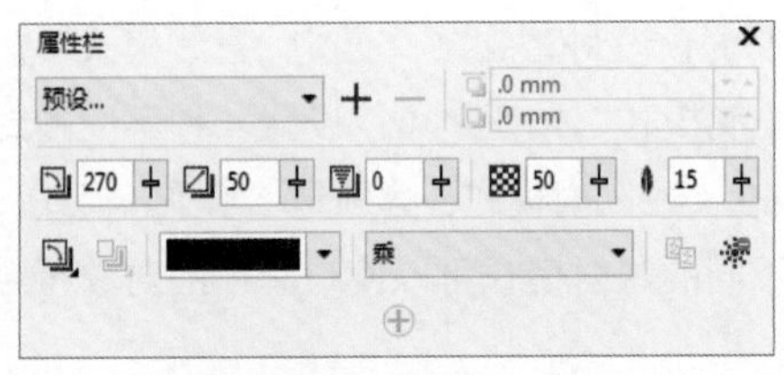

图 9-136

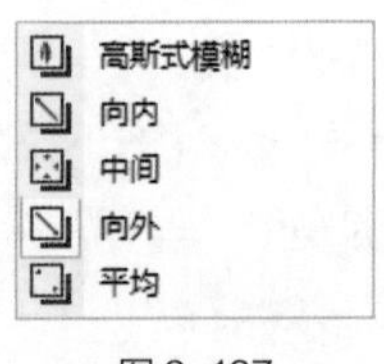

图 9-137

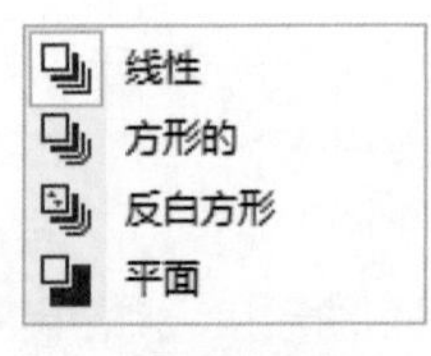

图 9-138

3. 编辑轮廓效果

轮廓效果是由图形中向内部或者外部放射的层次效果，它由多个同心线圈组成。下面介绍如何制作轮廓效果。

绘制一个图形，如图 9-139 所示。选择“轮廓图”工具，在图形轮廓上方的节点上单击鼠标左键，并向内拖曳指针至需要的位置，松开鼠标左键，效果如图 9-140 所示。

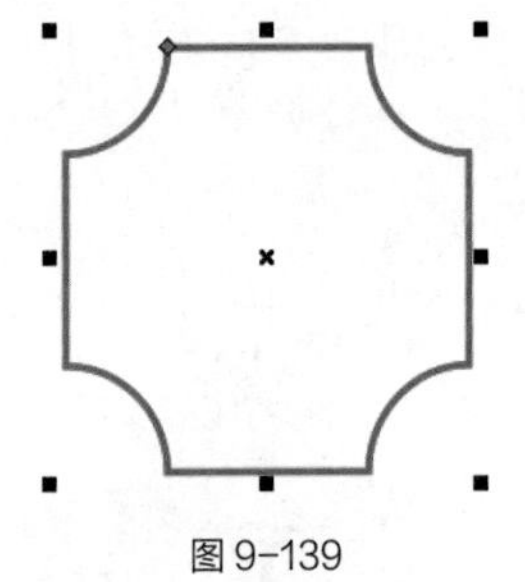

图 9-139

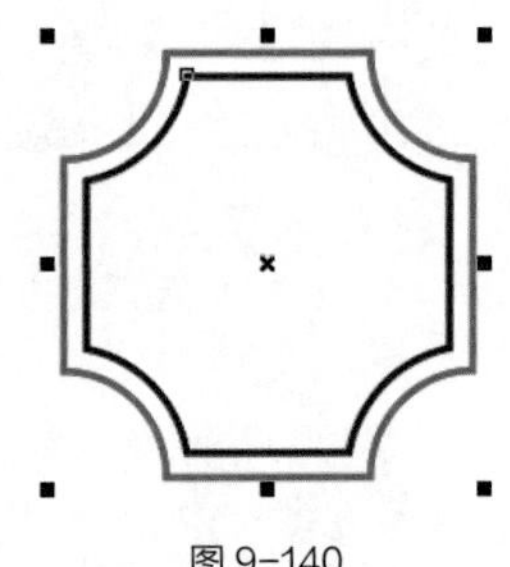

图 9-140

“轮廓图”工具的属性栏如图 9-141 所示。各选项的含义如下。

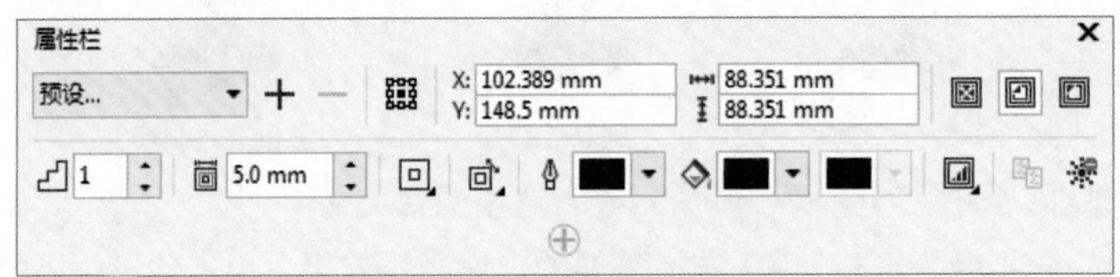

图 9-141

- “预设列表”选项 预设... ：用于选择系统预设的样式。
- “内部轮廓”按钮、“外部轮廓”按钮：分别用于使对象产生向内或向外的轮廓图。
- “到中心”按钮：用于根据设置的偏移值一直向内创建轮廓图，效果如图 9-142 所示。

内部轮廓

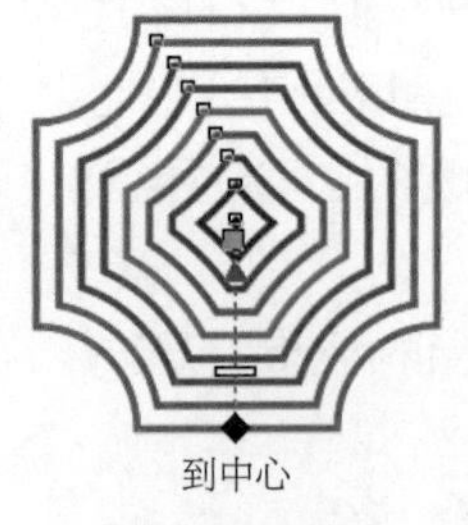

到中心

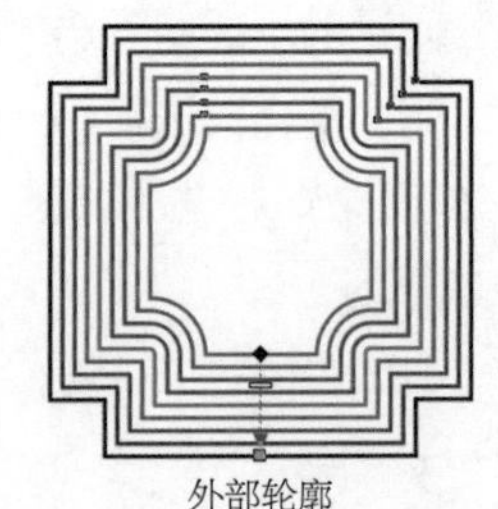

外部轮廓

图 9-142

- “轮廓图步长”选项 1 和“轮廓图偏移”选项 5.0 mm ：分别用于设置轮廓图的步数和偏移值，如图 9-143 和图 9-144 所示。

- “轮廓色”选项 ：用于设定最内一圈轮廓线的颜色。
- “填充色”选项 ：用于设定轮廓图的颜色。

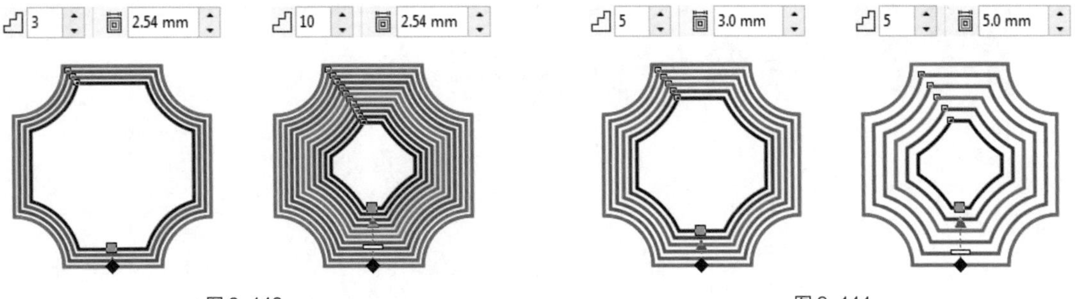

图 9-143　　　　图 9-144

9.2.5 【实战演练】制作牛奶包装

9.2.5实战演练

制作牛奶包装1

制作牛奶包装2

制作牛奶包装3

9.3 综合演练——制作化妆品包装

9.3综合演练

制作化妆品包装

10 第 10 章 综合设计实训

本章将带领读者演练真实的商业设计项目。通过演练，读者可进一步了解 CorelDRAW X8 的强大功能，并牢固掌握其使用技巧，为今后制作出专业的商业设计作品积累经验。

案例类别

- 书籍封面设计
- 电商设计
- 宣传单设计
- 广告设计
- 包装设计

能力目标

- 掌握创意家居图书封面的制作方法
- 掌握家居电商网站产品详情页的制作方法
- 掌握汉堡宣传单的制作方法
- 掌握摄影广告的制作方法
- 掌握夹心饼干包装的制作方法

素质目标

- 培养综合项目的管理和实施能力
- 培养运用科学方法解决实际问题的能力
- 培养职业规划能力和就业、创业能力

10.1 书籍封面设计——制作创意家居图书封面

设计作品效果所在位置：云盘中的“Ch10 > 效果 > 制作创意家居图书封面 .cdr”，如图 10-1 所示。

图 10-1

步骤提示

（1）打开 CorelDRAW X8，按 Ctrl+N 组合键，新建一个页面。在属性栏的“页面度量”选项中，将“宽度”选项设为 355 mm，“高度”选项设为 240 mm。选择“矩形”工具，分别绘制矩形，设置图形颜色的 CMYK 值为 0、100、60、0，填充图形并去除图形的轮廓线。导入图片并制作图框精确剪裁，效果如图 10-2 所示。

（2）选择“矩形”工具和“椭圆形”工具制作黑色灯具架，选择“贝塞尔”工具绘制白色高光。使用“图框精确剪裁”命令制作灯罩，效果如图 10-3 所示。

（3）选择“文本”工具，在页面中适当的位置分别输入需要的文字。选择“选择”工具，在属性栏中分别选取适当的字体并设置文字大小，填充适当的颜色。插入需要的字符。选择“流程图形状”工具和“椭圆形”工具绘制标志，导入素材并调整其位置和大小，效果如图 10-4 所示。

图 10-2

图 10-3

图 10-4

（4）复制并选取需要的图片，选择“透明度”工具，制作透明效果。插入条形码并选择“文本”工具，输入需要的文字，效果如图 10-5 所示。复制标志和需要的文字，调整其大小并垂直排列文字。创意家居图书封面制作完成，效果如图 10-6 所示。

图 10-5

图 10-6

10.2 电商设计——制作家居电商网站产品详情页

设计作品效果所在位置：云盘中的“Ch10 > 效果 > 制作家居电商网站产品详情页 .cdr”，如图 10-7 所示。

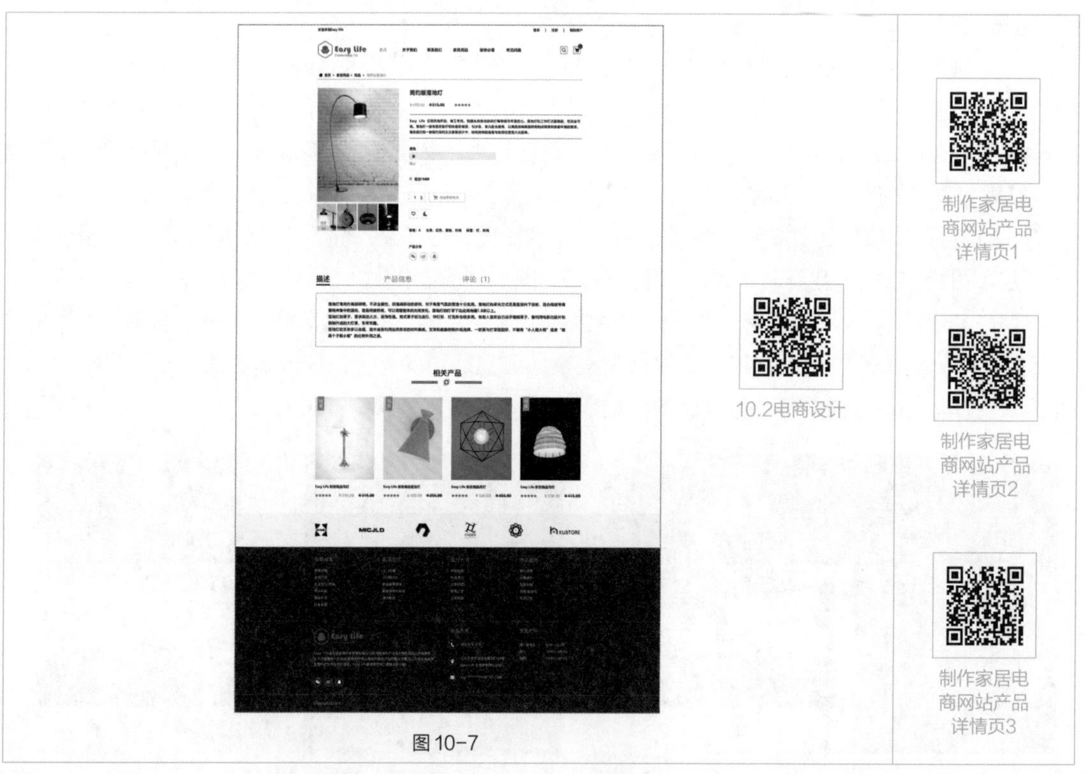

图 10-7

步骤提示

（1）打开 CorelDRAW X8，按 Ctrl+N 组合键，新建一个页面。在属性栏的“页面度量”选项中，将“宽度”选项设为 1 920 px，“高度”选项设为 2 990 px。选择“文本”工具、“2 点线”工具、“矩形”工具和“多边形”工具添加文字和装饰图形，导入素材并调整其位置和大小，效果如图 10-8 所示。

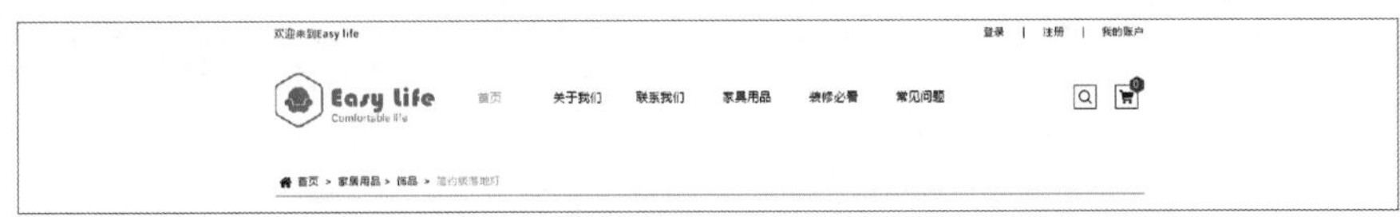

图 10-8

（2）选择“矩形”工具，导入图片并制作图框精确剪裁。选择“文本”工具，在页面中适当的位置分别输入需要的文字。选择“选择”工具，在属性栏中分别选取适当的字体并设置文字大小，填充适当的颜色，插入需要的字符。选择“星形”工具和“2 点线”工具，添加文字和装饰图形，导入素材并调整其位置和大小，效果如图 10-9 所示。

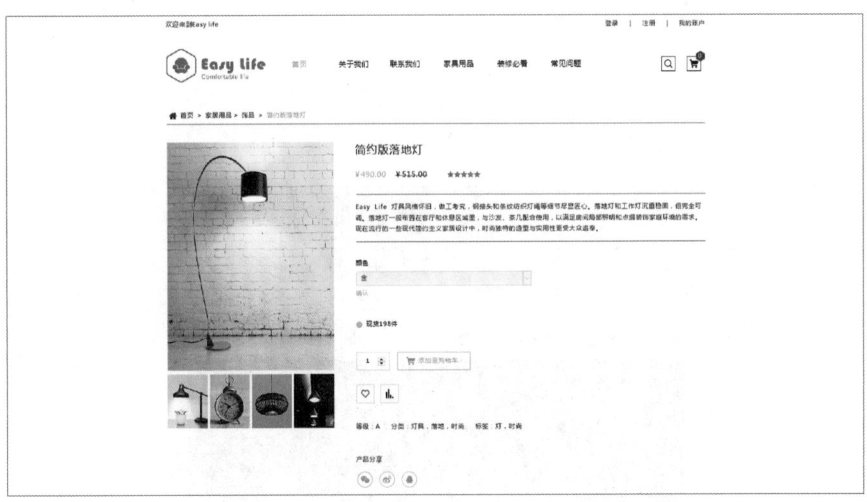

图 10-9

（3）选择“文本”工具、“矩形”工具和“2 点线”工具，添加文字和装饰图形，导入图片并制作图框精确剪裁。选择“星形”工具，添加文字和装饰图形，效果如图 10-10 所示。

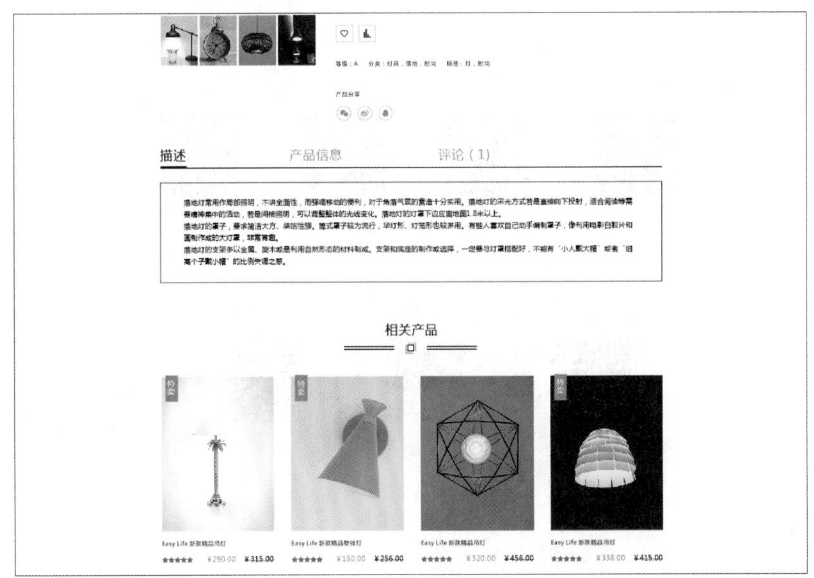

图 10-10

（4）导入素材并调整其位置和大小，选择“文本”工具字和“2 点线”工具，添加文字和装饰图形，效果如图 10-11 所示。家居电商网站产品详情页制作完成。

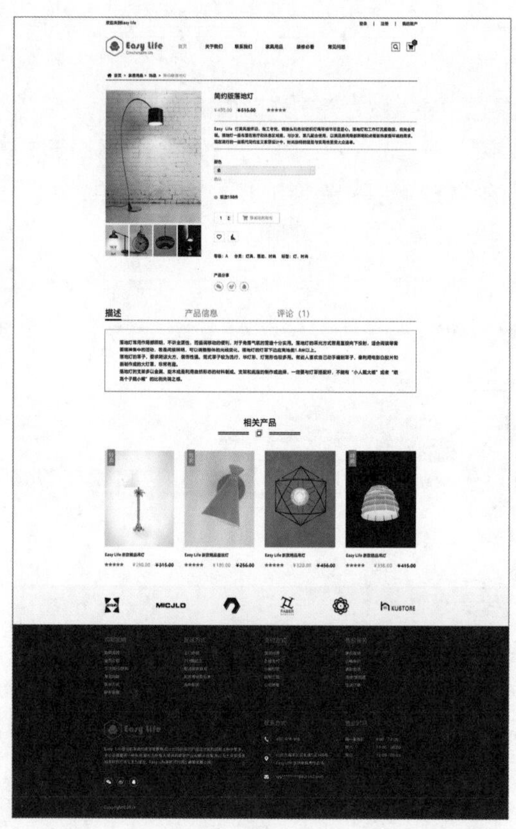

图 10-11

扩展知识扫码阅读

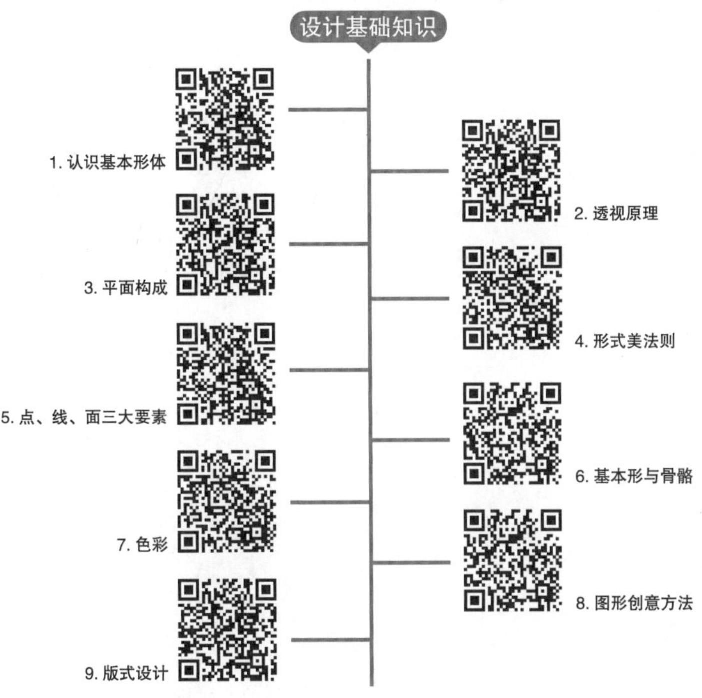

设计应用知识

1. 图标设计

图标的概念　图标的设计流程　图标的设计原则

图标的设计规范　图标的风格类型

2.App 界面设计

App 的概念　App 设计的流程　App 设计的原则

iOS 系统设计规范　Android 设计规范　App 常用界面类型

3. 招贴广告设计

4. 电商网店设计

Photoshop 在电商中的应用　淘宝店铺各模块图片尺寸及具体要求　网店首页各元素的设计　商品详情页面各元素设计

5. 书籍设计

6. 包装设计

7. 网页设计